洪泽湖河湖交汇区湿地生态与农业环境研究

李萍萍　韩建刚　吴　翼　等　著

科 学 出 版 社

北 京

内 容 简 介

本书系统介绍洪泽湖河湖交汇区的湿地生态和农业环境的现状、特征及形成原因。上篇介绍洪泽湖河湖交汇区的湿地植物群落特征及其植物与微生物的多样性,湿地植物群落在土壤养分和水分、碳通量、水质方面的生态效应,湿地中 5 种主要景观类型的时空变化及其驱动力,在 3 种不同情景下的湿地景观类型分布动态预测,两类典型退化湿地的人工修复效果。下篇介绍洪泽湖河湖交汇区农田稻麦生产中的氮磷径流特征、农田养分平衡及对地下水水质的影响,杨树人工林生产中的氮磷径流及地下水水质特征,环湖区域畜禽养殖的粪便污染负荷、农业生产对湖区新型污染物的影响,湿地沉积物和农业土壤的重金属污染状况及生态风险评价。这些研究结果可以为湿地的结构和功能改善及农业生产的面源污染减排提供科学依据,有利于对洪泽湖湿地和农业资源的有效保护和合理利用。

本书可供生态学、湿地科学、环境科学、农业资源与环境等学科领域的科研工作者和专业技术人员参考,也可以作为大专院校、科研单位相关专业研究生和本科生的课外读物。

图书在版编目(CIP)数据

洪泽湖河湖交汇区湿地生态与农业环境研究/李萍萍等著. —北京:科学出版社,2020.12
ISBN 978-7-03-067120-2

Ⅰ. ①洪… Ⅱ. ①李… Ⅲ. ①洪泽湖-沼泽化地-生态系-研究②洪泽湖-沼泽化地-农业环境-研究 Ⅳ. ①P941.78②F322

中国版本图书馆 CIP 数据核字(2020)第 242020 号

责任编辑:武仙山 / 责任校对:马英菊
责任印制:吕春珉 / 封面设计:东方人华平面设计部

科学出版社 出版
北京东黄城根北街 16 号
邮政编码:100717
http://www.sciencep.com

北京中科印刷有限公司 印刷
科学出版社发行 各地新华书店经销

*

2020 年 12 月第 一 版 开本:B5(720×1000)
2020 年 12 月第一次印刷 印张:17 1/2 插页:4
字数:359 000

定价:148.00 元
(如有印装质量问题,我社负责调换〈中科〉)

销售部电话 010-62136230 编辑部电话 010-62143239(BN12)

《洪泽湖河湖交汇区湿地生态与农业环境研究》
著者名单

主要著者 李萍萍

其他著者 韩建刚 吴 翼 徐勇峰 李 威

伍贤军 朱咏莉 季 淮

前　言

　　洪泽湖位于江苏省西部偏北，是我国第四大淡水湖泊，也是我国唯一一个位于北亚热带与暖温带过渡地带的大型湖泊。该湖位于淮河下游，淮河年入湖水量占总入湖径流量的87%以上，经调蓄后分别由淮河入江水道进入长江，或经苏北灌溉总渠、淮沭新河和淮河入海水道进入黄海；南水北调东线工程建设和运行以来，洪泽湖是其中的一个重要节点。洪泽湖水生资源丰富，湖内有鱼类近百种。洪泽湖的螃蟹远近驰名，已列入中国国家地理标志产品名录。全湖芦苇分布广泛，莲（也称荷）、芡实、菱角素享盛名，湖面碧波万顷，极富旅游观赏价值，尤其是在莲花盛开的季节。洪泽湖历史上曾经水患不断，从1950年开始对淮河进行重新整治，在洪泽湖兴建了一系列控制工程，改变了淮河下游广大地区长期遭受洪涝威胁的局面，改善了东侧平原广大农田的灌溉水源，环洪泽湖区域成为江苏省重要的商品粮基地和畜禽、淡水产品生产基地。

　　2006年，国家环境保护局和江苏省林业局分别在洪泽湖设立江苏泗洪洪泽湖湿地国家级自然保护区和江苏淮安洪泽湖东部湿地省级自然保护区；2013年，国家林业局（现为国家林业和草原局）又设立江苏洪泽湖湿地生态系统国家定位观测研究站。这足以说明洪泽湖具有重要的生态地位。但是，近些年来，由于环洪泽湖区域生产、生活带来的日趋严峻的环境污染和人为不合理开发利用活动，大量的天然湿地转化为养殖塘及农田和建筑物，湿地植物群落受到破坏，洪泽湖水体长年处于富营养化状态。其中，以养殖业废水为主的农业面源污染是重要的原因之一。可以说，人类活动正以前所未有的强度和速度影响洪泽湖湿地生态系统的结构、功能及其演化。2019年8月31日，江苏省政府办公厅印发《关于加强洪泽湖生态保护和科学利用的实施意见》，对洪泽湖强化生态空间管控、加大水污染防治力度、加快推动生态修复与保护等方面提出具体的任务，这充分显示了洪泽湖湿地保护和治理的重要性。然而，与我国五大湖泊中的洞庭湖、鄱阳湖、太湖和巢湖比较，对洪泽湖的湿地生态系统及环洪泽湖区域农业生态环境的研究极其薄弱，因此，对洪泽湖湿地及其区域农业生态环境的研究已经刻不容缓。

　　本研究团队自2011年起，在江苏省林业局和国家林业局的支持下，承担"洪泽湖河湖交汇区湿地生态修复技术集成与示范"等课题，并承担"江苏洪泽湖湿地生态系统国家定位观测研究站"的观测研究任务，在洪泽湖与淮河的交汇区进行连续8年的科学研究。本书是对该研究工作的一个阶段性总结。全书共分为上下两篇，上篇为洪泽湖河湖交汇区湿地生态研究，主要内容包括绪论、河湖交汇区湿地植物群落特征及其物种多样性、湿地植物群落的生态效应、湿地景观类型时空变化及驱动力分析、湿地景观类型分布动态预测、河湖交汇区两类退化湿地的人工修复技术及效果。下篇为农业生产对洪泽湖生态环境的影响，主要内容包括河湖交汇区麦稻两熟农田的氮磷径流特征、杨树人工林地径流氮磷流失研究、养殖业的面源污染物特征及其风险评价、洪泽湖河湖交汇区的重金属污染特征及风险评价。将湿地与农业的生态环境研究结合起来，既可了解湿地保护和利用的现状和存在的问题，又可了解周边农业生产对湿地水体和土壤环境的影响。这样就可以把湿地本身的管理改善和农业生产的面源污染减排两个方面紧密结合起来，从而对洪泽湖湿地和农业资源进行有效保护和合理利用，达到生态效益、经济效益和社会效益的统一。这也是本书的特色之一。

全书共分 10 章。第 1 章由李萍萍、吴翼撰写；第 2 章由吴翼、伍贤军、李萍萍撰写；第 3 章由李萍萍、韩建刚、吴翼和徐勇峰撰写；第 4 章由吴翼、李萍萍撰写；第 5 章由吴翼、李萍萍撰写；第 6 章由季淮、李萍萍和韩建刚撰写；第 7 章由徐勇峰、李萍萍和韩建刚撰写；第 8 章由李萍萍撰写；第 9 章由李威、徐勇峰撰写；第 10 章由韩建刚、李萍萍和朱咏莉撰写。硕士研究生陈子鹏、李佳熙和朱陈名分别参与第 8～10 章的试验工作。博士研究生陈宁、郭俨辉、李吉平参与部分试验或数据分析工作。本研究得到中国林业科学研究院湿地研究所崔丽娟研究员，江苏大学付为国研究员，南京林业大学张银龙教授、丁雨龙教授、方升佐教授、俞元春教授、李胎花教授、李川副教授的支持和帮助；江苏省林业局湿地保护站、江苏省淮安市洪泽湖东部湿地省级自然保护区管理处、淮安市洪泽林场在整个研究工作中提供了多方面的支持，在此一并致谢！

洪泽湖湿地生态系统非常复杂，需要从多方面进行深入细致的研究。本书旨在抛砖引玉，希望更多的专家学者对洪泽湖湿地进行研究，为洪泽湖湿地的保护、利用和恢复，洪泽湖地区农业面源污染的减排和环境保护，贡献一份力量。由于研究时间较短，著者的学术水平有限，书中不完善之处，敬请读者批评指正。我们愿与国内外同行开展合作交流，共同推动湿地生态学和农业环境保护学的发展。

李萍萍

2020 年 1 月

目　　录

上篇　洪泽湖河湖交汇区湿地生态研究

下篇　农业生产对洪泽湖生态环境的影响

上篇 洪泽湖河湖交汇区湿地生态研究

第1章 绪 论

1.1 洪泽湖湿地概况

湿地作为全球三大生态系统之一，具有独特的水文、土壤、植被与生物特征，是多种运动形态物质体系的交会场所，也是人类重要的且赖以生存的环境之一[1,2]。湿地生态系统兼有水域、陆地自然资源特征，是生物多样性最丰富的生态系统[3]。湿地的生态功能包括维持生物多样性、提供栖息地、净化水质、调节径流、蓄洪防旱、美化环境、维持区域生态平衡等多个方面，尤其是湿地对面源污染控制有不可替代的作用。国际湿地公约组织在 1999 年的缔约国大会上，将湿地划分为 12 类海洋湿地、20 类内陆湿地、10 类人工湿地[4]。然而，受大范围人类活动和自然环境变化的影响，全球超过 50%的湿地已经遭到破坏。联合国千年生态系统评估（The Millennium Ecosystem Assessment，MA）表明，全球湿地退化的速度远超过其他类型生态系统[5]。

我国湿地面积约有 3848 万 hm^2，居亚洲第 1 位、世界第 4 位，其中人工湿地和稻田占主要地位。我国湿地资源不仅面积总量较大，而且从沿海到内陆、山区到平原、热带到寒温带均有分布，几乎将《国际湿地公约》中所包含的所有湿地类型都囊括在内，并且拥有世界上绝无仅有的青藏高原湿地[6]，同时还具有多种湿地类型分布于一个地区和一种湿地类型分布于多个地区的特点[7]。然而，从国家林业局开展的第二次全国湿地资源调查结果来看，我国湿地面积在 2003～2013 年减少 339.63 万 hm^2，高达 8.82%的减少率，湿地面积大幅度萎缩、生态功能严重退化、生物多样性剧减已成为我国突出的生态问题。湖泊湿地是我国重要的湿地类型，全国共有面积大于 1 km^2 的湖泊湿地 2759 个，总面积为 91 019.6 $km^{2[8]}$，广泛分布于东部平原、蒙新高原、云贵高原、青藏高原、东北平原与山地 5 个地区。我国湖泊湿地面临许多问题，主要表现为人工的大量围垦导致水量调蓄能力急剧下降，从而加重了流域的洪水灾害；蓄水能力的下降导致湖泊水体中污染物倍增，而湖泊水环境质量的下降加速了湖泊生物资源的退化和湖泊系统中生物多样性的下降；湖泊湿地的萎缩使湖泊与江河的水力联系形成阻隔，导致其生态功能退化；还有湖泊沿岸地带的大规模开发，这些都极大地增加了湖泊生态系统保护的压力，使湖泊生态系统面临严峻的考验[9]。

洪泽湖是我国第四大淡水湖泊，位于淮河下游，江苏省西部偏北，33°06′N～33°40′N，118°10′E～118°52′E，属北亚热带与暖温带的过渡地带。该湖年平均日照总量约为 2222 h，平均气温为 14.7℃，无霜期为 215 d，年平均降水量为 900～1000 mm。受季风环流影响，该湖夏季炎热、湿润、多雨，冬季寒冷、干燥、少雨，呈现典型的中纬度暖温带季风气候。洪泽湖湿地岸线弯曲，岸坡平缓，湖湾交错，保护区内区域土壤环境复杂，生物资源丰富，植被演替独特，湖堤陆生植被的乔木层主要是杨树林，湿生植物群落主要有以芦苇、菰（茭草）、莲（荷）为主的挺水植物群落，以芡实、菱等为主的浮水植物群落，以及以马来眼子菜、金鱼藻、狐尾藻等为主的沉水植物群落。江苏省洪泽区特产洪泽湖大闸蟹已列入中国国家地理标志产品名录，洪泽青虾、克氏原螯虾已具备形成品牌的基础，为江苏各地水产养殖单位提供了野生种质资源，具有重要的保护价值。另外，洪泽湖还是长江淡水鱼类的繁衍地和重要的洄游场所。洪泽湖西岸水草茂盛，饵料丰富，是候鸟越冬栖息的理想场所。每年到洪泽湖湿地越冬的水鸟总数可达 30 万只以上，其中属于国家Ⅰ级保护动物的鸟类有大鸨、东方白鹳、黑鹳、丹顶鹤、震旦鸦雀等。2006 年在洪泽湖地区设立江苏泗洪洪泽湖湿地国家级自然保护区和江苏淮安洪泽湖东部湿地省级自然保护区两大主要保护区，2013 年又设立江苏洪泽湖湿地生态系统国家定位观测研究站，显示了洪泽湖重要的生态地位。

洪泽湖属于过水性水库型湖泊，其特点可概述为"河湖不分"。汇水面积15.8 万 km²，淮河干流入湖水量占总入湖径流量的 70%以上，经调蓄后分别由淮河入江水道、苏北灌溉总渠、淮沭新河和淮河入海水道等途径入江入海。南水北调东线工程已于 2013 年正式运行，洪泽湖是重要的节点，其蓄水面积因此有所增加，水体的交换速度加快，按一期工程多年平均进入洪泽湖水量计算，其换水次数是调水前的 1.29 倍[10]。洪泽湖水域面积随水位波动较大，当蓄水位为 12.5 m时，水域面积约为 2069 km²，平均水深为 1.5 m，最大水深为 4.5 m，湖库容量约为 31.3×10⁹ m³[11]。由于位于淮河下游、南水北调东线工程的重要节点，其在接纳淮河、承转江水过程中形成独特的湿地生态系统，集生物多样性保护、径流水量调蓄、水体污染净化与生态平衡维护、下游生产与生活用水保障，以及生态旅游等多种经济、社会和生态功能于一体，具有极其重要的科学研究价值。

然而，近几十年来，由环洪泽湖区域生产、生活带来的日趋严峻的环境污染和人为不合理开发利用活动造成的生态影响，正以前所未有的强度和速度影响洪泽湖湿地生态系统的结构、功能及其演化。1973～1984 年和 1984～2006 年洪泽湖内分别有 200.55 km² 和 357.04 km² 的天然湿地转化为人工景观，即养殖塘、农田和建筑物。其中，养殖塘的面积增长速度最快[12]，至 2003 年初，洪泽湖围网养殖面积达到 412 km²，创历史最高水平。洪泽湖水体长年处于富营养化状态，氮和磷严重超标，环洪泽湖流域的农业面源污染是洪泽湖氮和磷的主要来源[13]，而养殖废水是影响富营养化的主要因素之一[14]。另外，淮河水携带的泥沙在湖泊内形成面积约为 150 km² 的滩涂，由于滩涂的土壤大多比较肥沃，植物群落演替的速度较快，滩涂孕育了丰富的生物资源[15,16]。然而在多年人为因素与自然因素的综合影响下，该区域的湿地植被进行逆向演替并导致明显的生态系统退化[17]，致使湿地植被对湖泊水体的自净能力下降。2000～2008 年洪泽湖水环境质量评价结果显示，仅有一年是Ⅳ类水质，其余几年均为Ⅴ类水质，污染严重，且随着时间的推移水质继续恶化[18]。尤其是 2018 年夏季，受台风影响，洪泽湖上游地区因强降雨开闸放水，水中夹带大量污水，导致洪泽湖水质恶化，养殖业也因此严重受灾。此外，自从洪泽湖建闸蓄水以后，整个湖区水生高等植物显著减少。一些重要水生植物，如泽泻科的慈姑、雨久花科的鸭舌草和唇形科的风车草等都消失殆尽。洪泽湖湖区的围湖垦殖也导致湖泊面积持续萎缩，天然湿地明显减少，湿地生态功能急剧下降[19,20]。

2019 年 8 月，江苏省政府办公厅印发《关于加强洪泽湖生态保护和科学利用的实施意见》，旨在加快改善洪泽湖地区的生态环境，实现洪泽湖地区资源保护与利用的统一。那么，如何保护和利用洪泽湖湿地及其生物资源？如何进行决策以改善洪泽湖生态系统的功能？首先需要了解洪泽湖湿地生物资源和水、土、气等环境资源，找出影响生态系统健康的关键因素。然而与鄱阳湖、洞庭湖和太湖等大型湖泊相比，对洪泽湖的研究很薄弱。关于湖泊湿地的植物群落分布特征、植物群落与环境之间的相互作用关系、湿地景观类型时空变化、自然和人为因素对湿地生态的影响等基础数据都很缺乏，迫切需要进行研究。

1.2　洪泽湖河湖交汇区特点

洪泽湖河湖交汇区位于淮河主河道入湖口，如图 1-1 所示，以老子山镇为中心，

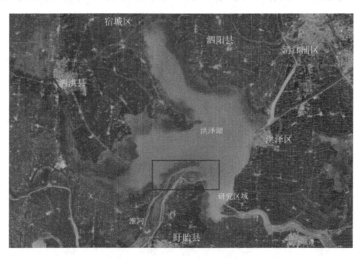

图 1-1　研究区位置示意图

33°09′57″N～33°11′17″N，118°27′14″E～118°41′31″E。交汇点在洪泽湖东部湿地省级自然保护区内，同时设江苏洪泽湖湿地生态系统国家定位观测研究站的主站点，其生态重要性显而易见。

淮河入湖口和湖水入江水道之间由于水量大（尤其是汛期）、流速快，形成"短流"现象，成为过水通道。交汇区位于过水通道前端，水位季节变化剧烈，汛期湖水上涨，年际变化也很大，变差系数达 0.8。在通常情况下，入湖河口流速为 10～30 m·s^{-1}，敞水区湖流在 10 m·s^{-1}以下，湖湾水生植物区流速仅为 2～4 m·s^{-1}[10]。由于流速迅速下降，在入湖河口周边形成一系列面积不等的滩涂。

根据泥沙淤积特征，入湖河口所形成的滩涂湿地大体可以分为 3 类[21]。一是湖面滩，该类滩涂主要位于淮河主河道向湖一侧，水面开阔，水流平缓，泥沙淤积缓慢，坡降小，约占河口滩涂湿地总面积的 50%。其代表性滩涂为六道沟，该滩涂由滩底至滩顶基底高程差约为 1.2 m，分布的植物带宽约为 240 m。二是边滩，该类滩涂一侧是与湖中岛或农田林地相连的岸体，另一侧是与岸体相连的近岸水体，与岸体相连处基底坡降大，而整个基底抬升比湖面滩更为缓慢，面积约为河口滩涂湿地总面积的 40%。其代表性滩涂为顶滩，该滩涂由滩底至岸边的植物带宽约 40 m，基底高程差约为 1.5 m。三是速成滩，该类滩涂形成于洪涝年份[22]，大流量、高流速的水流携带大量泥沙，在特定水文动力学的作用下，堆积于原有湖面滩上，在滩地的边缘基底迅速抬升，但往滩地中间基底平缓且坡降极小，面积约为河口滩涂湿地总面积的 10%。其代表性滩涂为剪草沟，该滩涂因 2008 年的洪涝形成，由滩底至滩顶的植物带虽宽约 300 m，但中部有大片裸滩，基底高程差约为 1.0 m。

受淮河汛期和南水北调工程的影响，湖泊水位发生显著抬升或回落，使整个滩涂湿地呈现周期性淹水与出露，湿地水位的变化会对植物群落的生长与演替产生重要影响。不同滩地及同一滩地的不同区域水位不同，因此植物的分布也不同。从水体到滩地的边缘再到滩地中心处，植物呈现无植被—浮水植物群落—挺水植物群落—乔灌植物群落的顺序，主要是以天然植物群落为主，在高程比较高的地方也有杨树人工林群落。然而，随着人口增加、城市扩张和社会经济发展，河湖交汇区围圩垦殖、围网养鱼等人为活动越来越盛行，敞水区分布面积大量减少，水质恶化，生物多样性丧失，生态功能下降趋势明显[11,23]。

鉴于河湖交汇区的自然地理重要性及人为影响较重的特点，从了解洪泽湖地区的资源基础信息、揭示湿地生物与环境之间关系的基本规律出发，本篇以洪泽湖与淮河的交汇区（简称洪泽湖河湖交汇区、河湖交汇区或交汇区）为研究区域（图 1-1），对该区域三类滩地天然植物群落分布及沉积物中微生物群落结构特征，不同植物群落下的土壤养分和水分变化、碳通量变化、水体质量等生态效应进行深入研究；然后将湿地植物群落视为景观单元，运用 3S 技术对河湖交汇区主要湿地景观在过去 10 年间的时空分布和变化特征进行分析，并利用 CLUE-S （conversion of land use and its effects at small regional extent）模型对未来的湿地景观分布进行模拟，以期揭示洪泽湖河湖交汇区几种典型湿地的植物群落演替规律和景观分布特征；同时以面积最大的湖面滩为对象，对滩地中两种不同高程的植物群落进行修复技术及修复效果的研究，为保护与合理利用湖区资源，改善和提升整个湿地生态系统的功能，实现该地区经济、社会和生态效益的可持续发展提供理论依据和技术支撑。

参 考 文 献

[1] COLLINS B S, SHARITZ R R, COUGHLIN D P. Elemental composition of native wetland plants in constructed mesocosm treatment wetlands[J]. Bioresource Technology, 2005, 96(8): 937-948.
[2] CUI L. Evaluation on functions of Poyang Lake ecosystem [J]. Chinese Journal of Ecology, 2004, 4: 47-51.
[3] 杨阳, 张亦. 我国湿地研究现状与进展[J]. 环境工程, 2014, 32(7): 43-48.
[4] 张建龙. 湿地公约履约指南[M]. 北京: 中国林业出版社, 2001.
[5] 张永民, 赵士洞, 郭荣朝. 全球湿地的状况、未来情景与可持续管理对策[J]. 地球科学进展, 2008, 23(4): 415-420.
[6] 刘红玉. 中国湿地资源特征、现状与生态安全[J]. 资源科学, 2005, 27(3): 54-60.
[7] 崔丽娟, 张曼胤, 何春光. 中国湿地分类编码系统研究[J]. 北京林业大学学报, 2007, 29(3): 87-92.
[8] 王苏民, 窦鸿身. 中国湖泊志[M]. 北京: 科学出版社, 1998.
[9] 杨桂山, 马荣华, 张路, 等. 中国湖泊现状及面临的重大问题与保护策略[J]. 湖泊科学, 2010, 22(6): 799-810.
[10] 叶春, 李春华, 王博, 等. 洪泽湖健康水生态系统构建方案探讨[J]. 湖泊科学, 2011, 23(5): 725-730.
[11] 杨士建. 洪泽湖西部湖滨可持续利用研究[J]. 中国农业资源与区划, 2004, 25(1): 15-18.
[12] 夏双, 阮仁宗, 颜梅春, 等. 洪泽湖区土地利用/覆盖变化分析[J]. 遥感信息, 2013, 28(1): 54-59.
[13] 宋如亚, 崔曙平. 洪泽湖水污染现状与水源地保护[J]. 中国发展, 2009, 9(4): 26-29.
[14] 李为, 都雪, 林明利, 等. 基于 PCA 和 SOM 网络的洪泽湖水质时空变化特征分析[J]. 长江流域资源与环境, 2013, 22(12): 1593.
[15] 王庆, 陈吉余. 洪泽湖和淮河入洪泽湖河口的形成与演化[J]. 湖泊科学, 1999, 11(3): 237-244.
[16] 戴洪刚, 杨志军. 洪泽湖湿地生态调查研究与保护对策[J]. 环境科学与技术, 2002 (2): 37-39.
[17] REN Y, PEI H, HU W, et al. Spatiotemporal distribution pattern of cyanobacteria community and its relationship with the environmental factors in Hongze Lake, China[J]. Environmental Monitoring & Assessment, 2014, 186(10): 6919-6933.
[18] 黄辉, 陈旭, 蒋功成, 等. 洪泽湖水环境质量模糊综合评价[J]. 环境科学与技术, 2012 (10): 186-190.
[19] 马向东, 郑慧莲, 李爱民, 等. 洪泽湖湿地生态系统保护与修复关键技术研究[J]. 污染防治技术, 2008, 21(6): 38-41.
[20] 南楠, 张波, 李海东, 等. 洪泽湖湿地主要植物群落的水质净化能力研究[J]. 水土保持研究, 2011, 18(1): 228-231.
[21] 付为国, 吴翼, 李萍萍, 等. 洪泽湖入湖河口滩涂植被分异特征[J]. 湿地科学, 2015, 13(5): 569-576.
[22] 楚恩国. 洪泽湖流域水文特征分析[J]. 水科学与工程技术, 2008(3): 22-25.
[23] 刘伟龙, 邓伟, 王根绪, 等. 洪泽湖水生植被现状及过去 50 多年的变化特征研究[J]. 水生态学杂志, 2009, 2(6): 1-8.

第2章 河湖交汇区湿地植物群落特征及其物种多样性

洪泽湖河湖交汇区有湖面滩、边滩和速成滩3类滩地,不同滩地分布不同的植物群落,其中主要以天然植物群落为主。本章主要对3类滩地上天然植物群落的优势种、亚优种及主要伴生种的高度、频度、生活型、多优度-群聚度、聚生多度和物候期等群落特征的相关指标,以及该地区群落的物种丰富度、多样性系数、群落均匀度、优势度和不同群落相似度等物种多样性分析的相关指标进行定量分析,研究洪泽湖河湖交汇区不同类型滩地湿地的天然植物群落特征,并通过不同湿地植物类型对沉积物细菌群落结构的影响反映湿地植物在河湖交汇区的功能特征。

2.1 概　述

2.1.1 湿地植物群落研究

植物群落是指生活在一定区域内所有植物种群的集合,是不同植物在长期的环境变化中相互作用、相互适应而形成的组合。一个植物群落接着一个植物群落相继地、不断地为另一个植物群落所代替,这个过程是植物群落的演替[1]。植物群落研究的目的在于深入揭示植物群落的结构、动态、分类及其在地球上的分布等基本规律,从而掌握和运用这些规律,充分发挥人类的主观能动性来管理、控制、改造植物群落,也可以模拟自然界的植物群落演替规律来创造人工的、高效的植物群落,维护生态平衡,提高植物的生产力,以期更好地满足人类的需求。

湿地植物作为初级生产者,是湿地生物组分中最活跃的部分,也是湿地资源和生态系统的主要组成部分[1-4],具有供给物质、指示环境、提供物种生境、改善土壤等生态功能,对保持湿地生态系统结构和发挥生态服务功能具有重要的作用[5-7]。湿地植物物种多样性极其丰富,既包括沉水植物、浮水植物和挺水植物,又包括在湿地中生长的乔木、灌木和草本,它们长期适应水生和湿生环境而具有特殊的植物生理生态特征。

湿地植物群落不仅是湿地生态系统的主要生产者,还是研究湿地景观的基础,更是湿地环境的灵敏指示者。湿地植物群落的结构、功能和生态特征与其生境是紧密联系的,湿地生态环境影响湿地植物群落的生长,湿地植物群落能综合反映湿地生态环境的基本特点和功能特性[8-11]。湿地景观可以反映人类生产活动所产生的干扰类型和强度，其物种多样性，土壤氮、磷、钾等养分及土壤酶活性特征（包括相互之间的关系）是湿地生态系统演替在时间和空间上的体现[12]。目前，关于湿地植物群落物种多样性及其周边环境因素影响的研究较多。

湿地植物群落结构特征对微生物群落多样性和组成产生重要的影响，而微生物在湿地植物功能中扮演重要的角色。例如湿地植物对氮、磷的修复功能除了其本身的吸收外，植物根区微生物的活动是主要的驱动因素[13]。植物根区功能性微生物的种类和数量相对较多，表现出明显的根际效应[14]。不同类型的植物根际微生物的结构特征具有明显的差异[15]，湿地植物群落结构的改变将引起湿地微生物的种类、数量和分布特征的变化。目前，由植物引起的微生物群落结构变化机制引起了广泛的关注[16]。研究表明，植物通过根系的分泌物、残体、凋落物等对根区沉积物的微生物结构产生影响，而其有机质的含量是重要的指示[17]。细菌在土壤中种类多、数量大、分布广，是湿地土壤微生物的主要类群[18,19]，通过高通量测序技术研究细菌多样性和群落组成是反映土壤微生物群落结构特征的主要方式。

2.1.2　物种多样性研究

湿地植物多样性分为遗传多样性、物种多样性、生态系统多样性和景观多样性 4 个层次，而湿地植物群落物种多样性一直是研究的热点。湿地植物群落物种多样性包括湿地各类植物群落的物种多样性及其与环境因素的关系[20-22]。例如，张瑜等[23]对黄河兰州段典型植物群落的分布与组成进行调查，明确了环境因素对植物群落组成的影响；万媛媛等[24]对天津城市湿地植物群落进行调查，探究了城市湿地植被恢复的群落特征及物种多样性格局；刘加珍等[25]对黄河三角洲湿地的灌草群落物种多样性进行调查，并分析水盐条件对其的影响，认为物种多样性与地下水埋深、土壤全盐量存在明显的线性关系。人类活动对植物群落物种多样性具有影响[4,26]。例如，马维伟等[27]对尕海退化湿地植物群落进行研究，明确了湿地退化过程中植物生物量及物种多样性的变化特征；胡振鹏等[28]对鄱阳湖湿地植物群落进行分析，明确了人为活动是鄱阳湖湿地植被退化的主要原因。关于环境的稳定性和异质性与群落的稳定性、多样性的关系及群落的物种多样性与稳定性的关系等也有不少研究[29,30]。例如，张俪文[31]对浙江古田山常绿阔叶林的研究发现，环境空间异质性影响古田山的物种空间分布和群落结构；朱秀红等[32]对秦岭冷杉群落物种多样性和稳定性进行研究，发现冷杉群落结构存在差异，其稳定性和多样性之间没有明确的关系。

不同湿地处于不同的演替阶段，其植物群落的形态和结构也具有差异。国内针对湿地植物群落演替的研究区域可分为多种类型。在湖泊湿地上，李艳红等[33]研究艾比湖湿地植物群落的物种多样性特征及其影响因素，发现湿地植物群落的物种多样性受土壤养分含量的影响；王灵艳等[34]研究洞庭湖的湿地植物演替规律,认为泥沙的不均匀淤积引起湖洲湿地发育与演替的差异。在消落带上,孙荣等[35]针对三峡库区消落带进行植物群落的物种多样性研究,发现物种多度随高程增加而呈先升后降的格局;刘瑞雪等[36]开展丹江口水库水滨带植物群落空间分布的研究,发现海拔和水淹影响对水滨带植物群落空间分布具有主导作用。在高寒湿地方面,李英年等[37]针对祁连山海北湿地植物群落的物种多样性的研究发现,高寒湿地植被在气候变化影响下,其群落结构组成发生了变化,物种多度有增多的趋势;韩大勇等[38]在若尔盖高原湿地的研究发现,放牧压力改变了群落物种丰富度、生活型组成和演替模式。此外,关于滨海湿地的研究也较多,如房用等[39]对黄河三角洲植物群落演替进行的研究发现,土壤盐分含量影响种群的结构、物种组成和演替过程;吴统贵等[40]在杭州湾滩涂上的研究发现,随着演替的持续进行,湿地群落物种多度显著增加,均匀度逐渐降低,物种多样性呈先增加后降低的趋势;葛振鸣等[41]针对崇明东滩次生演替开展研究,发现植物群落结构稳定,生长趋势良好。另外,还有关于江河湿地的研究,如付为国[42]对镇江内江湿地植物演替各阶段的植物群落结构及影响因素进行研究,以及关于河漫滩湿地的研究,如李永亮等[43]对喀纳斯湖北端的湿地植物群落多样性受土壤因子的影响进行研究。

受湿地植物群落内物种间竞争等的影响,同一外部环境的群落结构也可能产生很大的变化[44]。因此,对湿地植物群落的水平格局和垂直格局也有相关研究。例如,刘肖利等[45]对鄱阳湖湿地植物群落地理分布特征的研究发现植物群落的分布和结构沿高程呈现不同的差异;宫兆宁等[46]对野鸭湖湿地植物群落分布的研究发现植被水平分布有典型的成带分布的特点;张全军等[11]对鄱阳湖湿地植被的研究发现植物群落明显呈带状分布。

2.2　样地调查及数据处理

2.2.1　植物群落调查

对洪泽湖河湖交汇区的湿地植物群落进行调查,选择洪泽湖水位较低、湿地植物生长最旺盛、物种多样性也最高的时期作为样地调查时间。分别在六道沟滩(湖面滩)、顶滩(边滩)和剪草沟滩(速成滩)设立样地,如图2-1所示,共计布设样方162个,具体设置如下。

六道沟滩(湖面滩)植被由滩底向滩顶呈明显的带状分布,植被带宽约为240 m、基底高程差约为1.2 m。由滩底向滩顶呈直线每隔10 m设立1 m×1 m的样方,另设2个平行样方作为重复,累计设置样方72个。

顶滩(边滩)植被由滩底向岸边也呈明显的带状分布,但植被带较窄,带宽仅为40 m左右,基底高程差为1.5 m左右。由滩底向岸边呈直线每隔4 m设立1 m×1 m的样方,另设2个平行样方作为重复,累计设置样方30个。

剪草沟滩（速成滩）形成于 2008 年，滩涂基底较高，植被虽也由滩底向滩顶呈带状分布，但中间地带出现大片裸滩，植被带宽约为 300 m，基底高程差约为 1.0 m。由滩底向滩顶呈直线每隔 15 m 设立 1 m×1 m 的样方，另设 2 个平行样方作为重复，累计设置样方 60 个。

样方的调查指标为样方内物种的种类、盖度、密度、高度和生物量（鲜重）。

图 2-1　植物群落调查点分布图

2.2.2　数据处理

根据洪泽湖河湖交汇区的六道沟滩（湖面滩）、顶滩（边滩）和剪草沟滩（速成滩）162 个样方的湿地植物调查数据，对研究区湿地群落的优势种、亚优种及主要伴生种的高度、频度、生活型、多优度-群聚度、聚生多度及物候期等指标进行统计，其中频度和生活型分别按 Raunkiaer 和 Raunklaw 标准，多优度-群聚度按法瑞学派传统的野外工作打分法，聚生多度采用 Drude 多度，物候期则按常用的五阶段分类法。

相对重要值是反映多样性水平最合理的指标。通常物种的相对重要值根据所调查的群落特征选取不同指标进行综合，本研究采用频度、高度、盖度和生物量 4 个指标相对值的均值，即

相对重要值（%）=（相对频度+相对高度+相对盖度+相对生物量）/4[47]

其中：

相对频度=单个物种的单个样方数量/样方物种总数量×100%

相对高度=单个物种植株根基部到顶端的垂直距离平均值/
　　　　　样方所有物种高度的平均值×100%

相对盖度=单个物种地上部分的垂直投影面积之和/样方面积×100%

相对生物量=单个物种的生物量干重/样方物种生物量总干重×100%

　　基于以上样方调查，对物种丰富度、多样性系数、群落均匀度、优势度及不同群落相似度等相关指标[48,49]进行定量分析。反映物种多样性水平各指标的计算公式分别为

$$R = S \tag{2-1}$$

$$H = -\sum_{i=1}^{s} p_i \ln p_i \tag{2-2}$$

$$E = -\sum_{i=1}^{s} p_i \ln p_i / \ln S \tag{2-3}$$

$$SN = \sum_{i=1}^{s} (n_i/N)^2 \tag{2-4}$$

式中，R 为物种丰富度；H 为 Shannon-Wiener 多样性指数；E 为 Pielou 群落均匀度；SN 为群落优势度；S 为每个样方内的物种数；n_i 为第 i 个物种的相对重要值；N 为群落里所有物种的相对重要值之和，其中 $p_i = n_i/N$。

2.3　不同类型滩地植物分布及群落特征

　　通过样方调查发现六道沟滩（湖面滩）、顶滩（边滩）和剪草沟滩（速成滩）的植被均随着基底高程的抬升呈明显的带状分布，但在植被类型和带幅上存在明显差异。

　　1. 六道沟滩（湖面滩）

　　在基底高程差约为 1.2 m、带宽约为 240 m 的六道沟滩（湖面滩）植被带中，由滩底至滩顶的 0~30 m（水深 0.9~0.8 m）、30~60 m（水深 0.8~0.6 m）、60~120 m（水深 0.6~0.2 m）、120~240 m（水深 0.2 m~滩高 0.3 m）4 个带状区域内，分别分布着马来眼子菜和金鱼藻种群、荇菜种群、菰和莲种群、香蒲和芦苇种群，而喜旱莲子草种群则在 80~240 m（水深 0.5 m~滩高 0.3 m）区域内均有分布。

　　2. 顶滩（边滩）

　　在基底高程差约为 1.5 m、带宽约为 40 m 的顶滩（边滩）植被带中，由滩底至滩顶的 0~25 m（水深 1.1~0.6 m）、25~30 m（水深 0.6~0.3 m）、25~40 m（水深 0.3 m~滩高 0.4 m）3 个带状区域内，分别分布着菱种群、菰种群、香蒲和芦苇种群，而槐叶苹和浮萍则在不同带区水面出现。

　　3. 剪草沟滩（速成滩）

　　在基底高程差约为 1.0 m、带宽约为 300 m 的剪草沟滩（速成滩）植被带中，

由滩底至滩顶的 0~40 m（水深 0.5~0 m）、40~60 m（水深 0~滩高 0.1 m）、60~90 m（滩高 0.1~0.2 m）、90~200 m（滩高 0.2~0.3 m）、200~300 m（滩高 0.3~0.5 m）5 个带状区域内，分别分布着莕菜种群、菰种群、裸滩（没有植被）、扁秆藨草和香蒲种群、芦苇种群。

从具体研究结果来看，六道沟滩（湖面滩）、顶滩（边滩）和剪草沟滩（速成滩）的植物群落特征有差异，如表 2-1 所示。对于同一物种，无论是挺水植物芦苇、香蒲或菰，还是浮水植物菱、莕菜，以及沉水植物马来眼子菜和金鱼藻，其高度在不同类型湿地存在明显差异，均表现为顶滩（边滩）最高，六道沟滩（湖面滩）次之，而剪草沟滩（速成滩）最低。不同滩地各物种频度总体相对较低，其中，六道沟滩（湖面滩）和剪草沟滩（速成滩）除优势种、部分亚优种和其他极少数物种的频度为 B 级外，其他均为 A 级；顶滩（边滩）优势种之一的菱频度虽达到 C 级，但另一优势种芦苇仅为 A 级，而另有其他几个伴生种达 B 级。就物候期而言，除马来眼子菜、金鱼藻、莕菜、菱、扁秆藨草和盒子草处于花果期，其他多数植物均处于营养期。在生活型上，湿地植物以多年生地下芽植物为主，除了槐叶苹、浮萍、酸模叶蓼、鸡矢藤、印度蔊菜、盒子草、葎草和杠板归为一年生植物，其他均为多年生地下芽植物。

表 2-1　不同滩地植物群落特征

样地	物种	高度/m	频度	物候期	生活型	多优度-群聚度	聚生多度
六道沟滩（湖面滩）	马来眼子菜 *Potamogeton malaianus*	1.00~1.20	A	○(∨, +)	G	2-4	cop¹.soc
	金鱼藻 *Ceratophyllum demersum* L.	0.50~0.60	A	○(∨, +)	G	1-3	sp. gr
	莕菜 *Nymphoides peltatum* (Gmel.) O. Kuntze	0.60~0.80	A	○(∨, +)	G	2-4	cop¹.gr
	菹草 *Potamogeton crispus* L.	0.40~0.50	A	—	G	1-2	sp. gr
	菱 *Trapa bispinosa* Roxb.	0.80~1.10	A	○(∨, +)	G	1-2	sp. gr
	水鳖 *Hydrocharis dubia*	0.10	A	—	G	1-1	sp. gr
	槐叶苹 *Salvinia natans* (L.) All.	0.02	B	—	T	1-1	sp. gr
	浮萍 *Lemna minor* L.	0.01	B	—	T	1-1	sp. gr
	菰 *Zizania latifolia* (Griseb.) Stapf	2.20~2.50	A	—	G	2-3	cop¹. gr
	节节麦 *Aegilops tauschii* Coss.	0.60~0.70	A	—	G	1-3	sp. gr
	喜旱莲子草 *Alternanthera philoxeroides* (Mart.) Griseb.	0.50~0.60	B	—	G	2-3	sp. gr

样地	物种	高度/m	频度	物候期	生活型	多优度-群聚度	聚生多度
六道沟滩（湖面滩）	莲 *Nelumbo nucifera*	1.50~1.80	A	—	G	2-3	cop^1. gr
	柳 *Salix babylonica*	0.60~0.80	A		G	+-1	un. gr
	酸模叶蓼 *Polygonum lapathifolium* L.	0.40~0.50	A	—	T	+-1	un. gr
	鸡矢藤 *Paederia scandens* (Lour.) Merr.	1.80~2.00	A		T	+-1	un. gr
	水葱 *Scirpus validus* Vahl	1.10~1.30	A		G	+-1	un. gr
	香蒲 *Typha orientalis*	2.20~2.50	A		G	2-4	cop^2.soc
	芦苇 *Phragmites australis* (Cav.) Trin. ex Steud.	2.40~2.60	B	—	G	3-5	cop^3.soc
顶滩（边滩）	菱 *Trapa bispinosa* Roxb.	1.00~1.30	C	○(∨, +)	G	3-5	cop^3.soc
	莕菜 *Nymphoides peltatum* (Gmel.) O. Kuntze	0.80~1.00	B	○(∨, +)	G	1-2	sp. gr
	水鳖 *Hydrocharis dubia*	0.10	B	—	G	1-2	sp. gr
	菰 *Zizania latifolia* (Griseb.) Stapf	2.30~2.50	A		G	2-3	cop^1. gr
	槐叶苹 *Salvinia natans* (L.) All.	0.02	B		T	1-1	sp. gr
	浮萍 *Lemna minor* L.	0.01	B		T	1-1	sp. gr
	喜旱莲子草 *Alternanthera philoxeroides* (Mart.) Griseb.	0.50~0.60	B		G	2-3	sp. gr
	香蒲 *Typha orientalis*	2.40~2.60	A	—	G	2-4	cop^2.soc
	芦苇 *Phragmites australis* (Cav.) Trin. ex Steud.	2.90~3.10	A	—	G	2-4	cop^2.soc
	酸模叶蓼 *Polygonum lapathifolium* L.	0.40~0.50	A	—	T	+-1	un. gr
	鸡矢藤 *Paederia scandens* (Lour.) Merr.	1.80~2.00	A		T	+-1	un. gr
剪草沟滩（速成滩）	马兰眼子菜 *Potamogeton malaianus*	0.60~0.80	A	○(∨, +)	G	1-2	sp. gr
	金鱼藻 *Ceratophyllum demersum* L.	0.40~0.50	A	○(∨, +)	G	1-2	sp. gr
	莕菜 *Nymphoides peltatum* (Gmel.) O. Kuntze	0.30~0.50	A	○(∨, +)	G	2-4	cop^1.gr

续表

样地	物种	高度/m	频度	物候期	生活型	多优度-群聚度	聚生多度
剪草沟滩（速成滩）	菱 *Trapa bispinosa* Roxb.	0.80~1.00	A	○(∨, +)	G	1-2	sp. gr
	菰 *Zizania latifolia* (Griseb.) Stapf	1.50~1.80	A	—	G	2-3	cop¹. gr
	节节麦 *Aegilops tauschii* Coss.	0.40~0.60	A	—	G	2-3	cop¹.gr
	喜旱莲子草 *Alternanthera philoxeroides* (Mart.) Griseb.	0.40~0.50	B	—	G	1-2	sp. gr
	扁秆藨草 *Scirpus planiculmis* Fr. Schmidt	0.50~0.70	B	○(∨, +)	G	2-5	cop².soc
	香蒲 *Typha orientalis*	1.60~1.80	A	—	G	1-3	sp. gr
	芦苇 *Phragmites australis* (Cav.) Trin. ex Steud.	1.90~2.10	B	—	G	3-5	cop³.soc
	柳 *Salix babylonica*	0.60~0.80	A	—	G	+-1	scl. gr
	印度蔊菜 *Rorippa indica* (L.) Hiern.	0.30~0.40	A	—	T	+-1	scl. gr
	盒子草 *Actinostemma tenerum* Griff.	1.80~2.00	A	○(∨, +)	T	+-1	un. gr
	葎草 *Humulus scandens*	1.00~1.20	A	—	T	+-1	un. gr
	杠板归 *Polygonum perfoliatum* L.	1.00~1.20	A	—	T	+-1	un. gr

注：频度 C、B、A 分别表示 40%~60%、20%~40%、0~20%；物候期—、~、○（∨、+）分别表示营养期、枯黄期、花果期；生活型 G、T 分别表示地下芽植物、一年生植物；多优度 3、2、1、+分别表示盖度为 25%~50%、5%~25%、5%以下、盖度很小且数量很少；群聚度 5、4、3、2、1 分别表示集成大片背景化、小群或大块、小片或小块、小丛或小簇、个别散生或单生；聚生多度 cop³、cop²、cop¹、sp、scl、un 分别表示很多、多、尚多、不多而分散、少或个别、单株，soc、gr 分别表示个体相互靠拢成大片或背景化、丛生成小团块或小块聚生。

通过进一步对不同类型滩地的盖度和优势种进行比较，三者之间差异显著。六道沟滩（湖面滩）植物群落总盖度为 91.17%。其中，优势种芦苇和亚优种香蒲的盖度分别为 27.2%和 18.8%，且分别呈大片背景化和大块分布。菰、马来眼子菜、荇菜、莲和喜旱莲子草伴生种的盖度均为 6.4%~7.5%，且呈不同尺度的块状分布。其他伴生种和偶见种的盖度均低于 3%或更低，呈小片、小丛或单生分布。顶滩（边滩）植物群落总盖度约为 91.16%。其中，共优种菱和芦苇的盖度分别约为 42.5%和 13.8%，且分别呈大片背景化和大块分布。香蒲、菰和喜旱莲子草的盖度分别为 11.8%、9.82%和 6.5%，呈小片或小丛分布。其他物种的盖度均较低，呈小丛或单生分布。剪草沟滩（速成滩）植物群落总盖度相对较低，约为83.56%。其中，优势种芦苇和亚优种扁秆藨草的盖度分别为25.2%和20.3%，均呈大片背景化分布。荇菜、节节麦和菰的盖度分别为11.2%、8.75%和7.7%，分别呈大块或小块分布。其他一些物种盖度均低于4%或更低，呈小丛或单生分布。至于聚生多度，不同滩地的优势种和亚优种为很多或多级别，个体相互靠拢成大片或背景化。偶见种和部分伴生种个别或单株出现，小块聚生。其他大部分伴生种则介于它们之间。

2.4　不同类型滩地植物群落的物种组成及其相对重要值

通过研究发现，六道沟滩（湖面滩）、顶滩（边滩）和剪草沟滩（速成滩）的植被在物种数量、物种组成和优势种的构成上均有较大区别。六道沟滩（湖面滩）、顶滩（边滩）和剪草沟滩（速成滩）湿地植被的物种组成及基于高度、频度、盖度及生物量的相对重要值如表2-2～表2-4所示。

表2-2　六道沟滩（湖面滩）物种组成及相对重要值　　　　　（单位：%）

物种	科属	相对高度	相对频度	相对盖度	相对生物量	相对重要值
马来眼子菜 *Potamogeton malaianus*	眼子菜科眼子菜属	6.27	18.61	7.94	3.06	8.97
金鱼藻 *Ceratophyllum demersum* L.	金鱼藻科金鱼藻属	4.63	9.17	2.81	1.61	4.55
荇菜 *Nymphoides peltatum* (Gmel.) O. Kuntze	龙胆科荇菜属	3.38	13.63	7.02	0.63	6.17
菹草 *Potamogeton crispus* L.	眼子菜科眼子菜属	2.68	0.99	0.89	0.05	1.15
菱 *Trapa bispinosa* Roxb.	菱科菱属	4.28	0.75	0.45	0.02	1.38
水鳖 *Hydrocharis dubia*	水鳖科水鳖属	0.29	3.77	2.00	0.29	1.59
槐叶苹 *Salvinia natans* (L.) All.	槐叶苹科槐叶苹属	0.11	4.59	0.88	0.03	1.40
浮萍 *Lemna minor* L.	浮萍科浮萍属	0.05	6.98	0.61	0.02	1.92
菰 *Zizania latifolia* (Griseb.) Stapf	禾本科菰属	12.85	3.31	8.23	14.22	9.65
节节麦 *Aegilops tauschii* Coss.	禾本科山羊草属	3.86	11.30	3.35	1.42	4.98
喜旱莲子草 *Alternanthera philoxeroides* (Mart.) Griseb.	苋科莲子草属	3.21	12.68	7.46	1.01	6.09
莲 *Nelumbo nucifera*	睡莲科莲属	8.03	2.21	7.81	11.87	7.48
香蒲 *Typha orientalis*	香蒲科香蒲属	12.85	3.31	20.62	28.94	16.43
柳 *Salix babylonica*	杨柳科柳属	3.21	0.02	0.03	0.00	0.82

续表

物种	科属	相对高度	相对频度	相对盖度	相对生物量	相对重要值
酸模叶蓼 *Polygonum lapathifolium* L.	蓼科蓼属	2.68	0.15	0.02	0.00	0.71
鸡矢藤 *Paederia scandens* (Lour.) Merr.	茜草科鸡矢藤属	9.64	0.07	0.02	0.00	2.43
水葱 *Scirpus validus* Vahl	莎草科藨草属	6.43	0.18	0.03	0.03	1.67
芦苇 *Phragmites australis* (Cav.) Trin. ex Steud.	禾本科芦苇属	15.53	8.27	29.83	36.79	22.61
合计		100	100	100	100	100

表 2-3　剪草沟滩（速成滩）物种组成及相对重要值　　　　　（单位：%）

物种	科属	相对高度	相对频度	相对盖度	相对生物量	相对重要值
马来眼子菜 *Potamogeton malaianus*	眼子菜科眼子菜属	5.09	0.19	0.24	0.08	1.40
金鱼藻 *Ceratophyllum demersum* L.	金鱼藻科金鱼藻属	3.63	0.56	0.48	0.17	1.21
荇菜 *Nymphoides peltatum* (Gmel.) O. Kuntze	龙胆科荇菜属	2.18	31.45	13.40	4.23	12.81
菱 *Trapa bispinosa* Roxb.	菱科菱属	7.27	3.33	2.51	1.07	3.55
菰 *Zizania latifolia* (Griseb.) Stapf	禾本科菰属	10.90	1.11	9.21	20.28	10.38
节节麦 *Aegilops tauschii* Coss.	禾本科山羊草属	3.63	3.52	3.82	0.79	2.94
喜旱莲子草 *Alternanthera philoxeroides* (Mart.) Griseb.	苋科莲子草属	2.91	3.89	10.47	1.41	4.67
扁秆藨草 *Scirpus planiculmis* Fr. Schmidt	莎草科莎草属	3.27	49.95	23.93	0.79	19.49
香蒲 *Typha orientalis*	香蒲科香蒲属	13.08	0.65	4.18	17.47	8.85
芦苇 *Phragmites australis* (Cav.) Trin. ex Steud.	禾本科芦苇属	14.53	5.00	29.92	53.53	25.75
柳 *Salix babylonica*	杨柳科柳属	3.63	0.28	1.60	0.17	1.42
印度蔊菜 *Rorippa indica* (L.) Hiern.	十字花科蔊菜属	2.47	0.04	0.06	0.01	0.65
盒子草 *Actinostemma tenerum* Griff.	葫芦科盒子草属	13.44	0.03	0.02	0.00	3.37
葎草 *Humulus scandens*	桑科葎草属	5.96	0.07	0.10	0.01	1.54
杠板归 *Polygonum perfoliatum* L.	蓼科蓼属	7.99	0.03	0.02	0.01	2.01
合计		100	100	100	100	100

表 2-4　顶滩（边滩）物种组成及相对重要值　　　　（单位：%）

物种	科属	相对高度	相对频度	相对盖度	相对生物量	相对重要值
菱 *Trapa bispinosa* Roxb.	菱科菱属	9.24	28.26	46.62	3.79	21.98
荇菜 *Nymphoides peltatum* (Gmel.) O. Kuntze	龙胆科荇菜属	7.02	4.38	0.44	0.26	3.03
水鳖 *Hydrocharis dubia*	水鳖科水鳖属	0.41	6.57	2.30	0.76	2.51
菰 *Zizania latifolia* (Griseb.) Stapf	禾本科菰属	19.95	2.72	10.77	22.18	13.91
槐叶苹 *Salvinia natans* (L.) All.	槐叶苹科槐叶苹属	0.15	14.46	2.63	0.12	4.34
浮萍 *Lemna minor* L.	浮萍科浮萍属	0.07	21.03	2.30	0.11	5.88
喜旱莲子草 *Alternanthera philoxeroides* (Mart.) Griseb.	苋科莲子草属	3.69	13.06	7.13	1.23	6.28
香蒲 *Typha orientalis*	香蒲科香蒲属	19.21	2.84	12.62	33.06	16.93
芦苇 *Phragmites australis* (Cav.) Trin. ex Steud.	禾本科芦苇属	22.90	6.57	15.14	38.49	20.78
酸模叶蓼 *Polygonum lapathifolium* L.	蓼科蓼属	3.69	0.05	0.02	0.00	0.94
鸡矢藤 *Paederia scandens* (Lour.) Merr.	茜草科鸡矢藤属	13.67	0.05	0.02	0.00	3.44
合计		100	100	100	100	100

代表湖面滩的六道沟滩的物种最多，包括 18 个物种，涵盖 15 个科 17 个属。其中，芦苇的相对重要值最高，构成优势种群，香蒲次之，构成群落的亚优种群，菰、马来眼子菜及莲等物种也有较高的相对重要值，这些物种则为群落的主要伴生种，柳和酸模叶蓼的相对重要值极低，故属群落偶见种。

代表速成滩的剪草沟滩（速成滩）的物种数居中，15 个物种在滩涂中出现，涵盖 13 个科 15 个属。其中，芦苇的相对重要值最高，扁秆藨草次之，二者分别构成群落的优势种群和亚优种群，主要伴生种包括荇菜、香蒲和菰等，印度莕菜则为群落的偶见种。

代表边滩的顶滩物种数最少，仅有 11 个物种，涵盖 10 个科 11 个属。其中，菱的相对重要值最高，芦苇次之，但差异极小，二者构成了群落的共优种群，而主要伴生种分别为香蒲、菰等，酸模叶蓼是该群落的偶见种。

2.5　不同滩地植物群落的物种多样性分析

基于各物种的相对重要值指标，对不同滩地植物群落的物种多样性水平进行分析，3 类滩地的物种多样性水平存在一定差异，具体结果如表 2-5 所示。

表 2-5　不同滩地植物群落的物种多样性水平

滩地	物种丰富度	物种多样性指数	群落优势度	群落均匀度
六道沟滩（湖面滩）	18	2.4462	0.1153	0.8736
顶滩（边滩）	11	2.0690	0.1516	0.8629
剪草沟滩（速成滩）	15	1.9150	0.1441	0.7071

六道沟滩（湖面滩）的物种最为丰富，物种丰富度为 18，剪草沟滩（速成滩）次之，物种丰富度为 15，而顶滩（边滩）的物种丰富度最低。物种多样性指数是反映物种丰富度和群落均匀度的综合指标。通过分析发现，物种多样性指数以六道沟滩（湖面滩）最高，明显高于其他两类滩地，顶滩（边滩）和剪草沟滩（速成滩）的物种多样性指数虽相近，但拥有物种数较多的剪草沟滩（速成滩）物种多样性指数却低于顶滩（边滩），这主要是剪草沟滩（速成滩）的群落均匀度较低的缘故。顶滩（边滩）的群落优势度最高，这主要是由于顶滩（边滩）植被带较窄，分布物种较少，且优势种菱和芦苇较其他物种优势更为明显。六道沟滩（湖面滩）的群落优势度最低，主要是该群落内物种较为丰富，还有一些具有一定优势的伴生种存在的缘故。另外，剪草沟滩（速成滩）物种多样性指数和群落均匀度最低的原因还包括该滩底有近 20% 的裸滩存在。

2.6　植物群落多样性讨论

通过对六道沟滩（湖面滩）、顶滩（边滩）和剪草沟滩（速成滩）不同滩地植被群落的样方调查发现，不同类型滩地的植被均随着基底高程的抬升呈明显的带状分布，但在植被类型和带幅上存在明显差异。这与前人对鄱阳湖的研究结果相一致。由于受湖泊水位变化、洲滩高程及其出露时间的影响，各种不同湿地的植物群落沿水位梯度呈环状、弧状或斑块状分布[9,28,50]。

淮河入湖河口不同淤积特征滩涂中的物种数量与鄱阳湖[51]、洞庭湖[52]相比较少，究其原因，主要是洪泽湖在植物生长季处于高水位。大量研究表明，淹水导致植物群落物种多样性的降低，尤其是物种丰富度的降低[53-55]。其中，在六道沟滩（湖面滩）宽 240 m 和顶滩（边滩）宽 40 m 的植物带中，水域地带宽分别约为 210 m 和 35 m；而在剪草沟滩（速成滩）宽 300 m 的植物带中，水域地带宽仅 60 m，大片的滩涂地带多由原先的水域短期淤积而成，构成植被主体的湿生植物较少，致使剪草沟滩（速成滩）内物种丰富度相对较低。

在淮河入湖河口滩涂中，面积约占 50% 的湖面滩的物种最丰富，群落的物种丰富度、物种多样性指数和群落均匀度都最高，这一结果符合现代生态学基础之一的种-面积关系[56]。面积约占 10% 的速成滩主要是在涝灾年份汛期的特定水文动力作用下，由大量泥沙堆积，迅速覆盖原有湖面滩而形成的。基底迅速抬升，湖面滩原有植物被覆盖，原有的某些物种消失或者长势变弱，甚至出现大面积裸滩，致使其处于次生演替的初级阶段，群落的盖度大幅降低，多种植物的高度和生物量都处于相对较低的水平[1]。其中，原先湖面滩中的亚优种香蒲不仅分布较少，且和优势种芦苇一样，植株高度明显降低，主要伴生种荇菜不仅长势变弱，甚至仅零星地出现在裸滩上，在湖面滩为偶见种的幼小柳却在速成滩中较多地出现，且一些湿生甚至旱生的物种也零星出现，这表明速成滩的快速形成已经导致原有的植物群落退化，植物群落有向顶级群落——柳群落跃迁的趋势。

　　另外，蘖生性极强的喜旱莲子草在不同滩涂都横跨数个植物带分布，无论是从相对重要值，还是从分布频度上看，该物种对植物群落的生态安全都构成了威胁[57]，因此，建议尽快实施喜旱莲子草的清理工作。

2.7　不同湿地植物群落对沉积物细菌群落结构的影响

　　洪泽湖湿地自然环境条件独特，水生植物资源十分丰富[58]，挺水植物芦苇、莲和菰（又称茭草）是其中分布较多的植物。研究表明，植物对湖泊沉积物有机质的含量有显著影响，水生植物的沉积是湖泊沉积物有机碳和氮的主要来源[59]。同时，沉积物中的有机碳和氮显著影响微生物生物量、群落结构及多样性[60-62]。不同植物类型由于生物量、生长发育期和凋落物性质等不同，对沉积物有机质的贡献存在差异，对自然界的碳氮循环也造成不同的影响。在不同植物的影响下，沉积物有机质含量的差异也会带来微生物群落结构的差异，这种差异展现出来的某些功能菌（比如反硝化细菌）加速了碳氮循环的进程。目前对植物和有机质、微生物和环境因子、植物和微生物之间的相互关系有较多的研究[63,64]，但是对植物—有机质—微生物三者之间的相互关系缺乏认识，对不同植物影响沉积物微生物群落结构的机制尚不明确。另外，微生物在湿地沉积物微环境中扮演极为重要的角色，如植物残体的分解、污染物的去除、营养元素的物质循环等。对微生物群落结构的解析将有助于揭开湿地生物反应器这个"黑匣子"的运行机制，有助于了解湿地环境中微生物与植物、微生物与环境因子及微生物之间的相互关系。

　　解析湿地沉积物微生物群落结构的方法多种多样[65]，如末端限制性片段长度多态性（terminal restriction fragment length polymorphism，T-RFLP）技术[66]、基于 16s RNA 和功能基因的实时定量聚合酶链式反应（real-time quantitative polymerase chain reaction，RT-qPCR）方法[67]、磷脂脂肪酸（phospholipid fatty acid，PLFA）技术[68]及聚合酶链式反应变性梯度凝胶电泳（polymerase chain reaction-denaturing gradient gel electrophoresis，PCR-DGGE）的方法[69]等，这些方法存在检测到的微生物种类不多、微生物分类水平较低的缺陷。近年来，高通量测序技

术得到快速发展，已经逐步应用到生物、医学、农业、食品、环境等各个研究领域[70-74]。尽管基于生物化学手段的 PLFA 技术及传统的定量聚合酶链式反应（quantitative polymerase chain reaction，Q-PCR）、温度梯度凝胶电泳（temperature gradient gel electrophoresis，TGGE）、变性梯度凝胶电泳（denaturing gradient gel electrophoresis，DGGE）等分子生物学方法在环境微生物群落结构研究方面仍然十分有效，但利用高通量测序技术对湿地微生物群落结构进行更为精细的分析十分必要。

本节的研究目的是利用高通量测序技术对洪泽湖湿地西南部河湖交汇区芦苇、菰和莲 3 种不同植物分区沉积物细菌群落结构进行分析，揭示沉积物细菌群落组成和丰富度，探讨沉积物细菌群落特征、植物种类、有机质含量之间的相互关联，为理解洪泽湖湿地碳氮的生物地球化学循环、挖掘湿地微生物功能奠定基础，为污染物的植物、微生物修复技术提供参考。

2.7.1　研究方法

1. 样品的采集

本试验以洪泽湖西南部的河湖交汇区六道沟（33°12′N，118°33′E）为研究区域。该研究区分布着芦苇、菰和莲 3 种植物群落，3 种植物区间隔明显，没有其他的植物类型，面积较大，植物长势较为一致，水流较慢。利用 5 点取样法[75]，于 2015 年 5 月在莲区、菰区和芦苇区分别采取沉积物样品，采样深度为沉积物表层 0~5 cm，将每个区的 5 个样品混合成一个样品。混合样品置于无菌的 50 mL 的 EP 管中，并命名为 S1、S2 和 S3。3 份沉积物样品当天带回实验室，-20℃保存。

2. 理化性质的测定

沉积物样品在 4℃下解冻。采用鲁如坤描述的方法对样品进行预处理[76]。总有机碳（total organic carbon，TOC）采用重铬酸钾容量法—外加热法（F-HZ-DZ-TR-0046）测定；总氮（total nitrogen，TN）采用凯氏定氮法（NY/T 53—1987）测定；硝酸盐氮（nitrate nitrogen，$NO_4^- \text{-N}$）采用 HACH 分光光度计法 8507（HACH DR/2400）测定；铵态氮（ammonia nitrogen，$NH_4^+ \text{-N}$）采用 HACH 分光光度计法 8038（HACH DR/2400）测定；总磷（total phosphorus，TP）采用碱熔-钼锑抗分光光度法（HJ 632—2011）测定。样品的理化性质指标进行 2 次重复测定（取 2 次测定结果的平均值）。运用 SPSS Statistics 17.0 统计软件进行数据分析。

3. 基因组 DNA 的提取

采用天根生化科技（北京）有限公司土壤微生物基因组 DNA 提取试剂盒

（DP336）的方法，称量 0.5g 沉积物样品，提取沉积物微生物的总 DNA。获得的总 DNA 样品纯度和质量通过 0.8%的琼脂糖凝胶电泳检测。DNA 浓度通过 NanoDrop ND-1000 微型分光光度计测定。

4. PCR 扩增及高通量测序

选择细菌 16S rRNA 的 V4～V5 可变区作为测序的目标序列。利用通用引物 515 F（5′-GTGCCAGCMGCCGC GG-3′）和 907 R（5′-CCGTCAATTCMTTTRAGTTT-3′），以提取的总 DNA 样品为模板进行 PCR 扩增。PCR 反应体系为 50 μL，包含 0.2 μmol 的引物、10 ng 的 DNA 模板、0.25 mmol dNTPs、1×PCR 反应缓冲液、2U 的快速 Pfu DNA 聚合酶［天根生化科技（北京）有限公司］。PCR 扩增使用的仪器为 ABI GeneAmp 9700（USA）。使用的反应条件为：95℃预变性 2 min；95℃变性 30 s，55℃退火 30 s，72℃延伸 45 s，30 个循环；72℃延伸 10 min。PCR 产物通过 2% 的琼脂糖凝胶电泳检测，EB 染色后，通过琼脂糖凝胶回收试剂盒［天根生化科技（北京）有限公司］对目标条区进行纯化。对纯化的 PCR 产物进行浓度的测定，以达到高通量测序的要求。将 PCR 产物样品送至上海美吉生物医药科技有限公司，在 Illumina-Miseq 平台上进行高通量测序。

5. 测序数据处理

测序得到的序列通过以下方法利用 Trimmomatic 软件进行质控过滤：①过滤 read 尾部质量值 20 以下的碱基，设置 50 bp 的窗口，如果窗口内的平均质量值低于 20，从窗口开始截去后端碱基，过滤质控后 50 bp 以下的 read；②根据 PE reads 之间的重叠（overlap）关系，将成对 reads 拼接（merge）成一条序列，最小重叠长度为 10 bp；③拼接序列的重叠区允许的最大错配比率为 0.2，去除不符合序列。根据序列首尾两端的 barcode 和引物序列区分样品得到有效序列，并校正序列方向。利用 Usearch（version 7.1）软件按照 97%相似性对非重复序列进行 OTU 聚类，在聚类过程中去除嵌合体，得到 OTU 的代表序列；将所有优化序列 map 至 OTU 代表序列，选出与 OTU 代表序列相似性在 97%以上的序列。采用 RDP classifier 贝叶斯算法对 97%相似水平的 OTU 代表序列进行分类学分析，并在门和属的水平统计每个样品的群落组成。选用相似水平为 97%的 OTU 样本，统计多个样本中所共有和独有的 OTU 数目表，绘制 OTU 分布韦恩图[77]。对复杂数据降维，运用方差分解，将多组数据的差异反映在二维坐标图上，绘制 PCA 图[78]。用颜色变化来反映二维矩阵中的数据信息，并将数据进行物种或样本间丰富度相似性聚类，绘制群落的结构热图[79]。

2.7.2　结果

1.　样品理化指标

为了解研究区沉积物的生理生化特征，分析沉积物样品 S1、S2 和 S3 的某些理化指标。如表 2-6 所示，S1 的总有机碳（TOC, 0.71 g·kg^{-1}）、总氮（TN, 0.08 g·kg^{-1}）、铵态氮（NH_4^+-N, 5.18 mg·kg^{-1}）和硝酸盐氮（NO_3^--N, 1.50 mg·kg^{-1}）含量都明显低于 S2 及 S3，特别是总氮（TN）含量只有 S2（0.44 g·kg^{-1}）的 1/5 左右。结合 ANVOA 方差分析可知，S1、S2 和 S3 三者总有机碳含量差异极显著(P=0.002<0.01)，总氮含量差异显著（P=0.048<0.05），其中 S1 和 S2 的差异最大（P_{TOC}=0.002，P_{TN}=0.066），S1 和 S3 的差异次之（P_{TOC}=0.009，P_{TN}=0.225），S2 和 S3 的差异最小（P_{TOC}=0.046，P_{TN}=0.56）。进一步，3 个样品铵态氮的差异也极为显著（P<0.01）；尽管 S2 和 S3 的硝酸盐氮无显著差异（P>0.05），但 S1 和 S2、S1 和 S3 的硝酸盐氮有极显著的差异（P<0.01）。3 个样品总磷（TP）含量无显著差异（P>0.05）。以上分析表明在同一片水域外来影响相同的情况下，植物种类可能影响沉积物有机质的含量，这些有机质是植物本身凋落或死亡的残体，对沉积物中的碳氮含量有重要影响。

表 2-6　洪泽湖湿地沉积物的理化特征

样品	TOC/(g·kg^{-1})	TN/(g·kg^{-1})	TP/(g·kg^{-1})	NO_3^- -N/(mg·kg^{-1})	NH_4^+ -N/(mg·kg^{-1})
S1（莲区）	0.71 ± 0.11	0.08 ± 0.02	0.12 ± 0.04	1.50 ± 0.01	5.18 ± 0.01
S2（菰区）	2.84 ± 0.13	0.44 ± 0.09	0.11 ± 0.02	2.00 ± 0.01	12.60 ± 0.01
S3（芦苇区）	2.07 ± 0.08	0.30 ± 0.04	0.12 ± 0.03	2.00 ± 0.01	22.05 ± 0.01

2.　测序结果的质量分析

沉积物样品 S1、S2 和 S3 分别得到 19 522、17 697 和 14 785 条有效序列，获得 1494、1503、1600 个 OTU。通过输入序列数目（小于总的样本序列条数）与 OTU 个数产出间的相互关系可知，实际测序量完全覆盖群落物种的组成，可以真实反映群落各物种间的相对比例关系。

3.　不同植物作用下沉积物微生物多样性

对单样品的 α 多样性分析可以反映微生物的丰富度及多样性，包括利用 Chao 值、Ace 值、Shannon 值和 Simpson 值等一系列统计学分析指数对微生物多样性的大小进行估算。Chao 值、Ace 值和 Shannon 值越大，Simpson 值越小，说明样品中物种越丰富。如表 2-7 所示，Chao 值和 Ace 值 S3（芦苇区）最高，S2（菰区）次之，S1（莲区）最低，从 Shannon 值和 Simpson 多样性值来看，微生物物种丰富度也表现为 S1<S2<S3。这表明不同植物类型沉积物的微生物多样性具有一定的差异。

表 2-7　洪泽湖湿地沉积物细菌多样性指数

样品	有效序列数	OTU 值	Chao 值	Ace 值	Shannon 值	Simpson 值
S1（莲区）	19 522	1494	1724	1704	6.05	0.0085
S2（菰区）	17 697	1503	1758	1737	6.19	0.0065
S3（芦苇区）	14 785	1600	1841	1836	6.43	0.0039

4. 不同植物作用下沉积物微生物群落组成

将 3 种沉积物样品 S1、S2 和 S3 获得的 OTU 进行注释，统计门类别的物种组成，如附图 1 所示。共有 14 个门的物种占所在样品的比例在 1%以上。3 种沉积物样品都以变形菌门（Proteobacteria）为优势菌群，占所在样品的比例均接近 50%。其他的主要菌群为绿弯菌门（Chloroflexi，占 7.2%～14.7%）、酸杆菌门（Acidobacteria，占 9.47%～12.18%）、硝化螺旋菌门（Nitrospirae，占 6.14%～7.15%）、拟杆菌门（Bacteroidetes，占 4.14%～4.34%），不同植物类型之间以上菌群占所在样品的比例均表现出一定的差异。而更大的差异来自厚壁菌门（Firmicutes）。莲区沉积物样品 S1 的厚壁菌门占所在样品的比例高达 10.48%，而菰区 S2、芦苇区 S3 的厚壁菌门非常少（占 1%左右）。这表明莲区沉积物的微生物群落组成与芦苇区、菰区比较具有明显的差异，而厚壁菌门丰富度高是其主要特征。3 种沉积物样品中还含有一定比例的绿菌门（Chorobi，占 2.38%～2.87%）、浮霉菌门（Planctomycetes，占 1.79%～2.31%）、放线菌门（Actinobacteria，占 1.15%～2.18%），占所在样品的比例相差不大。另外，沉积物中也有 Latescibacteria、芽单孢菌门（Gemmatimonadetes）、螺旋菌门（Spirochaetae）、Aminicenantes 的细菌，但丰富度很低，有些占所在样品的比例不到 1%。

3 种沉积物样品中微生物群落在科、属分类水平的分布情况如附图 2 所示。其中硝化螺旋菌属（Nitrospira）在 3 种沉积物样品中都占有较大比例（6.14%～7.14%），其在沉积物环境中起主要的硝化作用，可把亚硝酸盐转化为硝酸盐[80]。最近发现某些硝化螺旋菌也能展现完全的硝化能力，直接把铵盐氧化成硝酸盐[81]。亚硝化单胞菌科（Nitrosomonadaceae）也占有较高的比例（2.36%～3.45%），负责把铵盐氧化成亚硝酸盐[82]。这些细菌在 3 种沉积物样品中的丰富度未表现出明显的差异，植物类型对其丰富度影响不大。S2 和 S3 还含有相当比例的 Nitrospinaceae，分别占 2.25%和 2.36%，而在 S1 丰富度较低，占 1.24%，其在环境中也具有一定的硝化作用。3 种沉积物样品含有丰富的厌氧绳菌科（Anaerolineaceae），它们在 S2 和 S3 中的比例高达 8.85%和 9.1%，而在 S1 中偏低，占 4.86%。厌氧绳菌科是严格的厌氧菌，属于绿弯菌门，能在产甲烷烷烃降解中扮演重要的角色[83]。比较而言，与甲醇代谢有关的嗜甲基菌（Methylotenera）在 S1 中的丰富度则较高，所占比例达 5.77%，而在 S2 和 S3 中仅占 0.5%和 0.3%。同样的情况出现在厚壁菌门的芽孢杆菌属（*Bacillus*）和乳球菌属（*Lactococcus*），它们在 S1 中含量为 4.47% 和 3.61%，而在 S2 和 S3 中仅为 0.1% 和 0.3%，这与厚壁菌门在 S1 中的含量远高于 S2 和 S3 的结果一致。除此之外，S1 含有相当比例的假单胞菌属（*Pseudomonas*，占 1.87%），而 S2 和 S3 几乎没有。另外，沉积物样品 S1、S2 和 S3 中还含有 3.88%、5.74% 和 7.63% 的黄色单胞菌目（Xanthomonadale）的细菌。其他的微生物主要还有丛毛单胞菌科（Comamonadaceae）、嗜氢菌科（Hydrogenophilaceae）、未分类的 Latescibacteria、福格斯氏菌属（*Vogesella*）、噬纤维菌科（Cytophagaceae）等，它们在某些样品中占的比例也在 1% 以上。以上结果表明，莲区沉积物 S1 与菰区沉积物 S2、芦苇区沉积物 S3 在细菌群落组成上存在较大差异，其嗜甲基菌、芽孢杆菌属、乳球菌属和假单胞菌属的丰富度高出菰区或芦苇区的 10 倍以上。

5. 不同植物作用下沉积物微生物群落相似性分析

维恩图是用一条封闭曲线直观地表示集合及其关系的图形，通过维恩图可以展示 3 个沉积物样品之间 OTU 的相似性及分布情况。如图 2-2 所示，S1 和 S2 共有 OTU 为 890，S2 和 S3 共有 OTU 为 952，S1 和 S3 共有 OTU 为 959，3 个样品共有的 OTU 数目为 836，主要是硝化细菌。S1 独有的 OTU 为 73，S2 独有的 OTU 为 23，S3 独有的 OTU 为 16，表明 S1 具有较多独特的微生物种类，主要是嗜甲基菌、假单胞菌属及厚壁菌门的细菌。基于 OTU 的主成分分析表明样品菌落之间的差异，如图 2-3 所示。在横坐标方向，物种累计方差贡献率达 76.59%，沉积物样品 S2、S3 相距较近，而与 S1 相距较远，表明 S1 与 S2、S3 都具有较大差异，即莲区沉积物与芦苇区和菰区比较，细菌群落结构具有较大差异。

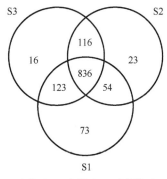

S1 为莲区；S2 为菰区；S3 为芦苇区。

图 2-2　洪泽湖湿地沉积物微生物
OTU 分布维恩图

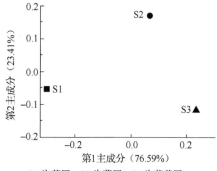

S1 为莲区；S2 为菰区；S3 为芦苇区。

图 2-3　洪泽湖湿地沉积物微生物群落
组成主成分分析

微生物结构热图可以反映样品之间的物种组成和差异，也可以对物种和样本进行聚类分析。如附图 3 所示，在属的分类水平上，对总丰富度前 25 的物种进行热图分析表明，S1 和 S2、S3 的物种组成具有较大差异，这种差异主要表现在 S1

含有较多的嗜甲基菌及厚壁菌门的芽孢杆菌属、乳球菌属（Lactococcus），而 S2 和 S3 含这些菌群很少。样品聚类分析也显示 S2 和 S3 群落结构具有比较高的相似性，它们与 S1 存在一定的差异。物种聚类分析表明，芽孢杆菌属和乳球菌属、厌氧蝇菌科（Anaerolineaceae）和硝化螺旋菌属（Nitrospira）、未分类的 Latescibacteria 和 Acidobacteria 群落分布较为类似，它们在沉积物中的功能可能具有一定的相关性。

2.7.3　讨论

湿地植物对湖泊沉积物中有机碳和氮的含量有重要的影响。研究表明，湿地植物的存在显著地增加了沉积物中碳氮的含量，湖泊内部水生植物的凋落物和残体沉积是沉积物有机质的主要来源，不同的植物类型与沉积物有机质的含量密切相关[84,85]。在同一片区域，可以认为外源有机碳和氮的影响一致，仅植物种类影响沉积物的碳氮含量。在本章研究中，莲区沉积物的总有机碳、全氮、铵态氮和硝酸盐氮比芦苇区、菰区要低得多，存在极显著的差异。这可能与它们不同的生物量有关。在洪泽湖湿地，芦苇的生物量大于莲的生物量[86]，芦苇凋落物和残体的沉积量应大于莲，其凋落物的性质也可能具有一定的差异，而凋落物和残体沉积是有机质的主要来源[87]。菰和芦苇的碳氮含量没有显著差异，推测它们具有相近的生物量，但需要更多的试验证实。环境因子与沉积物微生物群落结构密切相关，这些因子包括有机质、重金属、酸碱度、含水率及氧化还原电位等，碳氮含量是影响微生物群落结构的主要环境因子[88]。在本章研究中，碳氮含量较低的莲区沉积物微生物群落结构与碳氮含量较高的芦苇区或菰区具有明显差异。这表明水生植物通过改变沉积物有机质的含量影响其微生物群落结构，而不同的植物产生有机质含量的差异是造成沉积物微生物群落结构差异的重要原因。具体来看，碳氮含量较低的莲区沉积物含有丰富的厚壁菌门，碳氮含量较高的芦苇区和菰区则很少。这种极为显著的差异表明沉积物有机质和厚壁菌门的细菌有更为密切的关联。从分类学水平更高的属看，厚壁菌门的芽孢杆菌属和乳球菌属在莲区沉积物中具有相对高的丰富度。对湿地沉积物中有机质和这类细菌关系的机制尚不清楚。莲区沉积物还含有较高的假单胞菌属、嗜甲基菌，这些菌株在芦苇区、菰区沉积物中含量则极少。有机质对微生物结构多样性的影响必然引起微生物功能多样性的变化。研究表明，芽孢杆菌属具有较强的好氧反硝化能力，在反硝化细菌群体中占据较大的比例[89]。假单胞菌属也是常见的反硝化细菌，很多的反硝化细菌被鉴定为荧光假单胞菌、施氏假单胞菌、恶臭假单胞菌、硝基还原假单胞菌和嗜麦芽假单胞菌等[90]。嗜甲基菌是一种与甲醇代谢有关的变形菌，同时具有反硝化能力[91]。因此，可以推测，莲区沉积物存在较强的好氧反硝化过程，具有更强的反硝化潜力，有利于富营养化湖泊中氮素的去除，加速氮元素的生物地球化学循环。

相对于莲，芦苇和菰沉积物相对丰富的有机质含量必然会引起好氧环境的减弱和厌氧环境的增强，这可能是好氧反硝化在莲区较强的原因。这种好氧环境和厌氧环境的此消彼长也能很好地解释为何芦苇和菰沉积物均含有相当高比例的厌氧蝇菌科的细菌，而莲区的比例较低。

2.8　小　　结

洪泽湖河湖交汇区不同滩地的植被均随着基底高程的抬升呈明显的带状分布，但在植被类型和带幅上存在明显差异，湿地植物以多年生地下芽植物为主。六道沟滩（湖面滩）植物群落总盖度约为 91.17%，优势种芦苇和亚优种香蒲的盖度分别为 27.2% 和 18.8%；顶滩（边滩）植物群落总盖度约为 91.16%，菱和芦苇为共优种，其盖度分别约为 42.5% 和 13.8%；剪草沟滩（速生滩）植物群落总盖度相对较低，约为 83.56%，其中，优势种芦苇和亚优种扁秆藨草的盖度分别约为 25.2% 和 20.3%。

不同滩地的植被在物种数量、物种组成和优势种的构成上均有较大区别。六道沟滩（湖面滩）物种最多，包括 18 个物种，涵盖 15 个科 17 个属，其中，芦苇的相对重要值最高，构成优势种群，香蒲次之，构成群落的亚优种群；顶滩（边滩）物种数最少，仅有 11 个物种，涵盖 10 个科 11 个属，其中，菱的相对重要值最高，芦苇次之，但差异极小，二者构成群落的共优种群；剪草沟滩（速成滩）物种数居中，15 个物种在滩涂中出现，涵盖 13 个科 15 个属，其中，芦苇的相对重要值最高，扁秆藨草次之，二者分别构成群落的优势种群和亚优种群。

洪泽湖河湖交汇区不同泥沙淤积特征的滩涂间的植被分异明显。在泥沙淤积平缓、基底坡降小的湖面滩，植物连片分布，植物带幅最宽，物种数、物种多样性指数和群落均匀度都相对最高；在泥沙淤积缓慢、基底坡降大的边滩，植物带幅较窄，物种数较少，但植物连片分布。以上两类滩涂植物发育状况良好，基本遵循水生生境向旱生生境自然演替的进程。而泥沙快速淤积形成的速成滩，基底高程较高，多为裸露的陆滩，且坡降较小，处于次生演替的初级阶段，尽管物种数较多，但植被破碎化明显，群落有向顶级柳群落跃迁的趋势。

对于不同植物群落的细菌多样性测定结果表明，无论是芦苇区和菰区，还是莲区的沉积物，均以变形菌门为优势菌群，丰富度都接近 50%。在 3 种沉积物中，硝化螺旋菌属和亚硝化单胞菌属（*Nitrosomonadaceae*）均占有较高的比例，且丰富度相当，沉积物硝化过程活跃，植物类型对其影响不大。在相同的湿地环境中，莲区比芦苇区或菰区具有更低的碳氮水平、更低的细菌丰富度及多样性。与芦苇区和菰区相比，莲区沉积物细菌群落组成也有较大变化，出现丰富的厚壁菌门的细菌，如芽孢杆菌属和乳球菌属细菌等。植物通过改变沉积物碳氮含量影响其细菌群落结构，不同的植物作用下沉积物碳氮含量的差异是造成其细菌群落结构差异的重要原因。与芦苇区和菰区相比，莲区沉积物不仅有相对丰富的芽孢杆菌属和乳球菌属细菌，还有高比例的假单胞菌属和嗜甲基菌等，它们都具有较强的好氧反硝化功能，这与沉积物的好氧环境有一定关系。比较而言，莲区沉积物具有更强的反硝化潜力，有利于富营养化的植物修复。

参 考 文 献

[1] 李萍萍, 吴沿友, 付为国, 等. 镇江滨江湿地植物群落结构、功能及修复技术研究[M]. 北京: 科学出版社, 2008.

[2] 王婷婷, 崔保山, 刘佩佩, 等. 白洋淀漂浮植物对挺水植物和沉水植物分布的影响[J]. 湿地科学, 2013, 11(2): 266-270.

[3] 陈春娣, 吴胜军, MEURK C, 等. 三峡库区新生城市湖泊岸带初冬植物群落构成及多样性初步研究: 以开县汉丰湖为例[J]. 湿地科学, 2014 (2): 197-203.

[4] 赫晓慧, 郑东东, 郭恒亮, 等. 郑州黄河湿地自然保护区植物物种多样性对人类活动的响应[J]. 湿地科学, 2014, 12(4): 459-463.

[5] 丁秋祎, 白军红, 高海峰, 等. 黄河三角洲湿地不同植被群落下土壤养分含量特征[J]. 农业环境科学学报, 2009, 28(10): 2092-2097.

[6] 董厚德, 全奎国, 邵成, 等. 辽河河口湿地自然保护区植物群落生态的研究[J]. 应用生态学报, 1995, 6(2): 190-195.

[7] 胡乔木, 杨舒茵, 李韦, 等. 土壤养分梯度下黄河三角洲湿地植物的生态位[J]. 北京师范大学学报(自然科学版), 2009, 45(1): 75-79.

[8] 崔保山, 赵欣胜, 杨志峰, 等. 黄河三角洲芦苇种群特征对水深环境梯度的响应[J]. 生态学报, 2006, 26(5): 1533-1541.

[9] 贺强, 崔保山, 赵欣胜, 等. 水、盐梯度下黄河三角洲湿地植物种的生态位[J]. 应用生态学报, 2008, 19(5): 969-975.

[10] 房用, 王淑军, 刘磊, 等. 黄河三角洲不同人工干扰下的湿地群落种类组成及其成因[J]. 东北林业大学学报, 2009, 37(7): 67-70.

[11] 张全军, 于秀波, 胡斌华. 鄱阳湖南矶湿地植物群落分布特征研究[J]. 资源科学, 2013, 35(1): 42-49.

[12] 肖德荣, 田昆, 张利权. 滇西北高原纳帕海湿地植物多样性与土壤肥力的关系[J]. 生态学报, 2008, 28(7): 3116-3124.

[13] STOTTMEISTER U, WIEßNER A, KUSCHK P, et al. Effects of plants and microorganisms in constructed wetlands for wastewater treatment[J]. Biotechnology Advances, 2003, 22: 93-117.

[14] MACHATE T, NOLL H, BEHRENS H, et al. Degradation of phenanthrene and hydraulic characteristics in a constructed wetland [J]. Water Research, 1997, 31(3): 554-560.

[15] 刘绍雄, 王明月, 王娟, 等. 基于PCR-DGGE技术的剑湖湿地湖滨带土壤微生物群落结构多样性分析[J]. 农业环境科学学报, 2013, 32(7): 1405-1412.

[16] 陈智裕, 马静, 赖华燕, 等. 植物根系对根际微环境扰动机制研究进展[J]. 生态学杂志, 2017, 36(2): 524-529.

[17] 罗专溪, 邱昭政, 王振红, 等. 九龙江口湿地植物凋落物对沉积物有机质赋存的贡献[J]. 环境科学, 2013, 34(3): 900-906.

[18] 李森森, 马大龙, 臧淑英, 等.不同干扰方式下松江湿地土壤微生物群落结构和功能特征[J]. 生态学报, 2018, 38(22): 7979-7989.

[19] 王笛, 马风云, 姚秀粉, 等. 黄河三角洲退化湿地土壤养分、微生物与土壤酶特性及其关系分析[J]. 中国水土保持科学, 2012, 10(5): 94-98.

[20] 王顺忠, 陈桂琛, 柏玉平, 等. 青海湖鸟岛地区植物群落物种多样性与土壤环境因子的关系[J]. 应用生态学报, 2005, 16(1): 186-188.

[21] 张林静, 岳明, 顾峰雪, 等. 新疆阜康绿洲荒漠过渡带植物群落物种多样性与土壤环境因子的耦合关系[J]. 应用生态学报, 2002, 13(6): 658-662.

[22] 章光新. 水文情势与盐分变化对湿地植被的影响研究综述[J]. 生态学报, 2012, 32(13): 4254-4260.

[23] 张瑜, 吴永华, 赵峰. 黄河兰州段湿地典型植物群落物种多样性研究[J]. 草原与草坪, 2016, 36(1): 65-71.

[24] 万媛媛, 李洪远, 莫训强, 等. 天津市临港城市湿地植物群落特征及多样性[J]. 水土保持通报, 2016, 36(6): 326-332.

[25] 刘加珍, 李卫卫, 陈永金, 等. 黄河三角洲湿地水盐影响下灌草群落的物种多样性研究[J]. 生态科学, 2015, 34(5): 135-141.

[26] 刘会玉, 林振山, 张明阳. 人类周期性活动对物种多样性的影响及其预测[J]. 生态学报, 2005, 25(7): 1635-1641.

[27] 马维伟, 李广, 石万里, 等. 甘肃尕海湿地退化过程中植物生物量及物种多样性变化动态[J]. 草地学报, 2016, 24(5): 960-966.

[28] 胡振鹏, 葛刚, 刘成林, 等. 鄱阳湖湿地植物生态系统结构及湖水位对其影响研究[J]. 长江流域资源与环境, 2010, 19(6): 597.

[29] 刘小阳, 吴丌亚. 天童森林植被的群落稳定性与物种多样性关系的研究[J]. 生物学杂志, 1999(5): 17-18.

[30] 张立敏, 陈斌, 李正跃. 应用中性理论分析局域群落中的物种多样性及稳定性[J]. 生态学报, 2010, 30(6): 1556-1563.

[31] 张俪文. 环境空间异质性对物种空间分布和群落结构的影响[D]. 北京: 中国科学院大学, 2010.

[32] 朱秀红, 刘光武, 茹广欣, 等. 石人山自然保护区秦岭冷杉群落物种多样性和稳定性研究[J]. 南京林业大学学报(自然科学版), 2007, 31(5): 57-61.

[33] 李艳红, 李发东, 马雯. 艾比湖湿地植物多样性特征及其影响因素研究[J]. 生态科学, 2016(3): 78-84.

[34] 王灵艳, 罗菊春, 袁正科, 等. 洞庭湖湿地植被演替规律研究[J]. 环境保护, 2009(8): 47-49.

[35] 孙荣, 袁兴中, 刘红, 等. 三峡水库消落带植物群落组成及物种多样性[J]. 生态学杂志, 2011, 30(2): 208-214.

[36] 刘瑞雪, 陈龙清, 史志华. 丹江口水库水滨带植物群落空间分布及环境解释[J]. 生态学报, 2015, 35(4): 1208-1216.

[37] 李英年, 赵新全, 赵亮, 等. 祁连山海北高寒湿地气候变化及植被演替分析[J]. 冰川冻土, 2003, 25(3): 243-249.

[38] 韩大勇, 杨永兴, 杨杨, 等. 放牧干扰下若尔盖高原沼泽湿地植被种类组成及演替模式[J]. 生态学报, 2011, 31(20): 5946-5955.

[39] 房用, 王淑军, 刘月良, 等. 现代黄河三角洲的植被群落演替阶段[J]. 东北林业大学学报, 2008, 36(9): 89-93.

[40] 吴统贵, 吴明, 萧江华. 杭州湾滩涂湿地植被群落演替与物种多样性动态[J]. 生态学杂志, 2008, 27(8): 1284-1289.

[41] 葛振鸣, 王天厚, 施文彧, 等. 崇明东滩围垦堤内植被快速次生演替特征[J]. 应用生态学报, 2005, 16(9): 1677-1681.

[42] 付为国. 镇江内江湿地植物群落演替规律及植被修复策略[D]. 南京: 南京农业大学, 2006.

[43] 李永亮, 岳明, 杨永林, 等. 新疆喀纳斯湖北端河漫滩湿地植物群落演替[J]. 生态学杂志, 2010, 29(8): 1519-1525.

[44] 何池全. 湿地植物生态过程理论及其应用: 三江平原典型湿地研究[M]. 上海: 上海科学技术出版社, 2003.

[45] 刘肖利, 丁明军, 李贵才, 等. 鄱阳湖湿地植物群落沿高程梯度变化特征研究[J]. 人民长江, 2013, 44(5): 82-86.

[46] 宫兆宁, 赵文吉, 胡东. 水盐环境梯度下野鸭湖湿地植物群落特征及其生态演替模式[J]. 自然科学进展, 2009, 19(11): 1272-1280.

[47] 付为国, 李萍萍, 吴沿友, 等. 北固山湿地植物群落特征及其物种多样性研究[J]. 湿地科学, 2006, 4(1): 42-47.

[48] 陈飞鹏, 暨淑仪, 汪殿蓓, 等. 海南岛红稻田杂草群落物种多样性指数的测定及评价[J]. 华中农业大学学报, 2001, 20(5): 438-441.

[49] 马克平. 生物群落多样性的测度方法: Ⅰα多样性的测度方法(上)[J]. 生物多样性, 1994, 2(3): 162-168.

[50] 葛刚, 赵安娜, 钟义勇, 等. 鄱阳湖洲滩优势植物种群的分布格局[J]. 湿地科学, 2011, 9(1): 19-25.

[51] 张萌, 倪乐意, 徐军, 等. 鄱阳湖草滩湿地植物群落响应水位变化的周年动态特征分析[J]. 环境科学研究, 2013, 26(10): 1057-1063.

[52] 侯志勇, 谢永宏, 陈心胜. 洞庭湖湿地植物生活型与生态型[J]. 湖泊科学, 2016, 28(5): 1095-1102.

[53] 卢妍. 湿地植物对淹水条件的响应机制[J]. 自然灾害学报, 2010, 19(4): 147-151.

[54] WANTZEN K M, ROTHHAUPT K O, MÖRTL M, et al. Ecological effects of water-level fluctuations in lakes[J]. Hydrobiologia, 2008, 613(1): 1-4.

[55] 杨涛, 宫辉力, 胡金明, 等. 长期水分胁迫对典型湿地植物群落多样性特征的影响[J]. 草业学报, 2010, 19(6): 9-17.

[56] DURRETT R, LEVIN S. Spatial models for species-area curves[J]. Journal of Theoretical Biology, 1996, 179(2): 119-127.

[57] 林金成, 强胜, 吴海荣. 外来入侵杂草空心莲子草对植物生物多样性的影响[J]. 生态与农村环境学报, 2005, 21(2): 28-32.

[58] 潘宝宝, 张金池, 冯开宇, 等. 洪泽湖典型水生植物群落碳储量[J]. 湿地科学, 2014, 12(4): 471-476.

[59] 倪兆奎, 李跃进, 王圣瑞, 等. 太湖沉积物有机碳与氮的来源[J]. 生态学报, 2011, 31(16): 4661-4670.

[60] 杜瑞芳, 李靖宇, 赵吉. 乌梁素海湖滨湿地细菌群落结构多样性[J]. 微生物学报, 2014, 54(10): 1116-1128.

[61] 冯峰, 王辉, 方涛, 等. 东湖沉积物中微生物量与碳、氮、磷的相关性[J]. 中国环境科学, 2006, 26(3): 342-345.

[62] 王娜, 徐德琳, 郭璇, 等. 太湖沉积物微生物生物量及其与碳、氮、磷的相关性[J]. 应用生态学报, 2012, 23(7): 1921-1926.

[63] 陆开宏, 胡智勇, 梁晶晶, 等. 富营养水体中 2 种水生植物的根际微生物群落特征[J]. 中国环境科学, 2010, 30(11):1508-1515.

[64] 张亚朋, 章婷曦, 王国祥. 苦草(Vallisneria natans)对沉积物微生物群落结构的影响[J]. 湖泊科学, 2015(3): 445-450.

[65] 李甜甜, 胡泓, 王金爽, 等. 湿地土壤微生物群落结构与多样性分析方法研究进展[J]. 土壤通报, 2016(3): 758-762.

[66] PERALTA A L, MATTHEWS J W, KENT A D. Microbial community structure and denitrification in a wetland mitigation bank[J]. Applied & Environmental Microbiology, 2010, 76(13): 4207-4215.

[67] STOEVA M K, ARIS-BROSOU S, CHETELAT J, et al. Microbial community structure in lake and wetland sediments from a high Arctic polar desert revealed by targeted transcriptomics[J]. PLoS One, 2014, 9(3): e89531-e89531.

[68] 张丁予, 章婷曦, 董丹萍, 等. 沉水植物对沉积物微生物群落结构影响:以洪泽湖湿地为例[J]. 环境科学, 2016, 37(5): 1734-1741.

[69] 刘绍雄, 王明月, 王娟, 等. 基于PCR-DGGE技术的剑湖湿地湖滨带土壤微生物群落结构多样性分析[J]. 农业环境科学学报, 2013(7): 1405-1412.

[70] SCHUSTER S C. Next-generation sequencing transforms today's biology[J]. Nature Methods, 2007, 5(1): 16-18.

[71] DORN C, GRUNERT M, SPERLING S R. Application of high-throughput sequencing for studying genomic variations in congenital heart disease[J]. Briefings in Functional Genomics, 2014, 13(1): 51-65.

[72] LI X R, LIU X F, ZHANG H Y, et al. Microbial community diversity in douchi from Yunnan province using high-throughput sequencing technology[J]. Modern Food Science & Technology, 2014, 30(12): 61-67.

[73] SHAPTER F M, CROSS M, ABLETT G, et al. High-throughput sequencing and mutagenesis to accelerate the domestication of Microlaena stipoides as a new food crop[J]. PLoS One, 2013, 8(12): e82641.

[74] 庄林杰, 夏超, 田晴, 等. 高通量测序技术研究典型湖泊岸边陆向深层土壤中厌氧氨氧化细菌的群落结构[J]. 环境科学学报, 2017, 37(1): 261-271.

[75] 张昕, 简桂良, 林玲, 等. 土壤中落叶型棉花黄萎病菌的分子检测方法[J]. 江苏农业学报, 2011, 27(5): 990-995.

[76] 鲁如坤. 土壤农业化学分析方法[M]. 北京: 中国农业科技出版社, 2000.

[77] FOUTS D E, SZPAKOWSKI S, PURUSHE J, et al. Next generation sequencing to define prokaryotic and fungal diversity in the bovine rumen[J]. PLoS One, 2012, 7(11): e48289.

[78] OBERAUNER L, ZACHOW C, LACKNER S, et al. The ignored diversity: complex bacterial communities in intensive care units revealed by 16S pyrosequencing[J]. Scientific Reports, 2013, 3(3): 1413.

[79] JAMI E, ISRAEL A, KOTSER A, et al. Exploring the bovine rumen bacterial community from birth to adulthood[J]. ISME Journal, 2013, 7(6): 1069-1079.

[80] WATSON S W, BOCK E, VALOIS F W, et al. Nitrospira marina, gen. nov. sp. nov.: a chemolithotrophic nitrite-oxidizing bacterium[J]. Archives of Microbiology, 1986, 144(1): 1-7.

[81] DAIMS H, LEBEDEVA E V, PJEVAC P, et al. Complete nitrification by Nitrospira bacteria[J]. Nature, 2015, 528(7583): 504-509.

[82] LYNCH A. Bergey's manual of systematic bacteriology: volume two Proteobacteria (Part C)-The Proteobacteria[M]. Berlin: Springer, 2011: 89-100.

[83] LIANG B, WANG L Y, MBADINGA S M, et al. Anaerolineaceae and *Methanosaeta*, turned to be the dominant microorganisms in alkanes-dependent methanogenic culture after long-term of incubation[J]. Amb Express, 2015, 5(1): 1-13.

[84] 余辉, 张文斌, 卢少勇, 等. 洪泽湖表层底质营养盐的形态分布特征与评价[J]. 环境科学, 2010, 31(4): 961-968.

[85] 黄玉洁, 张勇, 张银龙, 等. 太湖百渎港湿地植物群落沉积物中碳、氮的空间变化研究[J]. 环境科学与管理, 2015, 40(3): 140-145.

[86] 潘宝宝. 洪泽湖湿地水生植物群落碳储量研究[D]. 南京: 南京林业大学, 2013.

[87] 葛绪广, 王国祥, 李振国, 等. 凤眼莲凋落物及其残体的沉降[J]. 湖泊科学, 2009, 21(5): 682-686.

[88] 金笑, 寇文伯, 于昊天, 等. 鄱阳湖不同区域沉积物细菌群落结构、功能变化及其与环境因子的关系[J]. 环境科学研究, 2017, 30(4): 529-536.

[89] KIM J K, PARK K J, CHO K S, et al. Aerobic nitrification-denitrification by heterotrophic *Bacillus strains*[J]. Bioresource Technology, 2005, 96(17): 1897-1906.

[90] JI B, YANG K, ZHU L, et al. Aerobic denitrification: a review of important advances of the last 30 years[J]. Biotechnology and Bioprocess Engineering, 2015, 20(4): 643-651.

[91] MUSTAKHIMOV I, KALYUZHNAYA M G, LIDSTROM M E, et al. Insights into denitrification in *Methylotenera mobilis* from denitrification pathway and methanol metabolism mutants[J]. Journal of Bacteriology, 2013, 195(10): 2207-2211.

第3章 湿地植物群落的生态效应

湿地土壤养分是湿地植物生长的基础，但是在植物生长及群落演变过程中，不同植物群落对土壤中养分的分布也有重要的影响。同时植物对于养分的吸收和利用，对净化水体水质具有积极的作用。湿地植物群落对于土壤水分、土壤碳通量的变化等也会产生一定的影响。本章主要研究湿地中不同植物群落的碳、氮、磷营养元素的分布动态，高淤积滩湿地杨树林不同季节的土壤水分时空动态变化特征和杨树生长季的碳通量变化特征，以及湿地不同植物群落对水体水质的影响。

3.1 湿地植物群落土壤养分动态研究

在生态系统中，植物与土壤是相互作用、相互影响、相互制约、协调发展的统一系统，植物群落的演替伴随着土壤性状的改变。植物群落演替的过程，就是土壤和植物之间相互作用及影响的过程。土壤的分异可导致植物群落相应的变化，而植物群落的演变同样影响土壤的发育，它们相互之间频繁地交换物质能量、强烈地影响彼此[1]。小尺度上，地形、土壤、生物之间的相互作用等也影响植物群落的组成及分布[2,3]。

湿地土壤为植物的生存繁殖提供必需的物质环境基础，影响植物的种类、数量、形态、生长发育和分布，不同类型湿地植物对土壤营养元素的选择性吸收和归还又会影响土壤中元素的分布和变化[4,5]。湿地土壤中的有机质是湿地植物所需的主要营养源，其含量直接影响湿地生态系统的生产能力[6]。同时它对气候变化很敏感，能够反映湿地对气候变暖的响应[7]。湿地土壤氮、磷是天然湿地土壤中主要的限制性养分，也是植物生长发育所必需的大量元素，其含量直接影响植物的生长状况，从而影响生态系统的稳定和物质循环的平衡[8,9]。Lou 等[10]研究三江源河口带状湿地的植被组成与土壤因子之间的关系，发现有机质和速效氮是决定湿地植物群落分布的主要因素；张全军等[11]对鄱阳湖南矶湿地的带状植物群落与其土壤因子进行相关分析，发现土壤养分是影响植物群落分布的重要因素之一；徐娜等[12]研究巴音布鲁克高寒沼泽湿地植物群落与环境因子的关系，发现土壤氮含量是影响植物群落分布的主要驱动力。

土壤碳、氮、磷等主要养分既是湿地土壤养分的重要组成部分，又是湿地生态系统中重要的生态因子，其含量直接影响植物的生长。不同的水文条件过程影响湿地土壤中营养元素的迁移转化过程，加上湿地植物群落的生长、分布和演替，最终使湿地土壤营养元素呈现层状或带状富集的特征[13]。同时，氮、磷等是引发湖泊湿地富营养化的重要因素，也是湿地营养水平的重要指示物[14]。因此，研究湿地植物群落对土壤营养元素分布的影响，对洪泽湖河湖交汇区的湿地植物群落恢复及景观类型规划配置具有重要的理论价值和实际意义。

3.1.1 研究方法

1. 土壤采样及测定

根据植物群落调查点的位置，分别在六道沟滩（湖面滩）、剪草沟滩（速成滩）和顶滩（边滩）采集土壤样品。根据典型性、代表性和一致性的原则，按照无植被—浮水植物群落—挺水植物群落—乔灌植物群落顺序，选择具有代表性的典型区域设置 10 m×10 m 的样地，并设 3 次重复，按对角线取样方法，用土钻随机多点（8～10 点）分别采集 0～10 cm 和 10～20 cm 土层土壤混合。每次每个滩地采集 12 个土壤样品，3 个滩地共 36 份土壤样品，共采集 4 次，采样时间按季节分别为 2014 年 7 月、2014 年 10 月、2015 年 1 月和 2015 年 4 月。样品带回实验室后，于室内自然风干，除去动植物残体，研磨过 100 目筛，然后用于土壤化学性质的测定。采样土壤的测定指标包括 pH、全碳、全氮和速效磷，主要方法如表 3-1所示。

表 3-1 采样土壤指标测定方法

测定指标	测定方法	备注
pH	电位法	雷磁 pH 计（pHS-3C）测定（水土质量比为 2.5）
全碳	灼烧法	Elementar 元素分析仪
全氮	灼烧法	Elementar 元素分析仪
速效磷	0.5 mol·L^{-1} 碳酸氢钠浸提-铝锑抗比色法	紫外可见分光光度计

2. 数据处理

分别对全碳、全氮和速效磷等指标在时间和空间序列上进行探索分析。用 Pearson 相关系数分析指标之间的相关性，用非参数检验方法检验数据是否服从正态分布，用 Levene 方法检验数据方差齐性。用双因素方差分析评价土壤各指标时空变化的显著性，采用最小显著性差异法（least significant difference，简称 LSD）进行方差多重比较。所有分析都在 SPSS Statistics 17.0 下完成。

3.1.2 植物群落土壤养分变化特征

由图 3-1 可知，不同植物群落的土壤之间全碳、全氮和速效磷的含量有较大差异。从土壤全碳含量来看，乔灌植物群落最高，为 6.93～19.17 g·kg^{-1}；挺水植

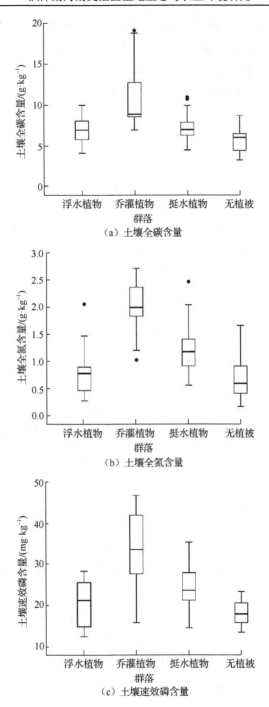

（a）土壤全碳含量

（b）土壤全氮含量

（c）土壤速效磷含量

图 3-1　湿地植物群落土壤养分含量（*n*=72）

物群落次之，为 4.48～10.95 g·kg^{-1}；浮水植物群落略低于挺水植物，为 4.09～9.98 g·kg^{-1}；无植被土壤全碳含量最低，仅为 3.23～8.72 g·kg^{-1}。有植被群落的土壤全碳含量高于无植被的土壤，是因为本试验采样的土壤为 0～20 cm，表层土壤是植物根系和残体的集中分布区，大量死亡的植物根系和残体在低温、潮湿的条件下被分解归还土壤，为土壤提供了丰富的碳源，另外，地表枯落物也是表层土壤有机质积累的重要碳源。乔灌植物群落由于积累的时间长，其土壤全碳含量高于挺水植物和浮水植物的土壤。土壤全氮含量和速效磷含量与土壤全碳含量有相似的变化趋势。从土壤全氮含量来看，乔灌植物群落最高，为 1.02～2.72 g·kg^{-1}，挺水植物群落为 0.55～2.47 g·kg^{-1}，浮水植物群落为 0.27～2.06 g·kg^{-1}，无植被土壤的全氮含量仅为 0.16～1.66 g·kg^{-1}。对土壤速效磷含量进行比较，乔灌植物群落为 15.37～46.66 mg·kg^{-1}，挺水植物群落为 14.07～35.09 mg·kg^{-1}，浮水植物群落与无植被土壤之间比较接近，分别为 12.02～28.02 mg·kg^{-1} 和 13.04～23.02 mg·kg^{-1}。

土壤全碳含量、全氮含量和速效磷含量的变化趋势与洲滩植物群落分布的岸带成带性规律一致，都是随植物群落带呈阶梯状分布，也与湿地植物群落正向演替趋势一致。高盖度、高密度的挺水植物群落十分有利于土壤碳、氮和磷的持留，因此对土壤碳库的贡献较大。而且芦苇、香蒲等的根系主要分布在土壤表层，其地下生物量较大，土壤全碳含量较高。乔灌植物群落由于高程最高，受水文涨落冲刷的影响最小，被涨落水带走的营养物质最少，可以矿化的有机磷含量较高。研究表明，土壤活性磷大部分来源于凋落物中的有机物矿化[15]。

对图 3-1 的数据进行相关分析发现，洪泽湖河湖交汇区植物群落土壤中的全碳、全氮和速效磷等主要养分元素含量之间存在显著的相关（表 3-2）。

表 3-2　湿地植物群落土壤全碳、全氮和速效磷含量间的相关系数

	全碳	全氮	速效磷
全碳	1	0.459**	0.599**
全氮	0.459**	1	0.562**
速效磷	0.599**	0.562**	1

*表示显著（$P<0.05$），**表示极显著（$P<0.01$）。

3.1.3　不同类型滩地土壤养分变化特征

根据 3.1.2 节研究结果可知，研究区 3 个采样区域分别为 3 种淤滩类型，一定程度造成演替规律及植物群落物种组成的不同。因此，本节选择研究区 3 种滩地上的无植被、浮水植物群落和挺水植物群落 3 种土壤进一步分析不同演替类型对土壤养分的影响（图 3-2～图 3-4）。

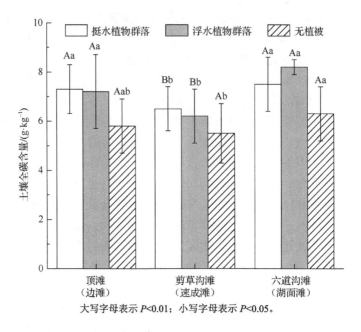

大写字母表示 $P<0.01$；小写字母表示 $P<0.05$。

图 3-2　不同滩地类型土壤全碳含量及方差分析结果（$n=24$）

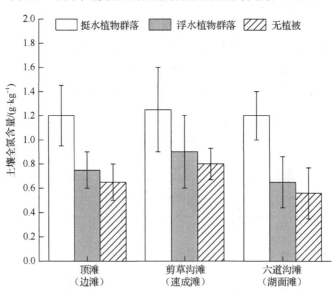

图 3-3　不同滩地类型土壤全氮含量（$n=24$）

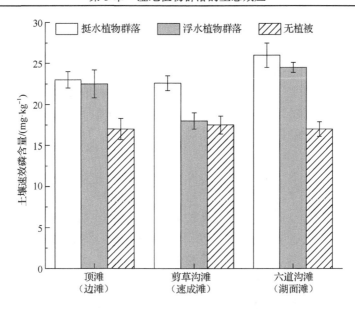

图 3-4　不同滩地类型土壤速效磷含量（$n=24$）

从图 3-2 可知，在全碳分布上，不同植被类型比较，无论是剪草沟滩（速成滩）、顶滩（边滩）还是六道沟滩（湖面滩），无植被区域的土壤全碳含量都低于有植被区域；而在有植被区域，挺水植物群落与浮水植物群落之间的土壤全碳含量没有一定规律，并且在统计学意义上差异都不显著，说明湿地植物群落具有持留水土中养分的能力。三种不同的滩地类型比较，剪草沟滩（速成滩）土壤全碳含量最低，无论是无植被区域、浮水植物群落，还是挺水植物群落下的土壤全碳含量，绝大多数与其他两个类型差异显著，而六道沟滩（湖面滩）和顶滩（边滩）之间差异不显著。这主要是由于剪草沟滩（速成滩）是在 2008 年特大洪水的特定水文动力作用下，大量泥沙堆积，迅速覆盖原有湖面滩形成的。基底迅速抬升，湖面滩原有植物被覆盖，原有的某些物种消失或者长势变弱，植物群落密度盖度下降，甚至出现大面积裸滩，以致对碳的持留能力有限。

由图 3-3 可知，在全氮分布上，不同植被类型比较，无论是剪草沟滩（速成滩）、顶滩（边滩）还是六道沟滩（湖面滩），无植被区域的土壤全氮含量都最低，浮水植物群落次之，挺水植物群落最高；单因素方差分析结果显示，挺水植物群落与浮水植物群落和无植被区域之间差异显著，说明淹水时长会对土壤全氮含量产生极大影响。不同滩地类型之间，剪草沟滩（速成滩）的全氮含量最高，六道沟滩（湖面滩）无植被和浮水植物群落下土壤全氮含量最低，而挺水植物群落下与顶滩（边滩）基本一致。但方差分析结果显示，不同滩地类型下土壤全氮含量差异不显著。

由图 3-4 可知，在速效磷分布上，不同植被类型比较，无论是剪草沟滩（速成滩）、顶滩（边滩）还是六道沟滩（湖面滩），无植被区域的土壤速效磷含量都最低，浮水植物群落次之，挺水植物群落最高，同全氮分布特征一致；单因素方差分析结果显示，3个植被类型下土壤速效磷含量差异显著，说明不同植物群落对磷的截留能力不同。不同滩地类型之间，3个滩地的无植被区域之间土壤速效磷含量接近，六道沟滩（湖面滩）在挺水植物群落和浮水植物群落两个有植被区域土壤速效磷含量最高，但方差分析结果显示，不同滩地类型下土壤速效磷差异不显著。

3.1.4　讨论

洪泽湖河湖交汇区土壤养分含量的相关分析显示，碳、氮和磷之间存在显著的正相关，这与前人的研究结果一致[11]。随着植物群落的演替，洪泽湖河湖交汇区土壤中的全碳、全氮和速效磷含量总体呈上升趋势，这与镇江内江湿地植物群落演替过程中土壤养分的研究结果基本一致[16]。

植物群落是影响土壤养分的一个主要因素，其一方面通过改变群落水热环境直接影响土壤的发育条件，另一方面通过根系和枯枝落叶回归土壤直接参与土壤的成土过程。湿地土壤养分的分布和变化受湿地生态系统的植物群落类型、土壤理化性质、水文过程等多种因素的影响[17,18]。湿地植物群落的生长、分布和演替，会使湿地土壤有机质及营养元素呈现层状或带状富集特征[11]。植物群落影响土壤养分分布的主要方式是：一方面，通过群落植物的吸收作用影响土壤表层（枯落物层和根系层）营养元素的含量[19]，不同物种吸收能力不同；另一方面，植被生长特征的不同对土壤营养元素的持留作用存在差异，群落盖度大、植株茂密、根系发达的植物群落对土壤养分的持留能力更强[13]。本节研究结果表明，不同植物群落对土壤全碳含量、全氮含量和速效磷含量影响较大，这与对鄱阳湖典型植物群落或优势植物群落的研究结果[11,13,20]一致。

不同滩地对土壤养分含量的影响结果显示，剪草沟滩（速成滩）与其他类型相比存在显著差异。这主要由于在气候条件、土壤成土母质、水文和地貌特征相似的情况下，土壤中营养元素含量受植被类型、植被覆盖度及植物残体输入量的影响[21]，而速成滩是洪水短时间冲淤而成的，位于次生演替的初级阶段，其植物群落的稳定性及覆盖度都低于自然演替的植物群落。

3.2　湿地杨树群落的土壤含水量季节变化特征

土壤水是地表水资源的重要形式之一，能够保障陆地植物的生存，同时也是土壤系统养分循环和流动的载体，不但直接影响土壤性质和植物生长，还间接影响植物分布和小气候的变化。土壤水分的变化对于许多科学和实践活动如地下水补充、气候研究和天气预报等以及在特定区域内量化水文、生态和地貌之间的关系至关重要[22,23]。洪泽湖湿地是唯一分布于北亚热带与暖温带气候过渡带的大型浅水淡水湖泊湿地，孕育着十分独特的内陆淡水湿地生态系统。从水体到滩地边缘的浅淤积滩，再到淹水时间较长的低淤积滩，基本都是草本群落或者以耐水的柳树-芦苇复合群落为主，而在淤积时间长、高程较高的高淤积滩则已经发展人工杨树林。杨树是目前洪泽湖湿地最主要的树种，其生长快、适应性强、木材产量高，在湿地的分布面积最大，对湿地生态系统功能产生强烈影响[24,25]。以往围绕干旱或半干旱地区土壤水分变化与植物关系的研究较多[1,6,7]，而关于湿地土壤水分的相关研究不是很充分，特别是洪泽湖湿地在调蓄灌溉与南水北调常态化调水影响下，湖区水位显著波动对土壤水分变化影响的研究还未见报道。土壤水分的空间格局和时间变异受环境因素的强烈影响，在时间尺度上，土壤水分的变化主要受气象因子的调控[26,27]。Cho 等[28]研究认为，土壤水分与日平均降水量呈正相关，而与日照、气温和地面温度呈负相关关系；Chen 等[29]研究表明，黄土高原地区土壤水分及其空间、季节和年际变化与降水特征密切相关；而黄志刚等[30]研究南方红壤丘陵区油桐人工林土壤水分动态认为，大气相对湿度对土壤蓄水量的贡献最大。从气象环境因子看来，Cui 等[31]研究表明，湖泊水位与降雨量呈正相关，与逆蒸发和风速呈负相关关系，气温和湿度等气象因子对洪泽湖水位影响较大[32]；而许秀丽等[33]研究表明，湿地土壤水分受地下水位和湖泊水位的影响。显然，不同区域、不同林分的土壤水分变化及其对气象因子的响应规律并不完全相同。本节研究以河湖交汇区典型人工杨树林为对象，借助涡度相关及土壤水分监测系统，研究湿地土壤-杨树系统水分的时空动态变化特征，解析气象因子的影响，为洪泽湖湿地杨树林水分管理和科学经营与保护提供理论依据。

3.2.1　研究方法

试验选择位于六道沟地区的杨树林人工群落，为 2 年生南林 95 杨无性系（*Populus*×*euramericana* cv.），造林密度为 3 m×4 m，平均树高为 8.7 m，平均胸径为 7.2 cm，土壤质地为黏壤土。

1. 数据获取

本节研究利用英国 Delta-t 公司生产的 PR2/4 土壤水分剖面测量系统监测土壤含水量数据，传感器设置的深度分别为 10 cm、20 cm、30 cm 和 40 cm，每间隔 2 m 设置 1 根探杆，共计 10 根。该监测系统每间隔 30 min 自动记录一次。本节研究收集资料的时间为 2015 年 10 月~2016 年 9 月。通过洪泽湖湿地杨树林通量观测塔配备的观测系统观测气象因子，其中采用美国 Campbell 公司生产的 IRGASON 和 NR01 仪器分别测定风速（W_s）、水汽压亏缺（vapor pressure deficit，VPD）和净辐射（R_n），采用芬兰 Vaisala 公司生产的 HMP155A 仪器测定空气温度（T_a）和相对湿度（relative humidity，RH），采用 HFP01 和 CS655 仪器分别观测土壤深度为 8 cm 的土壤热通量（G）、潜热通量（latent heat flux，LHF）、感热通量（H）和 5 cm 处的土壤温度（T_s），采用美国 HOBO Onset 公司生产的 RG3-M 雨量计观测降雨量（P）。气象因子的观测数据记录的时间均为每 30 min 一次。以 2016 年 3 月～2016 年 6 月的气象数据探索各气象因子对土壤水分的影响。

2. 数据处理及分析

对土壤含水量及经过质量控制和插补处理的 30 min 有效气象因子的观测数据进行日均值和月份均值统计。利用 Excel 2010 和 Origin 8.5 软件进行数据整理和绘图。利用 SPSS Statistics 19.0 软件进行不同气象因子 [日降雨量（x_1）、日平均潜热通量（x_2）、日平均感热通量（x_3）、日平均净辐射（x_4）、平均风速（x_5）、平均水汽压亏缺（x_6）、日平均空气温度（x_7）、日平均相对湿度（x_8）、日平均土壤热通量（x_9）和日平均土壤温度（x_{10}）] 与土壤水分的相关分析。为了进一步量化土壤水分与各气象因子之间的关系，利用 SPSS Statistics 19.0 软件将洪泽湖湿地杨树林不同深度土壤水分（y）作为因变量，10 个气象因子（x_1～x_{10}）作为自变量，进行多元逐步回归分析，筛选出有显著影响的气象因子，以此来建立最优回归方程。

3.2.2　土壤水分的动态变化特征

1. 月份动态变化特征

由图 3-5 可见，在观测深度范围内，年均含水量最小值出现在地下 10 cm 处，

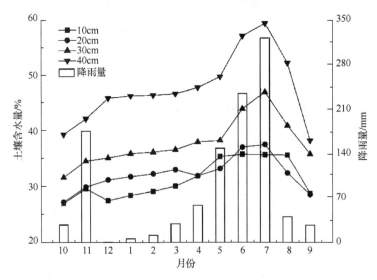

图 3-5　洪泽湖湿地杨树林不同深度土壤含水量的年内变化

其均值为（31.32±3.48）%；最大值出现在地下 40 cm 处，其均值为（47.62±6.34）%。在不同月份中，10 cm 和 20 cm 土壤含水量呈现 M 形变化，土壤含水量的第一高峰值分别出现在 11 月和 3 月，其值分别为 29.69% 和 33.10%，第二高峰值均出现在 7 月，其值分别为 35.87% 和 37.59%。相比较而言，30 cm 和 40 cm 土壤含水量呈现单峰变化，其土壤含水量的峰值均出现在 7 月，其值分别为 47.00% 和 59.34%。

2. 日动态变化特征

从图 3-6 对 3 月（春）、6 月（夏）、9 月（秋）和 12 月（冬）每天各时间点

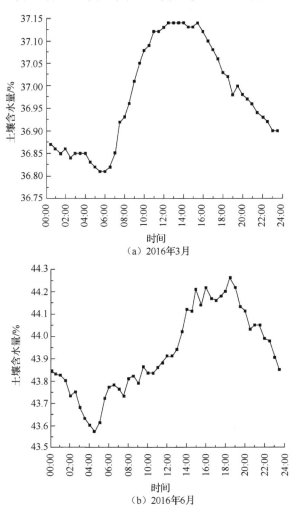

图 3-6　洪泽湖湿地杨树林土壤含水量典型月的日变化

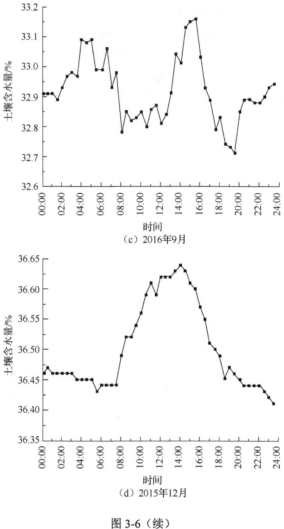

（c）2016年9月

（d）2015年12月

图 3-6（续）

土壤含水量平均值的变化情况的分析可见,春、夏和冬三季的土壤含水量在 0:00～
4:30 逐渐下降，其最小值均出现在 4:30～5:30，其值依次为（36.81±0.61）%、
（43.57±0.68）%和（36.43±0.41）%；此后，土壤含水量不断增加，分别于 12:30～
14:30、18:30 和 14:00 达到峰值，其峰值依次为（37.14±0.84）%、（44.26±0.91）%
和（36.64±0.39）%，随后又呈现逐渐下降的趋势。秋季土壤含水量的日变化明显
不同于春、夏和冬三季。土壤含水量在 0:00～4:00 逐渐上升，在 4:00～5:00 出现
第一峰值，随后下降至 8:00 达到最小值，第二峰值出现的时间为 15:30，其峰值
分别为（33.09±1.32）%和（33.16±1.46）%，随后逐渐下降。

3. 垂直动态变化特征

由图 3-7 可见，5 月、8 月和 9 月的土壤含水量在 0～20 cm 较小，在 20～40 cm 逐渐增加；而其他月的土壤水量在 0～40 cm 逐渐增加。在 0～20 cm，土壤水分垂向梯度较小，但月份间的差异较为明显；在 20～40 cm，土壤水分垂向梯度较大，且月份间的差异较为明显，其中冬季水分垂向梯度（28.43%～46.21%）小于夏季（35.81%～56.20%）。不同季节垂直剖面土壤含水量均为夏季（6～8 月）>春季（3～5 月）>冬季（12～2 月）>秋季（9～11 月）。

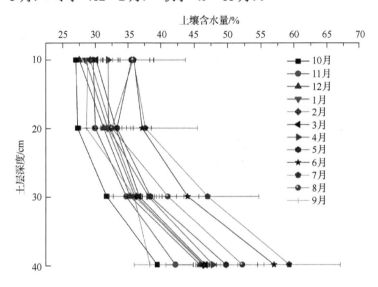

图 3-7　洪泽湖湿地杨树林土壤含水量的垂直变化

3.2.3　气象因子对土壤水分变化的影响

对洪泽湖湿地杨树林土壤含水量与各气象因子进行相关分析，结果表明，在 10 cm 土壤，日降雨量（x_1）、日平均土壤温度（x_{10}）、日平均相对湿度（x_8）和日平均空气温度（x_7）与土壤含水量相关达到极显著水平，其相关系数分别为 0.378、0.549、0.510、0.462（n=116，P<0.01），日平均感热通量（x_3）、平均风速（x_5）和日平均土壤热通量（x_9）与土壤含水量相关达到极显著水平，其相关系数分别为 -0.482、-0.293 和 -0.223（n=116，P<0.01），而 20 cm、30 cm 和 40 cm 土壤含水量均与日降雨量（x_1）、日平均空气温度（x_7）、日平均相对湿度（x_8）和日平均土壤温度（x_{10}）呈极显著正相关（n=116，P<0.01），与日平均感热通量（x_3）和平均风速（x_5）呈极显著负相关（n=116，P<0.01），而与日平均潜热通量（x_2）、日平均净辐射（x_4）和日平均土壤热通量（x_9）不相关（表 3-3）。

表 3-3　洪泽湖湿地杨树林不同深度土壤含水量与气象因子的相关系数

土壤深度	x_1	x_2	x_3	x_4	x_5	x_6	x_7	x_8	x_9	x_{10}
10 cm	0.378**	0.022	−0.482**	−0.175	−0.293**	0.016	0.462**	0.510**	−0.223**	0.549**
20 cm	0.240**	−0.007	−0.294**	0.044	−0.430**	0.197*	0.485**	0.397**	−0.032	0.708**
30 cm	0.203**	0.108	−0.248**	0.020	−0.400**	0.105	0.506**	0.435**	−0.109	0.818**
40 cm	0.238**	0.118	−0.238**	0.067	−0.401**	0.220**	0.549**	0.434**	−0.083	0.862**

注：x_1 为日降雨量；x_2 为日平均潜热通量；x_3 为日平均感热通量；x_4 为日平均净辐射；x_5 为平均风速；x_6 为平均水汽压亏缺；x_7 为日平均空气温度；x_8 为日平均相对湿度；x_9 为日平均土壤热通量；x_{10} 为日平均土壤温度。

*表示显著（$P<0.05$），**表示极显著（$P<0.01$）。

　　根据不同深度土壤含水量和各气象因子的测定数据，利用多元逐步回归进一步量化分析，建立相应深度土壤含水量的最优多元回归方程。经检验，不同深度土壤中的方程均达到极显著水平（$n=116$，$P<0.01$）。由表 3-4 可见，在不同深度土壤中，不同的气象因子被引入逐步回归模型，所引入的气象因子均可在线性模型中解释 55.00% 以上的土壤含水量的总变异。其中，日平均土壤温度（x_{10}）对不同深度土壤含水量的贡献率分别为 20.38%（10 cm）、57.97%（20 cm）、10.73%（30 cm）和 44.31%（40 cm），日平均相对湿度（x_8）对不同深度土壤含水量的贡献率分别为 25.12%（10 cm）、18.62%（20 cm）和 20.88%（30 cm）。总体来看，在所引入的气象因子中，日平均土壤温度（x_{10}）和日平均相对湿度（x_8）对土壤含水量的影响更为明显。

表 3-4　洪泽湖湿地杨树林不同深度土壤含水量与气象因子的逐步回归分析

土壤深度	多元回归方程	R^2	F 值	贡献率/%
10 cm	$y_1=30.181+0.265x_{10}-0.083x_3+0.043x_8-3.605x_6+0.013x_4$	0.579	30.252**	x_{10}(20.38)、x_3(21.06)、x_8(25.12)、x_6(22.27)、x_4(11.17)
20 cm	$y_2=26.9+0.388x_{10}-0.017x_2+0.017x_8$	0.589	53.427**	x_{10}(57.97)、x_2(24.11)、x_8(18.62)
30 cm	$y_3=36.461+0.377x_{10}-7.543x_6+0.579x_7-0.097x_8-0.045x_1-0.147x_9-0.548x_5$	0.810	65.779**	x_{10}(10.73)、x_6(17.16)、x_7(38.07)、x_8(20.88)、x_1(5.01)、x_9(4.55)、x_5(3.60)
40 cm	$y_4=36.158+0.896x_{10}-0.342x_9-0.026x_2+0.06x_3-0.747x_5+0.06x_7$	0.839	94.749**	x_{10}(44.31)、x_9(18.48)、x_2(12.07)、x_3(9.81)、x_5(8.45)、x_7(6.88)

注：x_1 为日降雨量；x_2 为日平均潜热通量；x_3 为日平均感热通量；x_4 为日平均净辐射；x_5 为平均风速；x_6 为平均水汽压亏缺；x_7 为日平均空气温度；x_8 为日平均相对湿度；x_9 为日平均土壤热通量；x_{10} 为日平均土壤温度。

*表示显著（$P<0.05$），**表示极显著（$P<0.01$）。

3.2.4　讨论

　　土壤水分受多重尺度的土地利用（植被）、气象、地形、土壤、人为活动等众多因子的影响，具有明显的时空尺度特征[22,23,28,34]。研究发现，洪泽湖湿地杨树林 0～20 cm 土壤含水量的年内动态变化呈现 M 形变化，变化相对明显，这与一些学者的研究结果存在差异。究其原因，可能是因为表层土壤首先接收穿透雨和枯落物截留后的渗水，同时又受降雨和太阳辐射等外界气象因子的影响较大，所以更容易受地表蒸发和植物根系耗水的影响[35,36]，如土壤含水量峰值出现在降雨量较大的月份（6 月、7 月和 11 月），也有可能是因为不同种类的植物、气候条件和土壤质地对土壤水分的影响不同[23,37]；而 20～40 cm 土壤水分的年内动态变化呈现单峰变化，这可能是因为气象因子对深层土壤水分的影响相对较小[35,36]，这与许秀丽等[33]的研究结果一致。王贺年等[37]将北京山区林地土壤水分动态分为稳定期、消耗期、积累期和消退期 4 个阶段。本节研究稳定期在 10 月至次年 2 月，土壤含水量为 31.36%～36.07%（均值 34.44%），其原因可能在于 10 月以后，区域气温较低，杨树生长缓慢，杨树蒸腾和土壤蒸发减少，并且湖区水位稳定，该时间段内土壤水分处于稳定状态。消耗期在 3～4 月，土壤含水量为 36.64%～37.46%（均值 37.05%），原因可能在于进入 3 月以后，气温开始逐渐升高，杨树蒸腾和土壤蒸发增加，杨树叶芽开始萌动，芽苞逐渐增大伸长，使土壤水分消耗较大，尽管该时间段内降雨也相对较大（占总降雨量的 8.22%），土壤水分有所补充，但总体看来，土壤含水量在 20 cm 土壤深度表现下降趋势，表明有所消耗，但消耗期表现不明显。积累期在 5～7 月，土壤含水量为 39.22%～53.92%（均值 42.55%），原因可能在于这时气温开始大幅度升高，杨树蒸腾和土壤蒸发增强，但降雨量也主要集中在该段时间内（占总降雨量的 64.84%），对土壤水分有明显的补充，使土壤含水量得到积累。消退期在 8～9 月，土壤含水量为 40.38%～32.92%（均值 32.29%），原因可能在于 8 月下旬开始，气温虽然开始降低，但杨树蒸腾和土壤蒸发还较高，杨树枝条长度生长停止，进入越冬准备期，而且降雨量迅速降低，使土壤含水量进入消退期。

杨建伟等[38]研究表明，杨树的耗水高峰出现的时间随着土壤水分含量的不同发生相应的变化。本节研究表明，杨树林土壤含水量在春、夏和冬三季的日变化曲线呈单峰型特征，在 4:30～5:30 达到最小值，在 12:30～14:30 达到最大值，而秋季土壤含水量的日变化呈现不对称双峰曲线特征，其峰值出现的时间分别为 4:00～5:00 和 15:30。秋季土壤含水量的日变化与其他三季不同，可能是因为秋季植物根系白天从土壤中吸收水分，晚上向周围土壤释放水分[39]，导致夜间土壤含水量也会出现峰值。土壤含水量清晨最低、午后最高的波动变化与许多干旱地区如黄土高原地区、古尔班通古特沙漠[23,24]的四季及酒泉金塔地区[25]夏季的观测结果一致，而与武汉地区[26]土壤含水量日动态变化的观测结果相反。而杨树林土壤含水量呈现夜间逐渐降低、白天逐渐上升的波形变化，可能是由于土壤含水量主要来自对气态水的凝结和吸附作用，而水汽运动的方向受温度梯度的驱动，从而使水分发生运移。

何其华等[40]的研究认为，在干旱和半干旱地区土壤含水量从上到下的变化趋势分为增长型和降低型（先增后减）两种变化趋势。本节研究得到的洪泽湖湿地杨树林土壤含水量随着土层深度的增加逐步递增，这与 Huang 等[41]对丹江口水库的研究结果一致。而对该地区土壤垂直剖面水分的研究表明，土壤冬季水分梯度大于夏季，剖面土壤含水量均是冬季大于秋季。这与许秀丽等[33]对鄱阳湖典型湿地土壤垂直剖面水分的研究结果不同，其原因在于洪泽湖属于水库型湖泊，冬季关闸蓄水，湖区水位较秋季有所上升，使深层土壤水分经历了短期的地下水浅埋对土壤水分的充分补给过程，剖面水分含量较大[42]。

　　土壤水分受多种气象因子的综合调控，土壤和空气温度的变化不仅可以改变土壤水分能态及其有效性[43]，还能影响土壤水分的保持[44]，提高土壤水分的扩散能力并加剧其流失，降雨可以增加大气相对湿度和土壤水分含量，平均风速、净辐射和水汽压亏缺等气象因子还能影响土壤水分的蒸散[45]。Cho 等[28]研究表明，土壤水分与日平均降水量呈正相关关系，与日照、气温和地面温度呈负相关关系。本节研究表明，不同深度的土壤水分受气象因子的影响有差异，但总体来看日降雨量（x_1）、日平均空气温度（x_7）、日平均相对湿度（x_8）、日平均土壤温度（x_{10}）与土壤水分呈极显著正相关关系，日平均感热通量（x_3）、平均风速（x_5）与土壤水分呈极显著负相关关系。本节研究与 Cho 等[10]的研究结果不尽相同，一方面可能与研究的地域（如湿地、干旱和半干旱地区）不同有关，另一方面可能与研究的尺度大小及时间有关。仅通过相关分析无法准确判断气象因子对土壤水分产生影响的重要程度，由此引入多元逐步回归分析。本节研究结果表明，日平均土壤温度（x_{10}）和日平均相对湿度（x_8）与土壤水分的关系最为密切，其他引入的气象因子也对不同深度土壤水分产生影响。这与 Chen 等[29]和黄志刚等[30]的研究结果不尽相同，原因可能在于试验的地区和时间不同，也可能与所选择的分析方法不同有关。

　　洪泽湖地区地下水位较高，杨树林在生长过程中基本不需要进行灌溉，而土壤水分的季节性变化可能会导致杨树生长季的干旱缺水或渍水胁迫，这些极端气象灾害会严重影响杨树的生长发育。洪泽湖建闸后，为保证洪泽湖防洪调蓄和农田灌溉，每年 8 月、9 月至次年 4 月会关闸蓄水，导致水位升高；夏初为防洪灌溉，会开闸放水，导致湖泊水位急剧降低，这与其他湖泊的水位变化不同。因此，为了避免夏季地下水水位低造成土壤水分补给不足，以及冬季水位高而出现渍害情况，建议在种植杨树时进行开沟、条垄种植，使杨树能够在适宜的土壤含水量条件下良好生长。

3.3　湿地杨树人工林生长季节的碳通量变化特征

　　湿地不仅是地球之肾，同时也是陆地生态系统的重要碳库，约占全球陆地生态系统碳库的 15%，在全球碳循环中占有重要地位[46,47]。由于地理位置、植被类型、土壤状况、气象因子及人类活动等因素的单个或交互影响，湿地的碳源和碳汇状况在一定程度上存在不确定性，如青藏高原高寒湿地生态系统在全年表现出碳源功能，而黄河三角洲芦苇湿地生态系统在全年表现出碳汇功能[48,49]。碳通量的空间格局和时间变异受环境因素的强烈影响[50-52]。徐丽君等[53]研究表明，CO_2通量与光合有效辐射呈负相关，与土壤温度存在正/负相关（与季节有关），而与土壤含水量不相关；汪文雅等[54]研究表明，降水强度及时间分布是制约牧草 CO_2吸收的关键因素；而张法伟等[55]研究青海草甸草原净生态系统 CO_2 交换量认为，在生长季净生态系统 CO_2 交换量（net ecosystem exchange，NEE）的日变化主要受控于光合光量子通量密度，在非生长季主要受气温的影响。从温湿度环境因子看来，周玲等[56]研究表明，气温和湿度等气象因子对洪泽湖水位影响较大，而Silvola 等[57]研究表明 CO_2 排放受湿地水位的影响。显然，不同区域、不同植被类型的碳通量变化及其对环境因子的响应规律并不完全相同。杨树是目前洪泽湖湿地最主要的树种，其生长快、适应性强、木材产量高，在湿地的分布面积最大，对湿地生态系统功能产生强烈影响。以往围绕杨树林碳通量变化的研究较多[58,59]，但对洪泽湖湿地的相关研究还不是很充分，特别是在洪泽湖调蓄灌溉与南水北调常态化调水影响下，湖区水位显著波动对碳通量变化影响的研究还未见报道。

3.3.1　研究方法

试验选择位于六道沟地区的杨树人工林，该杨树人工林为 4 年生南林 95 杨无性系（*Populus×euramericana* cv.），常在 4 月上旬开始生长，10 月停止生长，造林密度为 3 m×4 m，平均树高为 8.7 m，平均胸径为 7.2 cm，土壤质地为黏壤土，地势平坦。

洪泽湖湿地通量塔用于观测杨树林净生态系统 CO_2 交换量（NEE）和微气象因子，主要由开路式涡度相关通量监测系统和微气象观测系统两部分组成。其中，开路式涡度相关通量监测系统包括：集成型的开路红外三维超声风与 CO_2/H_2O 分析仪一体式设备（IRGASON，Campbell Scientific，USA），可同时测量 CO_2/H_2O在空气中的摩尔密度、三维风速（W_s，m·s^{-1}）、超声虚温（声场温度）以及水汽压亏缺（VPD，kPa）等指标；数据采集器（CR3000，Campbell Scientific，USA），采样频率为 10 Hz，以 TOB3 格式收集并存储 30 min 通量数据平均值。微气象观测系统包括：净辐射传感器（NR01，Hukseflux，NED），测量净辐射（R_n，W·m^{-2}），还可以同时输出 4 个小电压对应于长波、短波的入射量和反射量；土壤水分温度电导率三参数传感器（CS655，RainWise，USA），可同时测量土壤含水量（soil water content，SWC，%）（0~40 cm 平均值）和土壤温度（T_s，℃）；空气温湿度传感器（HMP155A，Vaisala，FIN），可同时测量空气温度（T_a，℃）和相对湿度（RH，%）；翻斗式雨量计（RG3-M，HOBO Onset，USA），安装在林地附近测定降雨量（P，mm）。其中，微气象观测系统的地上部分传感器安装高度为 10 m，数据采集器安放在通量塔的集成箱内，数据输出为 30 min 的平均值。所有的通量监测和微气象观测设备日间由太阳能电池板供电，夜间由铅酸蓄电池供电。由于本节研究地区通量塔没有光合有效辐射（photosynthetically active radiate，PAR，$\mu mol \cdot m^{-2} \cdot s^{-1}$）的观测，本节参考文献[60]、[61]中 PAR 与向下太阳短波辐射之间的线性关系计算得到该地区的 PAR。

通量数据的质量控制参照文献[62]的处理过程，在通过 3 次坐标旋转和 WPL 密度效应修正后[63]，以|NEE|<1.0 mg $CO_2 \cdot m^{-2} \cdot s^{-1}$ 为阈值标准，再以 10 d 数据为窗口，3 倍标准差为阈值进行异常数据的剔除[48]。另外，为避免降雨对仪器的影响带来的误差，需剔除降雨时间段的通量数据；而针对夜间湍流不充分的情况，剔除摩擦风速<0.15 m·s^{-1} 的异常数据。对于缺失的数据需要进行插补处理，若空缺数据在 2 h 内，采用线性内插法插补；若空缺数据在 7 d 内，采用平均昼夜变化法（mean diurnal variation，MDV）插补[64]；若有更长时间的空缺，则采用非线性回归的方法，建立相关模型进行插补。对于生长季白天缺失的数据，利用 Michaelis-Menten 函数[65] ［式（3-1）］进行插补；而对于生长季夜间缺失的数据，利用 van't Hoff 函数[66] ［式（3-2）］进行插补。

$$NEE_d = R_e - \frac{P_{max} \cdot \alpha \cdot PAR}{P_{max} + \alpha \cdot PAR} \tag{3-1}$$

式中，NEE_d 为日间净生态系统 CO_2 交换量（mg $CO_2 \cdot m^{-2} \cdot s^{-1}$）；$R_e$ 为日间平均生态系统呼吸值（mg $CO_2 \cdot m^{-2} \cdot s^{-1}$）；PAR 为光合有效辐射（$\mu mol \cdot m^{-2} \cdot s^{-1}$）；$\alpha$ 为表观量子效率；P_{max} 为最大光合速率（$\mu mol \cdot m^{-2} \cdot s^{-1}$）。

$$NEE_n = Ae^{B \cdot T_s} \tag{3-2}$$

其中：

$$B = \ln(Q_{10})/10$$

式中，NEE_n 为夜间净生态系统 CO_2 交换量（mg $CO_2 \cdot m^{-2} \cdot s^{-1}$）；$T_s$ 为 5 cm 土壤温度（℃）；A、B 和 Q_{10} 为参数，其中 Q_{10} 可反映生态系统呼吸对温度的敏感性。

为估算生态系总初级生产力（gross primary productivity，GPP），需计算出日间生态系统的呼吸值（$R_{eco,d}$）。若不考虑其他因素的影响，夜间生态系统的呼吸值（$R_{eco,n}$）可由 NEE_n 替代，可根据 $R_{eco,n}$ 与 T_s 的函数关系 ［式（3-2）］计算出日间生态系统的呼吸值（$R_{eco,d}$），$R_{eco,d}$ 和 $R_{eco,n}$ 相加可得 1 d 内生态系统的呼吸值（R_{eco}），则生态系总初级生产力（GPP）可通过式（3-3）计算：

$$GPP = R_{eco} - NEE \tag{3-3}$$

其中：

$$R_{eco} = R_{eco,d} + R_{eco,n}$$

选取 2016 年洪泽湖湿地杨树林生长季（4～9 月）共 183 d 的碳通量及环境因子的相关数据进行日均值和月份均值统计。利用 Excel 2010、Origin 8.5 和 SPSS Statistics 19.0 软件进行数据整理、统计分析、相关分析、回归分析和作图等。

3.3.2　CO_2 通量的动态变化特征

1.　CO_2 通量月均日动态变化

由图 3-8 可见，在杨树林生长季 NEE 的日变化呈典型的 V 形曲线，日间表现为吸收 CO_2，夜间表现为释放 CO_2，其 CO_2 吸收和释放的突变时刻分别为 6:00～7:30 和 17:00～18:30。NEE 自早晨开始逐渐减小，最小值出现在 10:00～11:30，而在辐射最为强烈的 11:00～12:30，NEE 又略有升高，此后恢复到原有的下降趋势。午后 NEE 逐渐增加，在 19:30～21:30 达到最大值。杨树生长季（4～9 月）各月 NEE 的波动范围分别为 $-0.479～0.125$ mg $CO_2 \cdot m^{-2} \cdot s^{-1}$、$-0.473～0.112$ mg $CO_2 \cdot m^{-2} \cdot s^{-1}$、$-0.621～0.162$ mg $CO_2 \cdot m^{-2} \cdot s^{-1}$、$-1.087～0.301$ mg $CO_2 \cdot m^{-2} \cdot s^{-1}$、$-0.874～0.286$ mg $CO_2 \cdot m^{-2} \cdot s^{-1}$ 和 $-0.591～0.255$ mg $CO_2 \cdot m^{-2} \cdot s^{-1}$，其中 7 月和 8 月变化较大，而 4 月、5 月、6 月和 9 月变化相对较小。

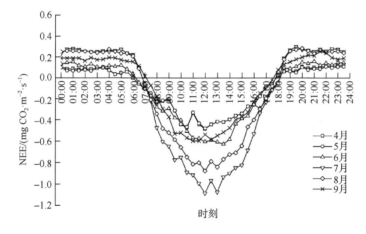

图 3-8　洪泽湖湿地杨树林 2016 年生长季 NEE 月均日动态变化

2.　CO_2 通量月份动态变化

由图 3-9 可见，杨树林 2016 年生长季（4～9 月）各月均表现为吸收 CO_2，其 CO_2 月份累积吸收量为 7 月（474.04 g·m^{-2}）>8 月（320.40 g·m^{-2}）>6 月（304.62 g·m^{-2}）>5 月（258.57 g·m^{-2}）>4 月（234.69 g·m^{-2}）>9 月（165.78 g·m^{-2}）。在杨树林生长季 R_{eco} 先逐渐增加，在 7 月达到最大值 1144.37 g $CO_2 \cdot m^{-2}$，此后逐渐减小，GPP 呈现相同的趋势。杨树林 2016 年生长季累积 NEE、R_{eco} 和 GPP 分别为 -1758.10 g $CO_2 \cdot m^{-2}$、4820.86 g $CO_2 \cdot m^{-2}$ 和 6578.96 g $CO_2 \cdot m^{-2}$。

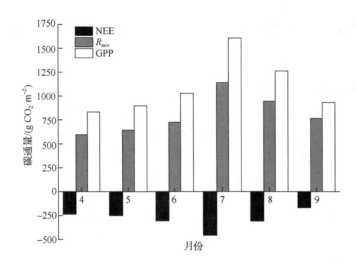

图 3-9　洪泽湖湿地杨树林 2016 年生长季 NEE、R_{eco}、GPP 月份总量动态

3.3.3　气象因子对 CO_2 通量的影响

1. 环境因子的动态变化

图 3-10 是杨树林生长季内环境因子的逐日变化值,根据逐日变化值得到表 3-5 的月份均值。从图 3-10 和表 3-5 可见,2016 年杨树生长季不同月份间的环境因子都存在一定的差异性。降雨量（P）从 4 月到 7 月逐月升高,7 月达到最高值 320.8 mm,占生长季的 38.6%,8 月后迅速下降。与此相应,土壤含水量（SWC）在 4～6 月缓慢增加,在 7 月随着强降雨而快速升高,在 7 月 31 日达到最大值 67.59%,随后逐渐降低。气温（T_a）的值在 10.10～33.11℃,平均值为 23.79℃。而土壤温度（T_s）平均值为 24.96℃,略高于气温,其中 4～6 月两者的差距<1℃,但 7 月后两者温差达到 1.5～2℃。净辐射（R_n）在 4 月、5 月和 9 月较小（月平均分别为 103.84 W·m^{-2}、108.32 W·m^{-2} 和 102.12 W·m^{-2}）,而在 6～8 月相对较大（月平均分别为 131.01 W·m^{-2}、131.38 W·m^{-2} 和 148.34 W·m^{-2}）。水汽压亏缺（VPD）的单日最低值和最高值分别出现在 4 月（0.34 kPa）和 6 月（2.79 kPa）,从月份均值看,从 4 月到 8 月均在升高,9 月才下降。而相对湿度（RH）的变化与水汽压亏缺正好相反,从 4 月到 7 月逐月下降,8 月后才回升。风速 W_s 的变化趋势与相对湿度类似。

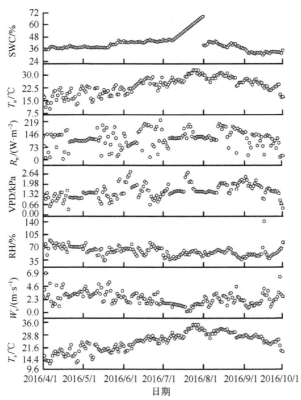

SWC 为土壤含水量（单位：%）；T_a 为空气温度（单位：℃）；R_n 为净辐射（单位：W·m^{-2}）；VPD 为水汽压亏缺
（单位：kPa）；RH 为相对湿度（单位：%）；W_s 为三维风速（单位：m·s^{-1}）；T_s 为土壤温度（单位：℃）。

图 3-10　洪泽湖湿地杨树林 2016 年生长季环境因子的日均动态变化

表 3-5　洪泽湖湿地杨树林 2016 年生长季环境因子的月份均值变化

月份	P/mm	SWC/%	T_a/℃	R_n/(W·m^{-2})	VPD/kPa	RH/%	W_s/(m·s^{-1})	T_s/℃
4	59.0	37.46	17.18	103.84	1.08	72.67	3.20	17.77
5	148.2	39.22	20.17	108.32	1.34	59.73	3.27	21.04
6	234.4	43.50	24.38	131.01	1.59	63.79	2.38	24.94
7	320.8	53.59	28.42	131.38	1.69	49.56	1.23	29.80
8	40.8	40.38	28.39	148.34	1.76	54.18	2.43	30.07
9	28.0	32.92	23.98	102.12	1.63	54.84	2.25	25.95

注：P 为降雨量（单位：mm）；SWC 为土壤含水量（单位：%）；T_a 为空气温度（单位：℃）；R_n 为净辐射（单位：W·m^{-2}）；VPD 为水汽压亏缺（单位：kPa）；RH 为相对湿度（单位：%）；W_s 为三维风速（单位：m·s^{-1}）；T_s 为土壤温度（单位：℃）。

2. PAR 对 NEE$_d$ 以及 T_s 对 NEE$_n$ 的影响

由表 3-6 可知，生长季各月的 NEE$_d$ 随着 PAR 的增强而减小，各月 NEE$_d$ 与 PAR 之间均达到极显著相关（R^2 为 0.343～0.755），说明 PAR 能解释 34.3%～75.5%

生长季 NEE_d 的变化。α、P_{max} 和 R_e 的最大值均出现在 7 月，而最小值分别出现在 4 月、9 月和 4 月。

表 3-6　不同月份光响应曲线模拟参数

月份	α	P_{max}	R_e	R^2	P
4	0.0006	2.487	0.121	0.343	<0.01
5	0.0019	2.689	0.125	0.681	<0.01
6	0.0023	3.062	0.138	0.432	<0.01
7	0.0030	3.498	0.225	0.755	<0.01
8	0.0027	3.357	0.183	0.423	<0.01
9	0.0018	1.506	0.150	0.549	<0.01

由表 3-7 可知，生长季 4 月、5 月、6 月和 9 月的 NEE_n 随着 T_s 的升高而增加，而 7 月和 8 月的 NEE_n 随着 T_s 的升高而减少，各月 NEE_n 与 T_s 之间均达到极显著相关（R^2 为 0.389～0.552），说明 T_s 能解释 38.9%～55.2% 生长季 NEE_n 的变化。生长季平均 Q_{10} 值为 1.817，不同月份间的 Q_{10} 值大小为 4 月>5 月>6 月>9 月>7 月>8 月，说明 7 月和 8 月 NEE_n 对 T_s 的敏感性要小于 4 月和 5 月。

表 3-7　不同月份温度响应曲线模拟参数

月份	A	B	Q_{10}	R^2	P
4	0.0365	0.1106	3.021	0.389	<0.01
5	0.0332	0.0968	2.632	0.463	<0.01
6	0.0289	0.0722	2.058	0.552	<0.01
7	0.0253	−0.0007	0.993	0.487	<0.01
8	0.0262	−0.0018	0.982	0.428	<0.01
9	0.0235	0.0194	1.214	0.509	<0.01

3. 环境因子对 NEE、R_{eco} 和 GPP 的影响

由图 3-11 可见，在日尺度上，NEE 与环境因子 SWC、T_a、R_n、VPD 和 T_s 均呈极显著负相关（$P<0.01$），与 W_s 呈极显著正相关（$P<0.01$），与 RH 呈显著正相关（$P<0.05$）；R_{eco} 和 GPP 与环境因子 SWC、T_a、R_n、VPD 和 T_s 均呈极显著正相关（$P<0.01$），与 W_s 和 RH 均呈极显著负相关（$P<0.01$）。为进一步说明洪泽湖湿地杨树林碳通量与各环境因子间的定量关系，将 NEE、R_{eco} 和 GPP 分别作为因变量，环境因子（SWC、T_a、R_n、VPD、RH、W_s 和 T_s）作为自变量，进行多元逐步回归分析。建立 NEE 的最优多元回归方程：$NEE=0.139-0.004SWC+0.014T_a-0.00006R_n-0.047VPD-0.0001RH+0.018W_s-0.1T_s$，$R^2=0.494$，且达到极显著水平（$n=183$，$P<0.01$），说明线性模型中引入的环境因子可解释 49.4% 的 NEE 总变异。

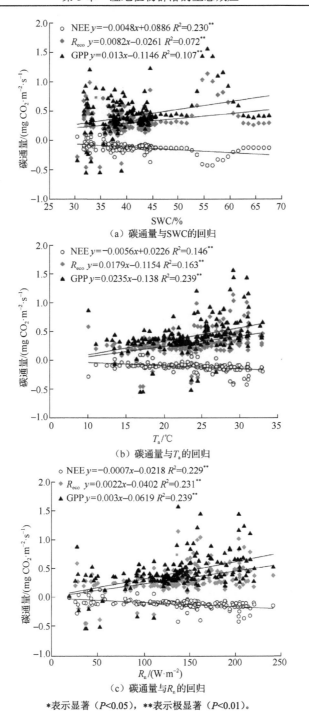

（a）碳通量与SWC的回归

（b）碳通量与T_a的回归

（c）碳通量与R_n的回归

*表示显著（$P<0.05$），**表示极显著（$P<0.01$）。

图 3-11　洪泽湖湿地杨树林生长季日尺度碳通量（NEE、R_{eco} 和 GPP）
与环境因子间的回归分析（$n=183$）

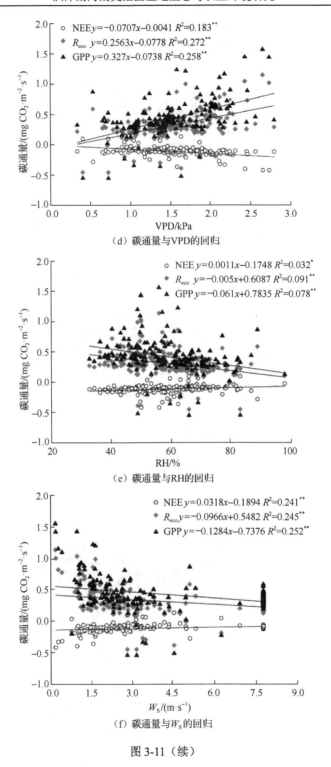

（d）碳通量与VPD的回归

（e）碳通量与RH的回归

（f）碳通量与W_s的回归

图 3-11（续）

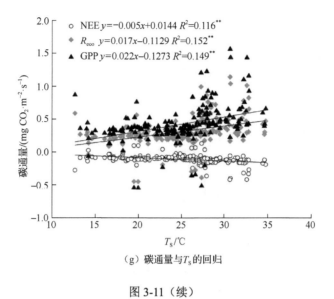

（g）碳通量与 T_s 的回归

图 3-11（续）

根据偏相关系数计算可得，SWC、T_a、R_n、VPD、RH、W_s 和 T_s 对 NEE 的贡献率分别为 21.2%、10.9%、20.0%、15.1%、9.9%、13.9%、8.9%，表明环境因子 SWC、R_n 和 VPD 对 NEE 的影响更为显著（贡献率均超过 15.0%）。对于 R_{eco}，环境因子 VPD、R_n、T_s 和 W_s 可解释其 40.0% 的总变异，并且各因子对 R_{eco} 的贡献率均超过 20.0%；对于 GPP，VPD、R_n、W_s 和 SWC 可解释其 41.6% 的总变异，并且各因子对 GPP 的贡献率也均超过 15.0%。

由表 3-8 可见，在月份尺度上，NEE、R_{eco} 和 GPP 与环境因子总体呈一元二次线性关系。其中，NEE 与环境因子 P、SWC 和 R_n 均呈极显著负相关（$P<0.01$），与 W_s 呈显著正相关（$P<0.05$）；而 R_{eco} 和 GPP 均与环境因子 P、SWC、T_a、RH、W_s 和 T_s 显著相关。多元逐步回归进一步量化分析，建立 NEE 在月份尺度上的最优多元回归方程：NEE=0.171+0.000 12P-0.007SWC，R^2=0.997，达到极显著水平（$P<0.01$），说明环境因子 P 和 SWC 在线性模型中可解释 99.7% 的 NEE 的总变异。根据偏相关系数计算可得，P 和 SWC 对 NEE 的贡献率分别为 48.8% 和 51.2%，表明 P 和 SWC 是决定月份尺度上 CO_2 吸收的关键因素。而环境因子 SWC 和 W_s 在线性模型中可分别解释 80.6% 的 R_{eco} 和 76.2% 的 GPP 的总变异，是 R_{eco} 和 GPP 的主要影响因子。

表 3-8　洪泽湖湿地杨树林生长季月份尺度碳通量（NEE、R_{eco} 和 GPP）
与环境因子间的回归分析（n=6）

环境因子	NEE		R_{eco}		GPP	
	回归方程	R^2	回归方程	R^2	回归方程	R^2
P	$y=-0.000001x^2+0.0002x-0.0964$	0.769^{**}	$y=7\times10^{-6}x^2-0.0019x+0.3685$	0.762^{*}	$y=8\times10^{-6}x^2-0.0021x+0.4648$	0.773^{**}
SWC	$y=0.00003x^2-0.0076x+0.1576$	0.970^{**}	$y=0.0006x^2-0.0449x+1.1038$	0.663^{*}	$y=0.0006x^2-0.0373x+0.9462$	0.785^{**}
T_a	$y=-0.0011x^2+0.045x-0.5483$	0.567	$y=0.0016x^2-0.0592x+0.77$	0.897^{**}	$y=0.0027x^2-0.1043x+1.3192$	0.846^{**}
R_n	$y=0.00009x^2-0.0238x+1.4112$	0.733^{**}	$y=-4\times10^{-5}x^2+0.0132x-0.6611$	0.454	$y=-0.0001x^2+0.037x-2.073$	0.558
VPD	$y=-0.1686x^2+0.415x-0.3434$	0.207	$y=0.5545x^2-1.3284x+1.0194$	0.676^{*}	$y=0.7231x^2-1.7434x+1.3628$	0.543
RH	$y=-0.0003x^2+0.0376x-1.3088$	0.412	$y=0.0006x^2-0.0779x+2.8944$	0.878^{**}	$y=0.0009x^2-0.1155x+4.2043$	0.766^{**}
W_s	$y=-0.0307x^2+0.1764x-0.3447$	0.671^{*}	$y=0.0165x^2-0.1717x+0.6251$	0.817^{**}	$y=0.0472x^2-0.3484x+0.9701$	0.812^{**}
T_s	$y=-0.0008x^2+0.0346x-0.4568$	0.453	$y=0.0013x^2-0.0504x+0.7032$	0.885^{**}	$y=0.0022x^2-0.0851x+1.1607$	0.792^{**}

*表示显著（$P<0.05$），**表示极显著（$P<0.01$）。

3.3.4　讨论

洪泽湖湿地杨树林 2016 年生长季 NEE 平均值为-0.1112 mg $CO_2 \cdot m^{-2} \cdot s^{-1}$，其 NEE 远大于辽河三角洲天然滨海芦苇湿地、崇明东滩滨海围垦芦苇湿地和意大利提契诺河谷自然公园杨树林生态系统，具有明显碳汇功能，但固碳能力低于青海湖高寒沼泽草甸湿地和湖南岳阳地区杨树林生态系统（表 3-9）。造成杨树林生态

表 3-9　不同生态系统生长季 NEE 均值比较

地理位置	生态系统类型	植被类型	观测时间	NEE 均值/（mg $CO_2 \cdot m^{-2} \cdot s^{-1}$）	参考文献
辽河三角洲	天然滨海湿地	芦苇	2005 年生长季	-0.0866	[67]
崇明东滩	滨海围垦湿地	芦苇	2013 年生长季	-0.0559	[68]
意大利北部	提契诺河谷自然公园	杨树林	2002～2003 年生长季	-0.0447	[69]
青海省海南县	青海湖高寒湿地	沼泽草甸	2012 年夏季	-0.1606	[70]
湖南岳阳	湖滩地	杨树林	2006 年全年	-0.1836	[59]
洪泽湖河湖交汇区	洪泽湖湿地	杨树林	2016 年生长季	-0.1112	本节

系统固碳能力存在差异的原因：一方面与树龄有关，不同树龄杨树光合速率、蒸腾速率、叶片水分利用率和气孔导度不同；另一方面可能是因为不同地域的气候条件、土壤状况和湿地水文对碳通量的影响不同[46,50,51]。洪泽湖湿地杨树林生态系统 NEE 的日变化曲线与克氏针茅草原生态系统生长季[71]呈 U 形不同，而与盘锦湿地芦苇生态系统 7 月 NEE 的日变化呈 V 形曲线相同[72]。本节研究中，4 月、5 月、7 月和 8 月中午前后固碳能力明显降低，出现"午休"现象，可能是因为夏季高温、强辐射和低湿等因素导致部分气孔关闭，植物光合作用受到一定抑制[73]，这与黄河三角洲芦苇湿地 NEE 日变化特征表现出 2 个 CO_2 吸收高峰[49]的结果一致。洪泽湖湿地杨树林生态系统 NEE 出现"午休"的时间在 11:00～12:30，介于内蒙古羊草草原的 8:00～10:00[74]与青海湖草甸草原的 11:30～13:00[75]之间，这主要是由气候、地理环境条件及湿地杨树林的生理生态特征和群落结构与草地生态系统存在差异引起的。

研究表明，PAR 是影响植物光合作用的重要因素之一，NEE_d 与 PAR 之间表现出明显的双曲线关系[48]。本节研究利用 Michaelis-Menten 方程对各月的 NEE_d 与 PAR 进行拟合，其决定系数的变化范围为 0.343～0.755，达到极显著水平（$P<0.01$），说明该方程能很好地解释 NEE_d 的变化。该方程拟合得到的参数 α 和 P_{max} 的最大值均出现在 7 月，其中参数 α 均低于崇明东滩滨海围垦芦苇湿地和湖南岳阳地区杨树林生态系统，而参数 P_{max} 均高于两地[59, 62]，这可能与洪泽湖水位条件变化下该地区的植物生长特性有关。土壤温度是影响生态系统 CO_2 释放的重要因素之一，NEE_n 与 T_s 之间符合 van't Hoff 函数[76]。本节研究也得出类似结论，各月 NEE_n 与 T_s 之间的指数相关关系达到极显著水平（$P<0.01$）。除 7 月和 8 月外，土壤呼吸作用（NEE_n）随土壤温度（T_s）的升高而增加，这与彭镇华等[58]对安庆杨树林生态系统及 Zhou 等[67]对辽河三角洲天然滨海芦苇湿地研究结果相同。7月和 8 月 NEE_n 对温度的敏感性要小于 4 月和 5 月（表 3-7），主要是因为较高的土壤温度和较低的土壤含水量会抑制呼吸作用。2016 年洪泽湖湿地杨树林生长季的 Q_{10} 值为 1.817，其 Q_{10} 值在生态系统平均变化幅度范围（1.300～5.600）[77]，但低于崇明东滩生长季均值（2.203）[62]和全球均值（2.400）[78]。

徐丽君等[53]研究发现，在日尺度上，PAR、LE、H 与 NEE 显著相关，而与土壤温度和土壤含水量相关不显著，本节研究在日尺度上，SWC、T_a、R_n、VPD、W_s、T_s 和 RH 均与 NEE 显著相关，这一研究结果的差异一方面与研究的地域类型如湿地、农田、草地和森林等不同有关，另一方面还可能与研究的尺度大小及时间有关。由于仅通过相关分析无法准确判断出气象因子对土壤水分产生影响的重要程度，本节研究中引入了多元逐步回归分析。结果表明，在日尺度上，SWC、R_n 和 VPD 对 NEE 的影响最为明显，其他引入的环境因子也对 NEE 产生影响；在月份尺度上，P 和 SWC 是决定 CO_2 吸收的关键因子，这与于贵瑞等[79]的研究结果相一致。本节研究表明，无论在日尺度还是在月份尺度上，土壤水分均是净生

态系统 CO_2 交换量的主要影响因素,因此,通过合理调控洪泽湖水位来调节湿地土壤水分,可能为湿地碳源/汇的管理及退化湿地碳汇功能的修复提供有效途径。

3.4 不同湿地植物群落的水质季节变化特征

湿地是敏感的水文系统,任何微小的水文变化都会对湿地生态系统结构和功能产生影响[80]。水质条件的变化将直接导致植物群落空间分布格局的改变[81],进而影响整个湿地生态系统的结构与功能。湿地植被不仅可直接吸收一些污染物质,还能通过改变湿地的微环境来影响整个湿地去除污染物的能力。植被的生长增大了湿地地表粗糙率,利于有毒物质和悬浮颗粒沉降;植物在湿地土壤中形成的根孔增强了湿地的过滤作用,扩大了湿地的吸附容量[82]。不同植物对污染物有不同的去除效果[83]。湿地中芦苇能吸收多种污染物且密度与水质净化能力成正比[84];眼子菜吸收氮、磷等物质,同时能吸附颗粒物;香蒲在吸收总氮、总磷等方面也有显著效果。同一植物的不同部分具有不同的吸收选择性[85],且同一植物不同季节吸收能力也不同[83]。

湿地的面积、空间分布位置及所处的气候和地形条件等,相互之间存在较大差异,导致各湿地之间的净化效果迥异[86]。Cohen 等[87]研究发现湿地的面积不同,其优先去除物往往相反;Li 等[88]发现,面积较小的湿地在去除氮上更有效。湿地空间结构的不同也能够影响其净化能力,包括湿地内部植物群落分布方式、污染输入/输出点及湿地斑块间的连通方式等[86]。同一流域内部的湿地,相对位置的不同也会影响其水质净化能力,Kazezyilmaz-Alhan 等[89]研究发现,同一流域上游和下游水质净化能力差异显著。Breaux 等[90]研究发现,保持较高稳定性的湿地生态系统能维持较好的环境、生态功能,而植物物种的退化将显著降低净化能力[91]。部分湿地通过改变植物、微生物、土壤的相互作用来影响净化效果,部分湿地与水力负荷有关[92]。自然湿地在土壤、植物、微生物等条件方面难于统一,以此为基础的相关研究不易开展,故从宏观的角度研究湿地特征与水质净化功能之间的关系更有利于自然湿地的保护、恢复和管理。

氮、磷等是引发湖泊湿地富营养化的重要因素,也是湿地营养水平的重要指示物[93]。铵态氮和硝态氮是氮在水体中的主要表现形式,过高浓度的铵态氮抑制沉水植被的生长[94-96]。因此,本节研究在实地采样测定基础上,采用多元统计方法分析洪泽湖河湖交汇区氮、磷的分布特点和规律,了解其时空变化特征,揭示影响氮、磷分布的主要因素,以期为洪泽湖河湖交汇区湿地植物群落及景观类型的影响研究、水质改善及生态修复乃至今后洪泽湖及淮河流域的水环境综合治理提供参考。

3.4.1　研究方法

1. 水质采样及测定

　　为测定不同滩地对水质的影响，分别在六道沟滩（湖面滩）、顶滩（边滩）和剪草沟滩（速成滩）设置监测点；同时为测定研究区空间位置的水质差异，沿水流方向从上游到下游于滩地和陆地之间的主河道、滩地之间的内河道及滩地外围靠湖一侧设置监测点（图 3-12，表 3-10）。

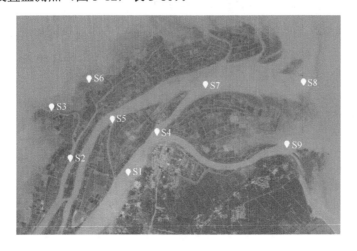

图 3-12　水质监测点分布图

表 3-10　水质监测点信息

位置	监测点	备注
主河道	S1、S4、S9	S4 位于老子山镇码头附近
内河道	S2、S5、S7	S5 位于顶滩（边滩）
外湖	S3、S6、S8	S3 和 S6 分别位于剪草沟滩（速成滩）和六道沟滩（湖面滩）

　　洪泽湖水体已富营养化，因此采样水质测定选择铵态氮（NH_4^+-N）、硝酸盐氮（NO_3^--N）、总磷（TP）、pH、溶解氧（dissolved oxygen，DO）和电导率（electrical conductivity，EC）6 个指标。每个点作 3 次重复，监测时间为 2014 年 8 月～2015 年 7 月，每月监测一次。其中，受设备限制，总磷测定时间为 2015 年 2～7 月。总磷指标按标准取水流程[97]取样带回实验室，于 24h 内采用钼酸铵分光光度法（GB 11893—1989）测定；其余指标采用美国哈希公司的 HQ30d 便携式水质分析仪现场测定。

2. 数据处理

　　对各指标分别在时间和空间序列上进行探索分析。用 Pearson 相关系数分析指标之间的相关性,用双因素方差分析评价水质时空变化的显著性,用非参数检验方法检验数据是否服从正态分布,用 Levene 方法检验数据方差齐性。由于数据不符合正态分布且方差不齐,方差分析采用 Dunnett's 检验。用离差平方和法和欧氏距离平方法分层聚类。所有数据标准化处理后进行聚类分析。所有分析都在 SPSS Statistics 17.0 统计软件下完成。

3.4.2　结果与分析

1. 水质变量时空变化特征及相关性分析

图 3-13 和图 3-14 分别是研究区不同月份水质指标变化值和不同监测点水质指标变化值。从图中可知,洪泽湖河湖交汇区水体的 NH_4^+-N 浓度为 0.418～2.02 mg·L^{-1}, NO_3^--N 浓度为 0.406～3.5 mg·L^{-1},pH 为 7.44～9.31,DO 为 5.08～11.16 mg·L^{-1},EC 为 22.2～57.8 μS·cm^{-1},TP 浓度为 0.04～0.2 mg·L^{-1}。

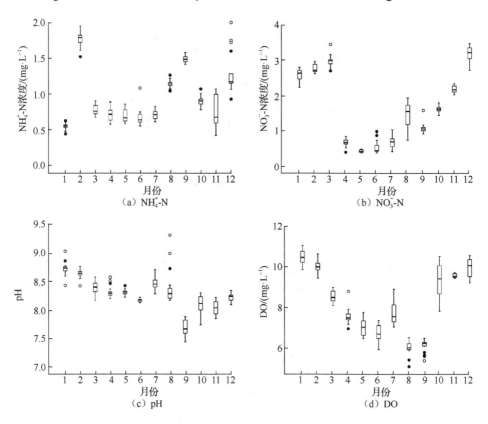

图 3-13　不同月份水质指标变化值 (n=27)

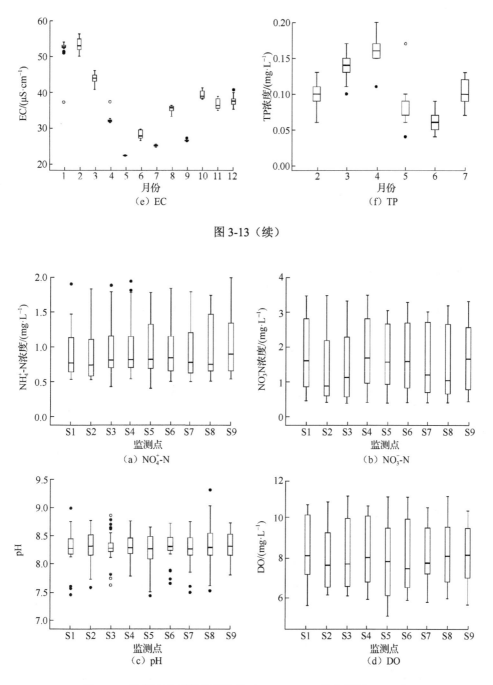

图 3-13（续）

图 3-14　监测点水质指标变化值（TP：$n=18$；其余指标：$n=36$）

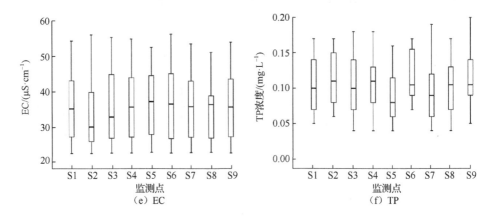

图 3-14（续）

　　时间分布上，NH_4^+-N 浓度均值 1 月最低，2 月最高；NO_3^--N 浓度均值 5 月最低，12 月最高；TP 浓度均值 4 月最高，6 月最低；pH 均值 9 月最低，1 月最高；DO 均值 8 月最低，1 月最高；EC 均值 5 月最低，2 月最高。

　　空间分布上，NH_4^+-N 浓度均值在位于主河道下游的 S9 最高，在位于区域下游外湖的 S8 最低；NO_3^--N 浓度均值在位于主河道中段 S4 最高，S8 最低；TP 浓度均值在 S4 最高，S5 顶滩（边滩）最低；pH 均值 S8 最高，S5 最低；DO 均值 S8 最高，S6 六道沟滩（湖面滩）最低；EC 均值 S8 最低，S6 最高。在不同类型滩地的采样点 [S3 剪草沟滩（速成滩）、S5 顶滩（边滩）、S6 六道沟滩（湖面滩）] 之间比较，NH_4^+-N 浓度均值 S5 最高，为 1.02 mg·L^{-1}，S3 居中，S6 最低；NO_3^--N 浓度均值也是 S5 最高，为 1.78 mg·L^{-1}，S6 居中，S3 最低；TP 浓度均值 S6 最高，为 0.12 mg·L^{-1}，S3 居中，S5 最低；pH 均值排序为 S3>S6>S5；DO 均值排序为 S3>S6>S5；EC 值排序为 S5>S6>S3。

　　利用 Pearson 相关系数对洪泽湖水质变量进行分析，结果如表 3-11 所示。采样指标之间存在显著正相关，尤其是 NH_4^+-N 浓度与 NO_3^--N 浓度之间存在显著正相关，同时 NO_3^--N 浓度与 EC、pH 和 DO 也存在显著正相关。

表 3-11　洪泽湖水质变量 Pearson 相关系数

	EC	NH_4^+-N	NO_3^--N	pH	DO	TP
EC	1	0.238**	0.814**	0.447**	0.710**	0.277**
NH_4^+-N	0.238**	1	0.312**	0.191**	0.019	0.559**
NO_3^--N	0.312**	0.814**	1	0.308**	0.717**	0.610**
pH	0.447**	0.191**	0.308**	1	0.375**	0.140
DO	0.710**	0.019	0.717**	0.375**	1	0.199*
TP	0.277**	0.559**	0.610**	0.140	0.199**	1

*表示显著（$P<0.05$），**表示极显著（$P<0.01$）。

2. 水体氮含量空间变化

对图 3-14 中 9 个监测点的采集数据进行方差分析，结果显示，TP 浓度空间差异不显著，而 NH_4^+-N 浓度和 NO_3^--N 浓度空间变化较大（图 3-15）。从空间上看，NH_4^+-N 浓度在 $P<0.01$ 水平，主河道监测点（S1、S4、S9）与内河道监测点（S5、S7）差异不显著，外湖监测点（S3、S6、S8）与前两者差异极显著。在 $P<0.05$ 水平，主河道和内河道上游监测点除 S2 外，其余点（S1、S4、S5）间差异不显著，主河道和内河道下游监测点（S7、S9）差异不显著；而上下游之间，主河道下游监测点（S9）比上游监测点（S1、S4）值高且差异显著，内河道上游监测点（S5）比下游监测点（S7）值高且差异显著。不同滩地的剪草沟滩（速成滩，S3）、顶滩（边滩，S5）和六道沟滩（湖面滩，S6）间的方差结果显示：NH_4^+-N 浓度在 S5 监测点最高，在 $P<0.01$ 水平与其他两个监测点之间差异极显著，而 S3 和 S6 之间差异不显著。值得注意的是 S2 和 S8 监测点：由于 S2 所处位置周边植被茂盛，其 NH_4^+-N 浓度低于主河道及内河道其余监测点且差异显著，与外湖上游监测点（S3、S6）值接近而差异不显著；而 S8 监测点与其他点存在极显著差异，远远低于其他监测点，这主要是因为 S8 位于水流末端且为挺水植被较密集区域之一。

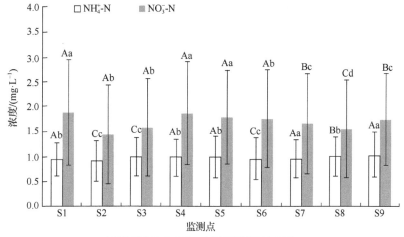

大写字母表示 $P<0.01$，小写字母表示 $P<0.05$。

图 3-15　各采样点间 NH_4^+-N 和 NO_3^--N 方差分析结果（$n=36$）

上游点（S1～S6）NO_3^--N 浓度明显高于下游点（S7～S9），两者之间存在显著差异（图 3-15）。水流上游的 S1～S6，NO_3^--N 浓度以主河道（S1、S4）最高，外湖（S3、S6）最低，在 $P<0.01$ 水平，相互之间差异不显著，但在 $P<0.05$ 水平，位于外湖的上游点（S3、S6）与主河道上游点（S1、S4）和内河道的 S5 差异显著。不同滩地剪草沟滩（速成滩，S3）、顶滩（边滩，S5）和六道沟滩（湖面滩，S6）间进行比较，S5 的 NO_3^--N 浓度高于其他两个监测点，S3 最低；方差结果显示，在 $P<0.01$ 水平，3 个监测点相互之间差异不显著，在 $P<0.05$ 水平，S5 与其他两个监

测点差异显著,S3 和 S6 之间差异不显著。同 NH_4^+-N 一样,内河道上游 S2 的 NO_3^--N 浓度低于主河道及内河道上游的其余监测点,且差异显著,S2 与外湖上游(S3、S6)差异不显著。外湖 S8 监测点与其他点存在极显著差异,远低于其他监测点。

3. 水体氮、磷浓度季节变化

图 3-16 是水体 NH_4^+-N 和 NO_3^--N 浓度的季节变化。从季节看,NH_4^+-N 浓度均值在冬季最高,春季最低;在 $P<0.01$ 和 $P<0.05$ 水平,春季与夏季、其余季节差异极显著,而秋季与冬季之间差异不显著。NO_3^--N 浓度均值冬季最高,夏季最低;在 $P<0.01$ 和 $P<0.05$ 水平,夏季与冬季、其他季节差异显著,而春季与秋季之间差异不显著。

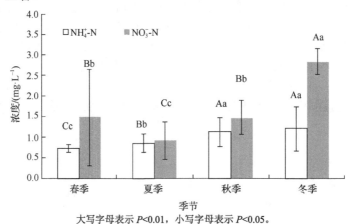

大写字母表示 $P<0.01$,小写字母表示 $P<0.05$。

图 3-16　水体 NH_4^+-N 和 NO_3^--N 浓度的季节变化($n=81$)

TP 浓度的测定时间为 2015 年 2~7 月,仅有 3 个季节。从图 3-17 来看,TP 浓度均值在春季最高,冬季次之,夏季最低。在 $P<0.01$ 水平,春季与其余季节差异极显著;$P<0.05$ 水平,夏季与冬季之间差异显著。

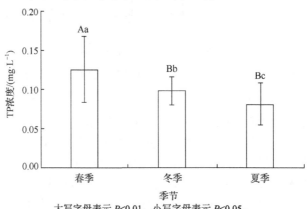

大写字母表示 $P<0.01$,小写字母表示 $P<0.05$。

图 3-17　水体 TP 浓度的季节变化(春季:$n=81$;夏季:$n=54$;冬季:$n=27$)

3.4.3　讨论

洪泽湖河湖交汇区各监测点的 NH_4^+-N、NO_3^--N 和 TP 浓度平均值分别在 0.92 mg·L^{-1}、1.44 mg·L^{-1} 和 0.09 mg·L^{-1} 以上，根据《地表水环境质量标准》（GB 3838—2002）水质属于Ⅳ类水。2006~2011 年洪泽湖 NH_4^+-N 浓度的年均值变化范围为 0.324~0.795 mg·L^{-1}，TP 浓度的年均值变化范围为 0.082~0.158 mg·L^{-1}[98]，而 2011~2013 年洪泽湖 NO_3^--N 浓度的年均值为 1.12 mg·L^{-1}[99]，与之相比，洪泽湖河湖交汇区的 NH_4^+-N 和 NO_3^--N 浓度升高明显，TP 浓度变化不明显，研究区富营养化程度加剧。这与黄辉等[100]研究提出的氮为多年洪泽湖区水质主要污染因子的结果相符，与王兆群等[94]得出的洪泽湖水质多以氮为超标项目的结论相吻合，同时也与崔彩霞等[98]得出的洪泽湖水体中的氮较高的结论一致。这说明富营养化仍是洪泽湖的主要威胁，同时氮和磷仍是主要污染物。洪泽湖水质污染源主要来自淮河上游的淮南、蚌埠，以及沿湖的盱眙、泗洪等地的工厂和生活区，该污染源既是洪泽湖上游污染之"汇"，也是其下游地区和南水北调的污染之"源"[101,102]。同时，人类活动是水质的主要威胁。围绕湖泊的围网渔业和堤岸养殖活动是我国东部平原许多湖泊生态退化的主要原因[103]。洪泽湖边的农业活动不断向湖中添加氮和磷，大量的水产养殖池塘废水的排放进一步增加氮和磷的浓度。同时，人口增长对水质有显著影响[104]，而河湖交汇区是洪泽湖周边重要的人口聚集区。

NH_4^+-N 和 NO_3^--N 浓度空间分布差异显著，TP 浓度空间分布差异不显著，这与李为等[105]研究发现的洪泽湖水质主要受氮盐影响，磷不是最主要因素的结果相符。NH_4^+-N 浓度主河道高，外湖低，差异显著；而 NO_3^--N 浓度上游高，下游低，差异显著。这与之前的研究结果一致，洪泽湖的水环境状况主要取决于入湖的淮河水的水质[106]，以及老子山镇外排污染物的影响，这也说明洪泽湖河湖交汇区承接上游淮河来的污染物，同时也是下游的污染物之源。老子山镇淮河入湖口位于过水通道中段，水流速度较快，加快了 NH_4^+-N 和 NO_3^--N 的迁移速度，同时河湖交汇区丰富的生物类群能有效发挥对营养盐的去除作用[107]，这与之前经过洪泽湖的降解、稀释和迁移，水流末端的浓度相应减小[108]的研究结果一致。这一结果印证了研究区位于陆地到湖面水体的过渡带，周边为较多的淤积滩，研究区也是湖泊与其周围环境物质和能量交换的重要通道，其通过生物沉积和生物同化输出，可以净化过往水质[109]。

不同土地利用结构与水质有显著的关系[110]。剪草沟滩（速成滩，S3）、顶滩（边滩，S5）和六道沟滩（湖面滩，S6）的采样点的 NH_4^+-N 和 NO_3^--N 浓度相比较，S5 的 NH_4^+-N 和 NO_3^--N 浓度明显高于 S3 和 S6 采样点。3.1 节研究结果显示，六道沟滩（湖面滩）和剪草沟滩（速成滩）以芦苇为优势种，顶滩（边滩）以芦苇和菱为共优种，有研究表明洪泽湖菱对氮的去除能力比芦苇更高[82]，因此顶滩（边滩）植物群落的净化能力理应相对更高，而事实上所测得的 NH_4^+-N 和 NO_3^--N

浓度与之相反。这主要是因为 S5 位于研究区中段河流通道上，更靠近上游来水，而 S3 和 S6 采样点靠近外湖。另外，顶滩（边滩）靠近养殖塘，其植被面积相对较小，而 S3 和 S6 采样点周边植被繁茂，人为开垦并不严重。

NH_4^+-N、NO_3^--N 和 TP 浓度随季节不同，变化明显，温度较高的夏季氮的浓度较低，这与太湖区域的研究结果[10]基本一致。夏季湖水氮浓度降低的原因包括：①夏季是植物生长最旺盛的季节，对于水中氮、磷的吸收率较高[91]；②夏季降雨量比较大，使营养盐得到一定程度的稀释[111]，同时夏季为环洪泽湖农田的用水高峰期，需要持续开闸放水，此时湖水过水速度比其他季节要快，一定程度上稀释了氮的浓度；③夏季高温季节反硝化作用引起水体氮素损失[112]。

同时，由于南水北调东线工程的运行，洪泽湖除了春末夏初的灌溉用水及夏季泄洪，其余时间均需关闸蓄水，维持较高水位。洪泽湖东部湖区是其上游地区污染之"汇"，因此在蓄水期间氮含量明显增加。湖泊过度围网和围堤养殖活动是我国东部平原湖区生态退化的重要原因之一[113]。洪泽湖河湖交汇区域也有大量围垦、围网养殖，在秋冬季鱼虾收获后清塘排放废水同样增加了氮的含量。

由于水体中氮等营养元素含量过高，超过湖泊本身自净能力，湖泊原有生态遭到破坏，湖泊水体极易富营养化，不仅会对湖泊所在地基于湖泊的产业如旅游、水产养殖等产生影响，也对当地居民生活健康、饮水安全等产生影响。因此，外部输入的氮和磷是研究区内富营养化管理的关键问题。为了在短期内减少污染投入，提高湖泊净化能力，控制策略应侧重于：①合理利用化肥和农药，发展生态农业；②全面提高水产养殖水平，整合优化水产养殖模式；③改善污水处理和农业废弃物回收利用；④增加水生植被，优化植物配置。然而，流域管理和减少人类活动是长期控制富营养化更有效的措施。

3.5　小　　结

研究区植物群落影响土壤养分元素的分布，随着研究区湿地无植被—浮水植物群落—挺水植物群落—乔灌植物群落的演替过程，土壤全碳含量、全氮含量和速效磷含量呈现总体上升的趋势，土壤中的全碳、全氮、速效磷含量之间存在显著的正相关。除植物群落差异影响土壤养分含量外，不同演替类型也是重要因素之一，呈现跃迁演替（速成滩）土壤养分含量低于自然演替的趋势。

受降雨等气候因子和湖区水位的共同影响，洪泽湖湿地杨树林土壤水分年内大致可分为稳定期（10 月～次年 2 月）、消耗期（3～4 月）、积累期（5～7 月）和消退期（8～9 月），但其中的消耗期表现不明显。不同季节杨树林土壤含水量的日变化特征有所差异：春、夏和冬三季土壤含水量的日变化曲线呈单峰型特征，而秋季土壤含水量的日变化曲线呈现不对称双峰特征。土壤水分变化与降雨量、空气温度、相对湿度、土壤温度、感热通量和风速密切相关。其中，日平均土壤温度和相对湿度是影响洪泽湖湿地杨树林土壤水分变化最主要的气象因子。

洪泽湖湿地杨树林生长季各月 NEE 均表现 V 形曲线变化特征，日间吸收 CO_2，夜间释放 CO_2，湿地杨树林生长季表现明显的碳汇。各月 NEE_d 与 PAR 之间均符合双曲线关系，PAR 能解释 34.3%～75.5%生长季 NEE_d 的变化，α 和 P_{max} 的最大值均出现在 7 月；各月 NEE_n 与 T_s 之间均符合指数函数关系，T_s 能解释 38.9%～55.2%生长季 NEE_n 的变化，生长季平均 Q_{10} 值为 1.817，其中，7 月和 8 月 NEE_n 对温度的敏感性相对较小。洪泽湖湿地杨树林生长季 NEE 与环境因子均具有明显日和月份变化特征。在日尺度上，NEE 主要受 SWC、R_n 和 VPD 的影响，而在月份尺度上，主要受 P 和 SWC 的影响。土壤水分是净生态系统 CO_2 交换量的主要控制因素，洪泽湖水位变化对湿地土壤水分的影响可能显著改变湿地碳汇功能。

研究区水体呈弱碱性，氮、磷与 pH、DO 和 EC 相关关系显著。各监测点的 NH_4^+-N、NO_3^--N 和 TP 浓度平均值分别在 0.92 mg·L^{-1}、1.44 mg·L^{-1} 和 0.09 mg·L^{-1} 以上，水质属于Ⅳ类水，氮、磷是研究区的主要污染物。氮分布具有明显的空间和季节差异性。位于外湖一侧的 NH_4^+-N 和 NO_3^--N 浓度与主河道、内河道存在显著差异，同时沿水流方向呈下降趋势，且上下游之间差异显著。NH_4^+-N 和 NO_3^--N 分布随季节不同，变化明显，与植物生长节律相对应，生长最旺盛的夏季氮浓度较低。研究区对于氮含量有较强的净化效果。

3 种不同类型滩地的监测点（S3 速成滩、S5 边滩、S6 湖面滩）之间，NH_4^+-N 浓度均值 S5 最高，为 1.02 mg·L^{-1}，其次为 S3 和 S6；NO_3^--N 浓度均值 S5 最高，为 1.78 mg·L^{-1}，其次为 S6 和 S3；TP 浓度均值 S6 最高，为 0.12 mg·L^{-1}，其次为 S3 和 S5。不同类型滩地氮分布存在差异，这主要是由空间位置差异造成的，群落组成的差异影响较小。

参 考 文 献

[1] 曲国辉, 郭继勋. 松嫩平原不同演替阶段植物群落和土壤特性的关系[J]. 草业学报, 2003, 12(1): 18-22.

[2] 贺强, 崔保山, 赵欣胜, 等. 黄河河口盐沼植被分布、多样性与土壤化学因子的相关关系[J]. 生态学报, 2009, 29(2): 676-687.

[3] 沈泽昊, 张新时. 三峡大老岭地区森林植被的空间格局分析及其地形解释[J]. 植物学报(英文版), 2000, 42(10): 1089-1095.

[4] 杨青, 刘吉平, 吕宪国, 等. 三江平原典型环型湿地土壤-植被-动物系统的结构及功能研究[J]. 生态学杂志, 2004, 23(4): 72-77.

[5] 凌敏, 刘汝海, 王艳, 等. 黄河三角洲柽柳林场湿地土壤养分的空间异质性及其与植物群落分布的耦合关系[J]. 湿地科学, 2010, 8(1): 92-97.

[6] 王丽, 胡金明, 宋长春, 等. 水分梯度对三江平原典型湿地植物小叶章地上生物量的影响[J]. 草业学报, 2008, 17(4): 19-25.

[7] XIAO H L. Climate change in relation to soil organic matter[J]. Soil & Environmental Sciences, 1999, 8(4): 304.

[8] 彭佩钦, 张文菊, 童成立, 等. 洞庭湖湿地土壤碳、氮、磷及其与土壤物理性状的关系[J]. 应用生态学报, 2005, 16(10): 1872-1878.

[9] GRUNWALD S, REDDY K R, PRENGER J P, et al. Modeling of the spatial variability of biogeochemical soil properties in a freshwater ecosystem[J]. Ecological Modelling, 2007, 201(3-4): 521-535.

[10] LOU Y, WANG G, LU X, et al. Zonation of plant cover and environmental factors in wetlands of the Sanjiang Plain, Northeast China[J]. Nordic Journal of Botany, 2013, 31(6): 748-756.

[11] 张全军, 于秀波, 胡斌华. 鄱阳湖南矶湿地植物群落分布特征研究[J]. 资源科学, 2013, 35(1): 42-49.

[12] 徐娜, 姚艳玲, 王铭, 等. 新疆巴音布鲁克高寒沼泽湿地植物群落空间分布与环境解释[J]. 湖泊科学, 2017, 29(2): 409-419.

[13] 葛刚, 吴兰. 南矶山自然保护区种子植物区系[J]. 南昌大学学报(理科版), 2006, 30(1): 52-55.

[14] STRIBLING J M, CORNWELL J C. Nitrogen, phosphorus, and sulfur dynamics in a low salinity marsh system dominated by *Spartina alterniflora*[J]. Wetlands, 2001, 21(4):629-638.

[15] 高建华, 杨桂山, 欧维新. 苏北潮滩湿地植被对沉积物 N、P 含量的影响[J]. 地理科学, 2006, 26(2): 224-230.

[16] 陈海霞, 付为国, 王守才, 等. 镇江内江湿地植物群落演替过程中土壤养分动态研究[J]. 生态环境, 2007, 16(5): 1475-1480.

[17] IOST S, LANDGRAF D, MAKESCHIN F. Chemical soil properties of reclaimed marsh soil from Zhejiang Province P.R. China[J]. Geoderma, 2007, 142(3): 245-250.

[18] TANNER C C, D'EUGENIO J, MCBRIDE G B, et al. Effect of water level fluctuation on nitrogen removal from constructed wetland mesocosms[J]. Ecological Engineering, 1999, 12(1-2): 67-92.

[19] 白军红, 高海峰, 肖蓉, 等. 向海湿地不同植物群落下土壤有机质和全磷的空间分布特征[J]. 农业系统科学与综合研究, 2011, 27(1): 31-34.

[20] 许加星, 徐力刚, 姜加虎, 等. 鄱阳湖典型洲滩植物群落结构变化及其与土壤养分的关系[J]. 湿地科学, 2013, 11(2): 186-191.

[21] 白军红, 邓伟, 张玉霞. 内蒙古乌兰泡湿地环带状植被区土壤有机质及全氮空间分异规律[J]. 湖泊科学, 2002, 14(2): 145-151.

[22] SENEVIRATNE S I, CORTI T, DAVIN E L, et al. Investigating soil moisture-climate interactions in a changing climate: a review [J]. Earth-Science Reviews, 2010, 99(3): 125-161.

[23] FU B J, WANG J, CHEN L D, et al. The effects of land use on soil moisture variation in the Danangou Catchment of the Loess Plateau, China [J]. Catena, 2003, 54(1-2): 197-213.

[24] 唐罗忠, 孙羊林. 江苏省里下河沼泽地地下水位对 I-69 杨生长的影响[J]. 湿地科学, 2007, 5(2): 140-145.

[25] 靖磊, 吕偲, 周延, 等. 西洞庭湖湿地杨树人工林扩张的时空特征[J]. 应用生态学报, 2016, 27(7): 2039-2047.

[26] SUN F X, LU Y H, FU B J, et al. Spatial explicit soil moisture analysis: pattern and its stability at small catchment scale in the loess hilly region of China [J]. Hydrological Processes, 2014, 28(13): 4091-4109.

[27] CHEN D Y, WANG Y K, LIU S Y, et al. Response of relative sap flow to meteorological factors under different soil moisture conditions in rainfed jujube (*Ziziphus jujuba* Mill.) plantations in semiarid Northwest China [J]. Agricultural Water Management, 2014, 136: 23-33.

[28] CHO E, CHOI M. Regional scale spatio-temporal variability of soil moisture and its relationship with meteorological factors over the Korean peninsula [J]. Journal of Hydrology, 2014, 516: 317-329.

[29] CHEN H S, SHAO M G, LI Y Y. The characteristics of soil water cycle and water balance on steep grassland under natural and simulated rainfall conditions in the Loess Plateau of China [J]. Journal of Hydrology, 2008, 360(1-4): 242-251.

[30] 黄志刚, 曹云, 欧阳志云, 等. 南方红壤丘陵区油桐人工林土壤水分动态[J]. 应用生态学报, 2007, 18(2): 241-246.

[31] CUI B L, LI X Y. The impact of climate changes on water level of Qinghai Lake in China over the past 50 years [J]. Hydrology Research, 2016, 47(2): 532-542.

[32] 周玲, 郭胜利, 张涛, 等. 洪泽湖区域气候变化与水位的灰色关联度分析[J]. 环境科学与技术, 2012, 35(2): 25-29.

[33] 许秀丽, 张奇, 李云良, 等. 鄱阳湖典型洲滩湿地土壤含水量和地下水位年内变化特征[J]. 湖泊科学, 2014, 26(2): 260-268.

[34] 邱扬, 傅伯杰, 王军, 等. 土壤水分时空变异及其与环境因子的关系[J]. 生态学杂志, 2007, 26(1): 100-107.

[35] 卢义山, 梁珍海, 杨国富, 等. 苏北海堤防护林地土壤水分动态特征的研究[J]. 江苏林业科技, 2002, 29(2): 5-9.

[36] 余雷, 张一平, 沙丽清, 等. 哀牢山亚热带常绿阔叶林土壤含水量变化规律及其影响因子[J]. 生态学杂志, 2013, 32(2): 332-336.

[37] 王贺年, 余新晓, 李轶涛. 北京山区林地土壤水分动态变化[J]. 山地学报, 2011, 29(6):701-706.

[38] 杨建伟, 梁宗锁, 韩蕊莲, 等. 不同干旱土壤条件下杨树的耗水规律及水分利用效率研究[J]. 植物生态学报, 2004, 28(5): 630-636.

[39] CALDWELL M M, DAWSON T E, RICHARDS J H. Hydraulic lift: consequences of water efflux from the roots of plants [J]. Oecologia, 1998, 113(2): 151-161.

[40] 何其华, 何永华, 包维楷. 干旱半干旱区山地土壤水分动态变化[J]. 山地学报, 2003, 21(2): 149-156.

[41] HUANG X, SHI Z H, ZHU H D, et al. Soil moisture dynamics within soil profiles and associated environmental controls [J]. Catena, 2016, 136: 189-196.

[42] 叶春, 李春华, 王博, 等. 洪泽湖健康水生态系统构建方案探讨[J]. 湖泊科学, 2011, 23(5): 725-730.

[43] 刘思春, 吕家珑, 张一平, 等. 非饱和土壤水分运动与热力学函数关系初探[J]. 土壤学报, 2000, 37(3): 388-395.

[44] 张富仓, 张一平, 张君常. 温度对土壤水分保持影响的研究[J]. 土壤学报, 1997, 34(2): 160-169.

[45] 井大炜, 邢尚军, 杜振宇, 等. 干旱胁迫对杨树幼苗生长、光合特性及活性氧代谢的影响[J]. 应用生态学报, 2013, 24(7): 1809-1816.

[46] 马安娜, 陆健健. 湿地生态系统碳通量研究进展[J]. 湿地科学, 2008, 6(2): 116-123.

[47] KAYRANLI B, SCHOLZ M, MUSTAFA A, et al. Carbon storage and fluxes within freshwater wetlands: a critical review[J]. Wetlands, 2010, 30: 111-124.

[48] 张法伟, 李英年, 曹广民, 等. 青海湖北岸高寒草甸草原生态系统 CO_2 通量特征及其驱动因子[J]. 植物生态学报, 2012, 36(3): 187-198.

[49] 李玉, 康晓明, 郝彦宾, 等. 黄河三角洲芦苇湿地生态系统碳、水热通量特征[J]. 生态学报, 2014, 34(15): 4400-4411.

[50] XIAO J F, SUN G, ChEN J Q, et al. Carbon fluxes, evapotranspiration, and water use efficiency of terrestrial ecosystems in China[J]. Agricultural and Forest Meteorology, 2013, 182: 76-90.

[51] MCVEIGH P, SOTTOCORNOLA M, FOLEY N, et al. Meteorological and functional response partitioning to explain interannual variability of CO_2 exchange at an Irish Atlantic blanket bog[J]. Agricultural and Forest Meteorology, 2014, 194: 8-19.

[52] LI X L, JIA Q Y, LIU J M. Seasonal variations in heat and carbon dioxide fluxes observed over a reed wetland in northeast China[J]. Atmospheric Environment, 2016, 127: 6-13.

[53] 徐丽君, 唐华俊, 杨桂霞, 等. 贝加尔针茅草原生态系统生长季碳通量及其影响因素分析[J]. 草业学报, 2011, 20(6): 287-292.

[54] 汪文雅, 郭建侠, 王英舜, 等. 锡林浩特草原 CO_2 通量特征及其影响因素分析[J]. 气象科学, 2015, 35(1): 100-107.

[55] 张法伟, 刘安花, 李英年, 等. 青藏高原高寒湿地生态系统 CO_2 通量[J]. 生态学报, 2008, 28(2): 453-462.

[56] 周玲, 郭胜利, 张涛, 等. 洪泽湖区域气候变化与水位的灰色关联度分析[J]. 环境科学与技术, 2012, 35(2): 25-29.

[57] SILVOLA J, ALM J, AHLHOLM U, et al. CO_2 fluxes from peat in boreal mires under varying temperature and moisture conditions[J]. Journal of Ecology, 1996, 84: 219-228.

[58] 彭镇华, 王妍, 任海青, 等. 安庆杨树林生态系统碳通量及其影响因子研究[J]. 林业科学研究, 2009, 22(2): 237-242.

[59] 魏远, 张旭东, 江泽平, 等. 湖南岳阳地区杨树人工林生态系统净碳交换季节动态研究[J]. 林业科学研究, 2010, 23(5): 656-665.

[60] 陈新芳, 安树青, 陈镜明, 等. 森林生态系统生物物理参数遥感反演研究进展[J]. 生态学杂志, 2005, 24(9): 1074-1079.

[61] 董泰锋, 蒙继华, 吴炳方, 等. 光合有效辐射(PAR)估算的研究进展[J]. 地理科学进展, 2011, 30(9): 1125-1134.

[62] 李春, 何洪林, 刘敏, 等. China FLUX CO_2 通量数据处理系统与应用[J]. 地球信息科学, 2008, 10(5): 557-565.

[63] WEBB E K, PEARMAN G I, LEUNING R. Correction of flux measurements for density effects due to heat and water vapour transfer[J]. Quarterly Journal of the Royal Meteorological Society, 1980, 106: 85-100.

[64] FALGE E, BALDOCCHI D, OLSON R, et al. Gap filling strategies for defensible annual sums of net ecosystem exchange[J]. Agricultural and Forest Meteorology, 2001, 107: 43-69.

[65] RUIMY A, JARVIS P G, BALDOCCHI D D, et al. CO_2 fluxes over plant canopies and solar radiation: a review[J]. Advances in Ecological Research, 1995, 26: 1-68.

[66] WADDINGTON J M, ROULET N T. Carbon balance of a boreal patterned peatland[J]. Global Change Biology, 2000, 6: 87-97.

[67] ZHOU L, ZHOU G S, JIA Q Y. Annual cycle of CO_2 exchange over a reed (*Phragmites australis*) wetland in Northeast China[J]. Aquatic Botany, 2009, 91: 91-98.

[68] 王江涛, 仲启铖, 欧强, 等. 崇明东滩滨海围垦湿地生长季 CO_2 通量特征[J]. 长江流域资源与环境, 2015, 24(3): 416-425.

[69] Migliavacca M, Meroni M, Manca G, et al. Seasonal and interannual patterns of carbon and water fluxes of a poplar plantation under peculiar eco-climatic conditions[J]. Agricultural and Forest Meteorology, 2009, 149: 1460-1476.

[70] 王记明, 陈克龙, 曹生奎, 等. 青海湖高寒湿地生态系统夏季 CO_2 通量日变化及其影响因子研究[J]. 生态与农村环境学报, 2014, 30(3): 317-323.

[71] 薛红喜, 李琪, 王云龙, 等. 克氏针茅草原生态系统生长季碳通量变化特征[J]. 农业环境科学学报, 2009, 28(8): 1742-1747.

[72] 汪宏宇, 周广胜. 盘锦湿地芦苇生态系统长期通量观测研究[J]. 气象与环境学报, 2006, 22(4): 18-24.

[73] ŠPUNDA V, KALINA J, URBAN O, et al. Diurnal dynamics of photosynthetic parameters of Norway spruce trees cultivated under ambient and elevated CO_2: the reasons of midday depression in CO_2 assimilation[J]. Plant Science, 2005, 168: 1371-1381.

[74] HAO Y B, WANG Y F, SUN X M, et al. Seasonal variation in carbon exchange and its ecological analysis over *Leymus chinensis* steppe in Inner Mongolia[J]. Science in China Series D: Earth Sciences, 2006, 49: 186-195.

[75] ZHANG F W, LIU A H, LI Y N, et al. CO_2 flux in alpine wetland ecosystem on the Qinghai-Tibetan plateau, China[J]. Acta Ecologica Sinica, 2008, 28(2): 453-462.

[76] 王海波, 马明国, 王旭峰, 等. 青藏高原东缘高寒草甸生态系统碳通量变化特征及其影响因素[J]. 干旱区资源与环境, 2014, 28(6): 50-56.

[77] TJOELKER M G, OLEKSYN J, REICH P B. Modelling respiration of vegetation: evidence for a general temperature-dependent Q_{10}[J]. Global Change Biology, 2001, 7: 223-230.

[78] RAICH J W, SCHLESINGER W H. The global carbon dioxide flux in soil respiration and its relationship to vegetation and climate[J]. Tellus B, 1992, 44: 81-99.

[79] 于贵瑞, 孙晓敏. 中国陆地生态系统碳通量观测技术及时空变化特征[M]. 北京: 科学出版社.

[80] GILVEAR D J, MCINNES R J. Wetland hydrological vulnerability and the use of classification procedures: a scottish case study[J]. Journal of Environmental Management, 1994, 42(4): 403-414.

[81] VERVUREN P J A, BLOM C W P M, KROON H D. Extreme flooding events on the Rhine and the survival and distribution of riparian plant species[J]. Journal of Ecology, 2003, 91(91): 135-146.

[82] 王大力, 尹澄清. 植物根孔在土壤生态系统中的功能[J]. 生态学报, 2000, 20(5): 869-874.

[83] 南楠, 张波, 李海东, 等. 洪泽湖湿地主要植物群落的水质净化能力研究[J]. 水土保持研究, 2011, 18(1): 228-231.

[84] 杨永兴, 刘兴土, 韩顺正, 等. 三江平原沼泽区"稻-苇-鱼"复合生态系统生态效益研究[J]. 地理科学, 1993, 13(1): 41-48.

[85] 刘振乾, 吕宪国. 三江平原沼泽湿地污水处理的实地模拟研究[J]. 环境科学学报, 2001, 21(2): 157-161.

[86] 姚鑫, 杨桂山. 自然湿地水质净化研究进展[J]. 地理科学进展, 2009, 28(5): 825-832.

[87] COHEN M J, BROWN M T. A model examining hierarchical wetland networks for watershed stormwater management[J]. Ecological Modelling, 2007, 201(2): 179-193.

[88] LI X, JONGMAN R, XIAO D, et al. The effect of spatial pattern on nutrient removal of a wetland landscape[J]. Landscape & Urban Planning, 2002, 60(1): 27-41.

[89] KAZEZYILMAZ-ALHAN C M, MEDINA M A. The effect of surface/ground water interactions on wetland sites with different characteristics[J]. Desalination, 2008, 226(1): 298-305.

[90] BREAUX A, COCHRANE S, EVENS J, et al. Wetland ecological and compliance assessments in the San Francisco Bay Region, California, USA[J]. Journal of Environmental Management, 2005, 74(3): 217-237.

[91] FINK D F, MITSCH W J. Hydrology and nutrient biogeochemistry in a created river diversion oxbow wetland[J]. Ecological Engineering, 2007, 30(2): 93-102.

[92] 郗敏, 刘红玉, 吕宪国. 流域湿地水质净化功能研究进展[J]. 水科学进展, 2006, 17(4): 566-573.

[93] STRIBLING J M, CORNWELL J C. Nitrogen, phosphorus, and sulfur dynamics in a low salinity marsh system dominated by *Spartina alterniflora*[J]. Wetlands, 2001, 21(4):629-638.

[94] NIMPTSCH J, PFLUGMACHER S. Ammonia triggers the promotion of oxidative stress in the aquatic macrophyte *Myriophyllum mattogrossense*[J]. Chemosphere, 2007, 66(4): 708-714.

[95] CAO T, XIE P, LI Z Q, et al. Physiological stress of high NH_4^+ concentration in water column on the submersed macrophyte *Vallisneria Natans* L[J]. Bulletin of Environmental Contamination and Toxicology, 2009, 82(3): 296-299.

[96] WANG C, ZHANG S H, WANG P F, et al. Metabolic adaptations to ammonia-induced oxidative stress in leaves of the submerged macrophyte *Vallisneria natans* (Lour.) Hara[J]. Aquatic Toxicology, 2008, 87(2): 88-98.

[97] DIAZ B A, HAMME E. 标准水质取样法与取样器法的对比研究[J]. 水土保应用技术, 2000, (1): 25-27.

[98] 崔彩霞, 花卫华, 袁广旺, 等. 洪泽湖水质现状评价与趋势分析[J]. 中国资源综合利用, 2013(10): 44-47.

[99] REN Y, PEI H, HU W, et al. Spatiotemporal distribution pattern of cyanobacteria community and its relationship with the environmental factors in Hongze Lake, China[J]. Environmental Monitoring & Assessment, 2014, 186(10): 6919-6933.

[100] 黄辉, 陈旭, 蒋功成, 等. 洪泽湖水环境质量模糊综合评价[J]. 环境科学与技术, 2012(10): 186-190.

[101] 王兆群, 张宁红, 张咏, 等. 洪泽湖水质富营养化评价[J]. 环境监控与预警, 2010, 2(6): 31-35.

[102] 葛绪广, 王国祥. 洪泽湖面临的生态环境问题及其成因[J]. 人民长江, 2008, 39(1): 28-30.

[103] LIU W, ZHANG Q, LIU G. Lake eutrophication associated with geographic location, lake morphology and climate in China[J]. Hydrobiologia, 2010, 644: 289-299.

[104] 蔡庆华, 刘建康. 人口增长与渔业发展对武汉东湖水质的影响[J]. 水生生物学报, 1994(1):87-89.

[105] 李为, 都雪, 林明利, 等. 基于 PCA 和 SOM 网络的洪泽湖水质时空变化特征分析[J]. 长江流域资源与环境, 2013, 22(12): 1593-1601.

[106] 李波, 濮培民. 淮河流域及洪泽湖水质的演变趋势分析[J]. 长江流域资源与环境, 2003, 12(1): 67-73.

[107] 胡胜华, 叶艳婷, 郭伟杰, 等. 武汉东湖近代沉积物中总氮、总磷与生物硅沉积与营养演化的动态过程[J]. 生态环境学报, 2011, 20(8): 124-131.

[108] 韩淑新, 黄军, 张磊. 湖水位变化对洪泽湖水质变化规律的影响分析[J]. 水电能源科学, 2015(1): 30-33.

[109] WHIGHAM D F. Ecological issues related to wetland preservation, restoration, creation and assessment[J]. Science of the Total Environment, 1999, 240(1-3): 31-40.

[110] GOVE N E, EDWARDS R T, CONQUEST L L. Effects of scale on land use and water quality relationships: a longitudinal basin-wide perspective[J]. JAWRA, 2010, 37: 1721-1734.

[111] XU H, PAERL H W, QIN B, et al. Nitrogen and phosphorus inputs control phytoplankton growth in eutrophic Lake Taihu, China[J]. Limnology & Oceanography, 2010, 55(1): 420-432.

[112] MCCARTHY M J, LAVRENTYEV P J, YANG L, et al. Nitrogen dynamics and microbial food web structure during a summer cyanobacterial bloom in a subtropical, shallow, well-mixed, eutrophic lake (Lake Taihu, China)[J]. Hydrobiologia, 2007, 581(1): 195-207.

[113] 杨桂山, 马荣华, 张路, 等. 中国湖泊现状及面临的重大问题与保护策略[J]. 湖泊科学, 2010, 22(6): 799-810.

第4章　湿地景观类型时空变化及驱动力分析

洪泽湖河湖交汇区湿地景观格局变化是自然和社会要素相互作用的结果，直接影响该地区湿地植物群落分布特征及生态效应。因此，基于第3章对洪泽湖河湖交汇区的湿地植物群落分布特征及生态效应的研究结果，本章从景观尺度对洪泽湖河湖交汇区主要湿地景观类型时空变化及驱动力进行研究。运用3S技术，分析2003年、2008年和2013年洪泽湖河湖交汇区的植物群落分布格局，研究湿地景观类型的分布状况及其分布的影响因素。

4.1　概　　述

4.1.1　湿地景观分类研究

湿地景观是在空间上由斑块、廊道和与湿地有关的其他类型斑块聚合而成的具有异质性的地理区域集合。湿地景观研究包括景观单元间的相互关系及影响，也包括湿地景观单元与周边其他景观单元间的相互作用关系。湿地景观研究的时空尺度包含自然生态过程及人类影响的社会经济过程。随着空间技术、信息技术、计算机技术的不断发展，运用3S技术，即遥感（remote sensing，RS）、地理信息系统（geographic information system，GIS）和全球定位系统（global positioning system，GPS），对湿地景观类型所涉及领域的研究和应用越来越广泛[1]。

RS技术可方便地提供湿地景观类型所包含信息的遥感数据，为湿地景观类型动态变化分析提供优越的技术手段，可获得有卫星资料记录的以往年份植被覆盖状况及分布信息，这是传统生态调查方法所无法做到的[2]。同时，GIS可以快速、实时、准确地提供植被的空间位置，结合GPS采点并进行实地调查，以及对遥感影像的综合处理，借助坡向、坡度和海拔等信息进行系统、协同分类[3,4]的综合分析，可对不同湿地景观类型及区域中的植被类型分布、植物季相的节律、植被的演化等方面进行监测和分析，明确植被演化的趋势，在较短时间内了解植被结构的环境特征、区系组成及演变规律[5]。

在不同湿地景观类型遥感分类中，应用较多的是传统的监督分类、非监督分类等模式识别方法[6,7]。同时针对不同的湿地景观类型，基于人工神经网络、模糊数学的植被遥感影像分类在一定程度上提高了分类的精度[8,9]。国外20世纪末开始这方面的研究，针对湿地景观类型中不同湿地群落的研究较多。Grings等[10]结合 13 期雷达数据发现阿根廷 Parana 河三角洲地区 junco 群落在 HH 和 VV 极化方式下雷达后向散射系数值差异显著,可以很好地监测 junco 植被的变化。Hess 等[11]利用合成孔径雷达数据很好地提取湿地植被,区分湿地的森林和草本层。Stankiewicz 等[12]运用面向对象的分类方法对湿地植被进行分类,发现乔木和灌丛更容易识别。Rajapakse 等[13]利用机载光谱数据分析加利福尼亚州 Sacramento-San Joaquin 三角洲外来入侵种水葫芦对本地植物群落的影响,对淹水和挺水植物进行分类。Cserhalmi 等[14]利用 RS、GIS 分析匈牙利东南部一个小型湿地 1956~2002 年的群落变化,运用面向对象的分类方法进行植物群落分类,通过多年变化反映群落的演替,发现该区域人工水渠的修建改变了其群落的变化方向。O'Brien 等[15]利用无人机获取高分辨率影像,极大地提升了湿地景观分类精度。

　　国内近年来开展类似研究,主要集中在湿地景观类型的斑块、植物群落类型、物种组成、空间分布格局和演替阶段等方面。潘宇等[16]应用 GIS 技术对上海崇明东滩湿地芦苇和互花米草种群斑块的分布格局进行研究。肖德荣等[17,18]利用 Landsat 数据研究纳帕海水生植物群落分布格局及变化,并利用 SPOT 数据对筑坝扩容下拉市海植物群落的分布格局及其变化进行研究。黄华梅等[19]利用 Landsat5-TM 多光谱遥感影像对上海市滩涂植被进行分类,结合 GPS 技术对分类结果进行核实和修正,同时利用 GIS 技术对分类结果进行数据合成,统计滩涂植被的分布区域及面积等数据。邹维娜等[20]利用高光谱遥感技术对上海淀山湖沉水植物种类的识别进行探讨,得到有益的经验。Zhao 等[21]利用多期 MODIS 数据生成的植被指数,发现各演替阶段植物群落的植被指数有明显的不同,从而根据植被指数说明其所处的演替阶段,计算崇明东滩的演替速率。邱霓等[22]运用遥感影像解译和样方调查的方法对红树林群落特征和空间分布格局进行研究。

4.1.2　湿地景观格局研究的方法

　　目前,景观格局的研究方法主要有空间统计分析、分布重心变化、马尔可夫转移矩阵分析及景观格局指数等。空间统计分析利用湿地景观遥感分类结果,统计各个类型的面积、所占比例及不同时期各景观的变化状况等,是景观格局分析方法中最基础的一种。各景观类型的空间变化可以用景观类型分布重心变化情况来反映,通过提取各个时期各景观类型斑块的重心,进行累加计算,可以描绘各景观类型的重心在研究期间的偏移方向及偏移速率。这是景观格局分析中应用较久的一种方法。转移矩阵分析是将不同时期的遥感影像专题分类结果叠加,分析得到的景观类型变化的转移矩阵,能够详细地反映不同景观结构、特征和各景观间变化的方向,是湿地景观变化研究经常使用的方法。景观格局指数是高度浓缩的景观格局信息,反映景观结构组成和空间配置特征的某些方面特征的简单定量指标[23]。利用 Fragstats 和 ArcGIS 等软件可以非常方便地计算相关景观格局指数[24,25]。

景观格局指数广泛应用的同时也有其自身局限性[26]。这些景观格局指数只是反映格局的几何特征，仅仅是对景观结构空间分布特征变化的一种描述。

4.2　湿地景观类型的分布及变化特征

4.2.1　研究方法

1. 数据来源与 3S 处理技术

数据来源：遥感影像数据精度较高的 SPOT5（2003 年 9 月 2 日）、SPOT4（2008 年 8 月 30 日）和高分一号（2013 年 9 月 27 日）数据。这 3 期数据均为该研究区域气候比较稳定的 9 月左右采集的影像数据，影像数据含云量小于 1%。研究区域的行政区划矢量数据来源于全国地理信息资源目录服务系统（http://www.webmap.cn/main.do?method=index）。实地调研使用 GPS 定点采集 60 个地面控制点。

3S 技术处理：在遥感图像处理软件中进行研究区域裁减、几何精校正和辐射校正等预处理，运用人机交互解译方法进行分类。利用 Erdas 软件对分类后图像中的孤点或小图斑进行处理；运用 ArcGIS 10.0 软件实现图像分类后处理，构建研究区 3 个时期的湿地景观类型空间图形数据库，进行空间叠加分析和转移矩阵分析，应用分布重心模型分别计算主要湿地景观类型分布重心的变化；通过景观格局分析软件 Fragstats 4.3 计算各种景观格局指数。

2. 数据处理

（1）几何精校正

几何畸变的遥感图像会制约位置配准和定量分析[27]，几何校正就是要矫正非系统和系统因素导致的图像变形，实现与标准底图的匹配。几何校正分为系统校正和几何精校正。一般购买得到的数据只进行了系统校正，几何精校正是必需步骤。通常应用地面控制点及数学模型来进行校正，包括转换像元坐标及对转换后像元亮度的重采样[28]。

合理选取控制点（ground control points，GCP）是达到高精度几何校正的关键。控制点应均匀分布于研究区，且地物点明显（如滩地顶端、河流分叉处等）。GCP 的最少个数为

$$N = \frac{(t+1)(t+2)}{2} \quad （t \text{ 为多项式次数}） \tag{4-1}$$

但为了提高影像的校正精度，在实际中控制点的数量应该远多于最少个数。本节依据三次多项式校正函数选取 60 个控制点，同时选取 15 个检查点，检查点与控制点均从现场调查获得。

（2）辐射校正

6S 模型[29]、LOWTRAN 模型及 MODTRAN 模型等是运用基于辐射传输原理构建的大气校正模型，校正精度相对较高。但是，这些方法需要的参数多，且计算量大，参数一般难以获取。因此，不需要大气和地面的实测数据，以及卫星同步观测数据的方法应运而生。其中黑暗像元法是广泛应用的方法之一。黑暗像元法的基本原理是假定待校正的遥感影像上存在黑暗像元区域，大气性质均一，地表为朗伯面反射，忽略大气散射辐照和邻近像元漫反射作用的前提下，由于大气的影响，反射率或辐射亮度很小的黑暗像元的亮度值相对增加，可以认为这部分增加的亮度是由于大气的程辐射影响产生的[30]。

黑暗像元法的校正模型公式如下：

$$R = \frac{\pi(L - L_p)}{T_\phi(T_\theta E_0 \cos\theta + E_D)} \tag{4-2}$$

式中，R 为地物表面反射率；L 为卫星接收到的表观辐亮度；L_p 为程辐射；T_ϕ 为地物到传感器反射方向的大气透射率；θ 为太阳天顶角；T_θ 为在太阳辐射入射方向上的大气透射率；E_0 为大气层外相应波长的太阳光谱辐照度；E_D 为由天空光漫射到地表面的光谱辐照度。

本节运用遥感解译软件 ENVI 4.3 中的黑暗像元法进行辐射校正。

3. 解译

通过对遥感影像的判读来识别各种对象是遥感技术中的重要里程碑，分类是信息提取、专题地图制作、遥感数据库及变化预测等的基础[31]。本节研究运用 Erdas 9.3 软件选取 60 个易于识别的同名地物点与实地调研的地面控制点对影像进行几何精校正，均方根误差（root mean square error，RMSE）控制在 0.5 个像元之内。对校正后的影像进行镶嵌处理，建立 3 个时期的洪泽湖河湖交汇区湿地遥感影像数据库。依据遥感图像中地物及其周边环境的颜色、纹理、形状、结构等特征，结合已有研究成果及野外调查数据，建立研究区遥感解译标志。同时，本节研究参考国土资源部（现自然资源部）制定的《全国土地利用分类体系》和《土地利用现状调查技术规程》，以实地考察洪泽湖河湖交汇区湿地开发利用特点的结果为基础，结合专家经验，采用先目视解译后非监督分类的方法将研究区的湿地景观类型解译为乔灌植物区、敞水区、挺水植物区、养殖塘区和农田区 5 类。

4. 分类精度评价

为了了解遥感影像的分类效果，必须开展分类精度评价。当前，误差矩阵法（error matrix）是评价分类精度的最广泛的方法[32]。分类精度的主要指标包括用户精度（user's accuracy，UA）、生产者精度（producer's accuracy，PA）、总体精度

（overall accuracy，OA）及 Kappa 系数等（表 4-1）。

表 4-1　各分类精度指标

主要指标	定义	公式	优缺点
用户精度（UA）	指某一类别 i 的正确分类数（X_{ii}）占分为该类别的像元总数（X_{i+}）的比例，表示从分类结果中任意取一个随机样本，所具有的类型与地面实际类型相同的条件概率	$P_{UA} = \dfrac{X_{ii}}{X_{i+}} \times 100\%$	像元类别的小变动可能导致其百分比变化
生产者精度（PA）	指某一类别 j 的正确分类数（X_{jj}）占参考数据中该类别像元总数（X_{+j}）的比例，表示相对于地面获得的实际资料中的任意一个随机样本，分类专题图像上同一地点的分类结果与其相一致的条件概率	$P_{PA} = \dfrac{X_{jj}}{X_{+j}} \times 100\%$	
总体精度（OA）	指总分类正确数占总抽样数（M）的比例，反映分类结果总的正确程度。它是具有概率意义的一个统计量，表述的是对每一个随机样本，分类的结果所对应区域的实际类型相一致的概率	$P_{OA} = \dfrac{\sum\limits_{i=1}^{K} X_{ii}}{M} \times 100\%$	
Kappa 系数	Kappa 系数分析产生的评价指标被称为 K_{hat} 统计，K_{hat} 是一种测定两幅图之间吻合度或精度的指标	$K_{hat} = \dfrac{M\sum\limits_{i=1}^{N} X_{ii} - \sum\limits_{i=1}^{N} X_{i+}X_{+i}}{M^2 - \sum\limits_{i=1}^{N} X_{i+}X_{+i}}$ 式中，N 是误差矩阵中的总列数（即总的类别数）；X_{ii} 是误差矩阵中第 i 行、第 i 列上的像元数量（即正确分类的数目）；X_{i+} 和 X_{+i} 分别是第 i 行和第 i 列的总像元数量；M 是总的用于精度评价的像元数量	评价分类质量更客观

　　精度评估先要构建精度评估的误差矩阵。误差矩阵先对像元进行抽样，需先确定抽样的点数及抽样的方法，然后逐个确定抽样像元点的实际类别。试验利用 ENVI 4.3 的 Confusion Matrix 功能确定抽样点来建立混淆矩阵，计算用户精度、生产者精度和 Kappa 系数。

　　5. 分类后处理

　　实际分类结果中会产生面积非常小的图斑，无论从实际应用角度还是从专题制图角度，都必须对小图斑进行处置[33]。本文利用 Erdas 软件对分类后图像中的孤点或小图斑进行处理，最终得到 2003 年、2008 年和 2013 年 3 期遥感影像解译结果图。

6. 分布重心计算

景观类型的空间变化可以用景观类型分布重心的变化情况来反映。景观类型分布重心是根据人口地理学中常见的人口分布重心原理求得的，主要是把一个大区域分为若干个小区域，在大比例尺地图上根据景观类型的分布及地形特点确定每个小区几何中心或景观类型所在地的地理坐标，然后乘以该小区该项景观类型的面积，最后把乘积累加后除以全区域该项景观类型总面积。重心坐标一般以地图经纬度表示。

第 t 年某种景观类型分布重心坐标（经纬度）的计算方法为

$$X_t = \sum_{i=1}^{n} C_{ti} \times X_i \sum_{i=1}^{n} C_{ti} \qquad (4\text{-}3)$$

$$Y_t = \sum_{i=1}^{n} C_{ti} \times Y_i \sum_{i=1}^{n} C_{ti} \qquad (4\text{-}4)$$

式中，X_t、Y_t 分别表示第 t 年某种景观类型分布重心的经纬度坐标；C_{ti} 表示第 i 个小区域该种景观类型的面积；X_i、Y_i 分别表示第 i 个小区域几何中心的经纬度坐标。通过比较研究期初和研究期末各种景观类型的分布重心，就可以得到研究时段内景观类型的空间变化规律。

本节研究应用分布重心模型[34]分别计算湿地中乔灌植物区、挺水植物区、养殖塘、农田及敞水区 5 种主要景观类型分布重心的变化，评估 10 年间湿地景观变化对研究区湿地的影响。

4.2.2　研究区湿地景观类型的分布及变化特征

通过以上数据的处理，2003 年、2008 年和 2013 年研究区湿地景观类型的分布特征如附图 4～附图 6。

2003 年，研究区除敞水区外，湿地景观类型以养殖塘区为主，乔灌植物区和挺水植物区沿养殖塘区周边分布，且养殖塘附近未见农田分布。2003～2008 年，随着淮河入湖过程中大量泥沙不断淤涨，在水流较缓的研究区外湖区和尾端不断发生植物群落演替，孕育出新的乔灌植物区和挺水植物区。从 2008 年湿地景观类型的分布图来看，乔灌植物区和挺水植物区呈现向外扩张的趋势。同时，加上研究区土壤肥沃、近岸的特点，出现新开垦的农田分布。2008～2013 年，随着围湖垦殖等农渔业的发展，沿挺水植物区扩散的方向养殖塘不断向洪泽湖主湖区延伸，导致乔灌植物区呈减少趋势，而泥沙淤积速度加快，在受人为干扰较少的研究区东部水流下游，挺水植物区扩散极快。同时，随着研究区人为干扰的进一步加剧，小部分位于各淤积滩内部的养殖塘转换成农田。

如表 4-2 所示，总体来看，洪泽湖河湖交汇区的湿地景观类型主要以敞水区为主，但是其下降速度较快，其在 2003 年、2008 年和 2013 年分别占研究区湿地景观类型总面积的 78.77%、75.51% 和 67.68%，10 年中下降了 11.09 个百分点。

表 4-2　2003 年、2008 年和 2013 年研究区湿地景观类型统计

湿地景观类型	2003 年		2008 年		2013 年	
	面积/hm²	比例/%	面积/hm²	比例/%	面积/hm²	比例/%
乔灌植物区	501.79	3.42	727.67	4.96	491.65	3.35
挺水植物区	704.67	4.80	537.77	3.66	1758.42	11.97
农田	0.00	0.00	45.22	0.31	106.50	0.72
养殖塘	1910.74	13.01	2284.44	15.56	2391.19	16.28
敞水区	11 564.20	78.77	11 086.50	75.51	9942.02	67.68
总面积	14 681.40	100.00	14 681.60	100.00	14 689.78	100.00

4.2.3　研究区湿地景观分布重心变化

图 4-1 标出了主要景观类型分布重心的变化。如图所示，2003～2013 年，研究区的乔灌植物区分布主要向外湖方向扩张，其分布重心总体往西北方向偏移，偏移 315.3 m。由于在水流方向尾端新淤积滩演替出来大片乔灌植物区，2003～2008 年乔灌植物区分布重心往东北方向偏移 519.7 m。2008～2013 年研究区西部出现新的淤积滩，新的淤积滩上分布大片人工栽种的杨树及部分演替出的柳树群落，因此，乔灌植物区分布重心往西南方向偏移 378.9 m。

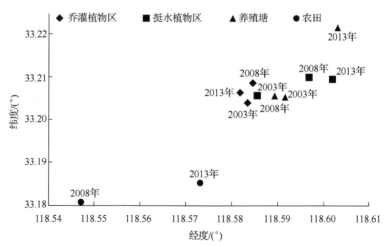

图 4-1　主要景观类型分布重心变化图

10 年间，研究区的挺水植物区向东部水流下游急剧扩张，其分布重心总体往东北方向偏移 1581.1 m。在 2003～2008 年，由于在过水通道末段新淤积滩演替出来新的大片挺水植物区，挺水植物区分布重心往东北方向偏移 1134.6 m。2008～2013 年，由于此期间研究区东部新淤积滩的持续扩张，在东南部持续演替出大量挺水植物，挺水植物区分布重心往东偏南方向偏移 498.6 m。

10 年间，研究区养殖塘向东部挺水植物区淤积的方向急剧扩张，其分布重心总体往东北方向偏移，偏移 2050.5 m。在 2003～2008 年，由于研究区东部淤积滩面积较小，而在西部围垦较多的养殖塘，养殖塘分布重心往西偏北方向偏移，偏移 196.9 m。在 2008～2013 年，由于人为干扰，研究区东部新淤积滩不断被围垦，养殖塘分布重心往东北方向偏移，偏移 2132.2 m。

10 年间，研究区农田从无到有，2008 年后农田分布重心往东北方向偏移，偏移 2476.3 m。从其分布来看，受人为干扰影响，其与养殖塘的扩张方向一致，由西部的老淤积滩向东部的新淤积滩扩散。

4.2.4　讨论

2013 年，洪泽湖河湖交汇区主要为敞水区，其次为养殖塘和挺水植物区，所占比例分别为 67.68%、16.28%和 11.97%，而乔灌植物区和农田分别占 3.35%和 0.72%。2003～2013 年，敞水区的贡献率逐年下降，养殖塘和农田的贡献率逐年上升，挺水植物区的贡献率先降后升，而乔灌植物区的贡献率先升后降。2003～2008 年，乔灌植物区和挺水植物区呈现向外扩张的趋势，出现新开垦的农田。2008～2013 年，养殖塘沿挺水植物区扩散的方向不断向洪泽湖主湖区延伸，乔灌植物区呈减少趋势，而挺水植物区扩散极快。在不加控制的情况下，敞水区面积将逐渐缩小，养殖塘和农田的面积逐渐扩大，挺水植物区向湖心区扩散，植物群落的自然演替往往不能顺利进行，乔灌植物群落逐渐变为人工林群落。

洪泽湖河湖交汇区的湿地生态系统不仅对淮河下游及南水北调东线工程的水环境质量有重要的调节功能，而且对生物多样性保护、径流水量调蓄、水体污染降解与生态平衡维护等起重要作用[35]。10 年间，养殖塘增加了 480.45 hm²，同时外围尚有大量围网，侵占大量水域面积，降低水体自净功能，同时又排放大量养殖废水。对太湖[36]及固城湖[37]的研究发现，养殖塘废水作为污染源向外大量输出氮和磷，是引起水体富营养化的重要因素[38]。围垦养殖也分割乔灌植物区和挺水植物区，破碎化趋势明显，这又进一步降低了研究区的生态功能。

10 年间，乔灌植被主要向外湖方向扩张，同时在水流末端新淤积滩上的人工杨树林种植又加速了其扩张进程。挺水植物区沿水流方向整体向东扩张，而养殖塘和农田扩张方向与挺水植物区基本一致。在不加控制的情况下，敞水区面积将逐渐缩小，养殖塘和农田的面积逐渐扩大，挺水植物区向湖心区扩散，植物群落的自然演替往往不能顺利进行，乔灌植物群落将逐渐由人工林构成。

10 年间，养殖塘和农田的扩张速度惊人，其中农田 2008～2013 年扩张速度还高于前 5 年，这与当地的经济发展趋势基本一致；挺水植物区的扩张速度较快，这主要是由于围垦加速了泥沙的淤积[39]；而乔灌植物区的扩张速度相对较慢，这主要是受基底高度的影响。

综上所述，养殖塘沿着挺水植物区扩张的方向拓展，侵占了大量新淤积出来的区域，同时又导致这些区域更容易淤积，陷入不断蚕食水面的恶性循环。这一特性与李景保等[40]和彭佩钦等[41]在洞庭湖的研究结果相同。因此，必须控制研究区养殖塘和农田的扩张，使湿地植被向正向演替的方向发展，从而维持正常的生态功能。

4.3 湿地景观类型分布转移变化分析

4.3.1 数据处理

运用 ArcGIS 10.0 软件实现图像分类后处理。利用软件的空间分析功能，对研究区 3 个时期的湿地景观类型图构建研究区湿地空间图形数据库，计算各时期湿地景观类型面积的变化。对研究区的湿地景观类型的空间分布进行空间叠加分析和转移矩阵分析，获得 3 个时段（2003～2008 年、2008～2013 年、2003～2013 年）研究区湿地景观类型间的转移矩阵。借助湿地景观类型转移矩阵全面具体地分析区域湿地景观变化的结构特征与各类型变化的方向。转移矩阵的意义在于它不但可以反映研究期初和研究期末湿地景观类型的结构，而且可以反映研究时段内各湿地景观类型的转移变化情况，便于了解研究期初各类型景观的流失去向及研究期末各湿地景观类型的来源与构成。

4.3.2 研究区湿地景观类型转入特征

利用 ArcGIS 10.0 软件平台，将研究区的湿地景观类型的空间分布进行空间叠加分析和转移矩阵分析，获得 2003～2008 年、2008～2013 年和 2003～2013 年时段研究区湿地景观类型间面积变化的转移矩阵，如表 4-3 和表 4-4 所示。

表4-3　2003～2013年研究区湿地景观类型面积转移矩阵　　（单位：hm²）

时间	类型	转移矩阵				
		乔灌植物区	挺水植物区	农田	养殖塘	敞水区
2003～2008年	乔灌植物区	150.20	46.10	0.55	252.67	52.26
	挺水植物区	133.40	83.93	1.90	433.72	51.72
	农田	0.00	0.00	0.00	0.00	0.00
	养殖塘	119.24	218.59	42.55	1491.59	38.78
	敞水区	324.82	189.16	0.21	106.47	10 943.70
2008～2013年	乔灌植物区	91.16	356.02	2.96	225.82	58.23
	挺水植物区	36.12	216.48	7.45	219.37	59.45
	农田	1.20	2.23	37.71	4.07	0.01
	养殖塘	121.55	330.21	58.23	1746.46	28.35
	敞水区	241.62	853.49	0.14	195.48	9796.19
2003～2013年	乔灌植物区	51.32	182.92	11.48	221.24	40.86
	挺水植物区	48.98	223.27	10.89	385.78	37.07
	农田	0.00	0.00	0.00	0.00	0.00
	养殖塘	85.74	324.41	82.91	1407.11	10.63
	敞水区	305.61	1027.82	1.22	377.07	9853.47

表4-4　2003～2013年研究区湿地景观类型转移速率　　（单位：hm²·a⁻¹）

转移类型	湿地景观类型	转移速率		
		2003～2008年	2008～2013年	2003～2013年
转出	乔灌植物区	70.32	128.61	45.65
	挺水植物区	124.15	64.48	48.27
	农田	0.00	1.50	0.00
	养殖塘	83.83	107.67	50.37
	敞水区	124.13	258.15	171.17
转入	乔灌植物区	115.49	80.10	44.03
	挺水植物区	90.77	308.39	153.51
	农田	9.04	13.76	10.65
	养殖塘	158.57	128.95	98.41
	敞水区	28.55	29.21	8.86

从表 4-3 和表 4-4 可见，在 2003～2013 年，研究区的湿地景观类型转入类型主要为挺水植物区、养殖塘和乔灌植物区，其中转入面积最大的是挺水植物区，为 1535.15 hm²，其次是养殖塘和乔灌植物区，其面积分别为 984.09 hm² 和 440.33 hm²。其中，乔灌植物区呈现先增后减的特征，主要由敞水区转入，转入贡献率达 69.4%，其转入速率为 30.56 hm²·a⁻¹；挺水植物区呈现持续增长的特征，主要由敞水区转入，其次为养殖塘，转入贡献率分别为 66.95% 和 21.13%，其转入速率分别为 102.78 hm²·a⁻¹ 和 32.44 hm²·a⁻¹；养殖塘的转入相对平均，但呈现持续增长的特征，挺水植物区、敞水区和乔灌植物区都有较大面积转入，贡献率分别为 39.2%、38.32% 和 22.48%，其转入速率分别为 38.58 hm²·a⁻¹、37.71 hm²·a⁻¹ 和 22.12 hm²·a⁻¹。农田为新开垦用地，主要由养殖塘转入，其贡献率为 77.85%。敞水区转入较少，除农田外，其余各类型均有转入，但转入总量仅为 88.56 hm²。

2003～2008 年，研究区的湿地景观类型转入类型主要为养殖塘、乔灌植物区和挺水植物区。其中转入面积最大的是养殖塘，为 792.86 hm²，其次是乔灌植物区和挺水植物区，其面积分别为 577.46 hm² 和 453.85 hm²。其中，乔灌植物区主要由敞水区转入，转入贡献率达 56.25%；挺水植物主要由养殖塘转入，其次为敞水区，其转入贡献率分别为 48.16% 和 41.68%；养殖塘主要由挺水植物区转入，其次为乔灌植物区，其转入贡献率分别为 54.7% 和 31.87%；农田为新开垦用地，转入面积较小，为 45.21 hm²，主要由养殖塘转入，其贡献率为 94.1%；而敞水区转入较少，除农田外，其余各类型均有转入，共转入 142.76 hm²。

2008～2013 年，研究区的湿地景观类型转入类型主要为挺水植物区、养殖塘和乔灌植物区。其中转入面积最大的是挺水植物区，为 1541.95 hm²，其次是养殖塘和乔灌植物区，面积分别为 644.74 hm² 和 400.49 hm²。其中，乔灌植物区主要由敞水区转入，其次为养殖塘，其转入贡献率分别为 60.33% 和 30.35%；挺水植物主要由敞水区、乔灌植物区和养殖塘转入，其转入贡献率分别为 55.35%、23.09% 和 21.42%；养殖塘主要由乔灌植物区、挺水植物区和敞水区转入，其转入贡献率分别为 35.02%、34.02% 和 30.32%；农田主要由养殖塘转入，其贡献率为 84.66%；敞水区转入较少，各类型均有转入，共转入 146.04 hm²。

4.3.3　研究区湿地景观类型转出特征

由表 4-3 和表 4-4 可见，2003～2013 年，研究区的湿地景观类型转出类型主要是敞水区、养殖塘和挺水植物区，转出面积最大的是敞水区，为 1711.72 hm²，其次是养殖塘和挺水植物区，转出面积分别为 503.69 hm² 和 482.71 hm²。其中，乔灌植物区主要转出为养殖塘和挺水植物区，转出贡献率分别为 48.46% 和 40.07%，其转出速率分别为 22.12 hm²·a⁻¹ 和 18.29 hm²·a⁻¹；挺水植物区主要转出为养殖塘，转出贡献率为 79.92%，其转出速率为 38.58 hm^2·a^{-1}；养殖塘主要转出为挺水植物区，转出贡献率为 64.41%，其转出速率为 32.44 hm^2·a^{-1}；敞水区主要转出为挺水植物区、养殖塘和乔灌植物区，转出贡献率分别为 60.05%、22.03% 和 17.85%，其转出速率分别为 102.78 hm^2·a^{-1}、37.71 hm^2·a^{-1} 和 30.56 hm^2·a^{-1}；农田部分没有转出。

2003～2008 年，研究区的湿地景观类型转出类型主要是敞水区和挺水植物区，转出面积为 620.66 hm^2 和 620.74 hm^2，其次是养殖塘，转出面积为 419.16 hm^2。其中，乔灌植物区主要转出为养殖塘，转出贡献率为 71.87%；挺水植物区主要转出为养殖塘，其次为乔灌植物区，其转出贡献率分别为 69.87% 和 21.49%；养殖塘主要转出为挺水植物区和乔灌植物区，其转出贡献率分别为 52.15% 和 28.45%；敞水区主要转出为乔灌植物区、挺水植物区和养殖塘，其转出贡献率分别为 52.33%、30.48% 和 17.15%。

2008～2013 年，研究区的湿地景观类型转出类型主要是敞水区、乔灌植物区和养殖塘，转出面积最大的是敞水区，为 1290.73 hm^2，其次是乔灌植物区和养殖塘，转出面积分别为 643.03 hm^2 和 538.34 hm^2。其中，乔灌植物区主要转出为挺水植物区和养殖塘，其转出贡献率分别为 55.37% 和 35.12%；养殖塘主要转出为挺水植物区和乔灌植物区，其转出贡献率分别为 61.34% 和 22.58%；挺水植物区主要转出为养殖塘，其转出贡献率为 68.04%；敞水区主要转出为挺水植物区、乔灌植物区和养殖塘，其转出贡献率分别为 66.12%、18.72% 和 15.14%。

4.3.4　讨论

2003～2013 年，研究区的湿地景观转入类型主要为挺水植物区、养殖塘和乔灌植物区。转入面积最大的是挺水植物区，其次是养殖塘和乔灌植物区。挺水植物区主要由敞水区、乔灌植物区和养殖塘转入，其转入贡献率分别为 55.35%、23.09% 和 21.42%；乔灌植物区主要由敞水区转入，其次为养殖塘，其转入贡献率分别为 60.33% 和 30.35%。挺水植物区增加主要是由于围垦、围网养殖导致水流在流经该区域时速度减缓，加快了淤积速度，迅速由浮水植被过渡到挺水植被，芦苇和香蒲是最主要的优势种。原有乔灌植物群落多以天然柳树群落为主，经现场实际调查后发现除岸堤保留了柳树之外，杨树人工林占主要地位，自然演替过程受人为干扰现象严重。而养殖塘的扩张导致水面面积和乔灌植物区面积下降，进一步加剧了乔灌植物区的破碎化。

而养殖塘的转入相对平均，敞水区、挺水植物区和乔灌植物区都有较大面积转入，乔灌植物区转出为养殖塘的速率为 22.12 hm^2·a^{-1}，转出贡献率为 48.46%，挺水植物区转出为养殖塘的速率为 38.58 hm^2·a^{-1}，转出贡献率为 79.92%。由此可见，围垦养殖对研究区产生很大影响，也是研究区人为改造湿地的主要影响方式之一，容易导致水体理化性质的改变，极易富营养化[42]；降低底栖生物丰富度，引起生物群落结构变化明显[43]，且容易被单一植被所代替[44]。

同时，湿地在维护生物地球化学平衡、净化水质等方面发挥巨大作用[45,46]，湿地植被的大量生长既可直接吸收某些污染物质，又可通过改变湿地的环境影响湿地对污染物质的去除。不同植物对污染物有不同的去除效果[47]，湿地中芦苇对多种污染物质具有吸收、代谢、积累作用，且长势越好、密度越大，对水质的净化能力越强[48]。而潮滩围垦会造成水质净化、气体调节和栖息地生态服务价值的损失[49]。

作为湿地生态系统的重要消费者，水鸟是湿地野生动物中最具代表性的类群，是湿地生态系统的重要组成部分，灵敏并深刻地反映湿地环境的变迁[50]，在湿地生态系统能量流动和维持生态系统稳定性方面起重要作用。湿地环境的变化会直接影响鸟类的生存与种群的发展[51]。由于泥沙蓄积量大、水位浅，滨湖湿地资源丰富，洪泽湖是我国南方重要的水鸟迁徙停歇地和越冬地[52]，每年有近 200 种鸟类飞来这里越冬或在此停留。栖息地质量下降直接影响水鸟的种类和数量[53]，而过度的围垦侵占水鸟栖息地，影响水鸟的迁徙。湿地围垦及围垦后水体被排干转化为其他湿地景观形式（如农田）对水鸟种群带来严重的后果[54]，将在景观空间尺度影响水鸟种群的分布及群落结构的组成[55]。养殖塘的更多开发吸聚更多的人员和船只同样会对水鸟产生严重的后果[56]。

研究还发现，围垦养殖导致研究区域乔灌植物区和挺水植物区的频繁转化。10 年间，乔灌植物区主要转出为养殖塘和挺水植物区，挺水植物区主要转出为养殖塘。同时在新淤积出的挺水植物区周围人为活动频繁，破碎化现象严重。通过高分影像的对比可以发现，10 年间研究区内船只数量明显增多，这进一步加剧了对珍稀水禽的影响。

4.4　湿地景观指数分析

理解与把握景观格局变化的生态学原则即景观格局通过斑块大小、形状、连接度等影响景观内群落的生态效应[57]，对于在景观层次上湿地植物群落的研究至关重要。本节通过构建景观指数分析指标体系，选择适合研究区的景观指数，基于 3 期遥感解译数据，利用景观格局分析软件 Fragstats 4.3 计算研究区各种景观格局指数，以期从景观尺度分析研究区景观类型变化对景观内群落生态效应造成的影响。

4.4.1　景观指数分析指标体系的建立

　　景观指数能够高度浓缩景观格局信息，反映景观结构组成和空间配置特征。景观指数主要有以下 3 种应用尺度：①斑块级别（patch-level），反映单个斑块的景观结构特征；②类型级别（class-level），反映斑块类型的景观结构特征；③景观级别（landscape-level），反映整个景观的结构特征[58]。

　　景观指数的评价需要考虑：①单个指数，考虑它的提出是否有完善的理论基础，可否较好地描述景观格局、反应格局及过程之间的联系；②指数体系，指体系内的各景观指数不仅能符合单个指数的标准，还必须具有相互独立性，即各指数可否能够从不同的侧面描述景观格局。简而言之，被选择的景观指数不仅要有很好的纵向比较（相同景观在不同时期下的比较）能力，还要有很好的横向比较（相同时期内不同景观间的比较）能力。同时，分析不同传感器、不同时期的景观格局时，必须将分辨率进行统一。

　　在应用景观指数时同样得考虑尺度（scale）问题[59]，它是指研究的时间维和空间维。尺度通常以幅度（extent）和粒度（grain）来表示。幅度是指研究对象在时空上的持续长度或范围；而粒度包括对象发生的频率及最小景观单元代表的长度、面积和体积。由于景观格局及其变化在时空尺度上具有不一样的特征，通常表现出尺度效应，在应用景观指数时，必须要依据景观数据特征和研究目标合理地选择幅度和粒度来进行研究。

4.4.2　景观指数计算方法及其生态意义

　　景观生态学发展至今，已逐步建立许多指标来描述和分析景观格局。尽管这些指标繁多，侧重面和计算方法不尽相同，但有些公式是比较通用的。本节主要在类型水平和景观水平进行研究，利用 Fragstats 4.3 软件，根据研究区的特点选取斑块数量、斑块密度、平均斑块面积、形状指数、分维数、连接度指数、边界密度、形状破碎化指数、欧氏最邻近距离，以及景观丰富度、香农多样性指数、香农均匀度指数、优势度指数、蔓延度指数共计 14 个指标（表 4-5 和表 4-6），计算景观格局指数。

表 4-5　斑块类型水平指标

指标	公式	描述	生态意义
斑块数量 (number of patches, NP)	$NP=n$（$NP\geq1$）	NP 在类型级别上等于景观中某一斑块类型的斑块总个数；而在景观级别上等于景观中的所有斑块总数	该指数反映景观的空间格局，经常被用来描述整个景观的异质性。一般规律是斑块数量越多，破碎度越高；斑块数量越少，破碎度越低
斑块密度 (patch density, PD)	$PD=N/A$［单位：个·(100hm²)⁻¹，PD>0)］	N 表示研究区区斑块总数或景观中某类型景观的斑块数量；A 表示各研究区域的总面积或或景观总面积。PD 即以每 100 hm²（即 1 km²）的斑块数	该指数是斑块数量与景观总面积的比值。PD 值越大，景观破碎化程度也越高，空间异质性也越大。它反映景观空间结构的复杂性。根据这一指数可以比较不同类型景观型景观破碎化程度和整个景观的破碎状况
平均斑块面积 (mean patch size, MPS)	$MPS=\dfrac{A}{N}\times10^{6}$（单位：m²，MPS>0)	MPS 有景观水平和斑块类型水平两种类型。MPS 在斑块类型水平等于某一斑块类型的总面积除以该类型的斑块数目；在景观水平等于景观总面积除以各个类型斑块的总数	MPS 代表一种平均状况，在景观结构分析中反映两方面的意义：一方面，景观中 MPS 分布区间对图像或地图的范围及对景观中最小斑块粒径的逆取约约约有制约作用；另一方面，MPS 可以指征土景观的破碎程度
形状指数 (landscape shape index, LSI)	$LSI=\dfrac{P}{2\sqrt{\pi A}}$（以圆为参照几何形状） $LSI=\dfrac{0.25P}{\sqrt{A}}$（以正方形为参照几何形状）	P 为斑块周长；A 为斑块面积	该指数能反映人类活动对景观格局的影响。一般来说，受人类活动干扰小的自然景观的斑块形状规则性较小，而受人类活动影响大的人为景观则更加规则
分维数 (fractal dimension, FD)	$FD=\dfrac{2\ln(0.25P)}{\ln A}$（1≤FD≤2）	P 为斑块周长；A 为斑块面积。FD 一般均处于 1~2 范围内（1≤FD≤2）	该指数可以用来反映斑块形状的复杂程度。其值越接近 1，表明斑块的几何形状越简单（如圆、正方形等）；其值越大，形状越复杂。它的变化能反映人类活动对景观格局的影响。一般来说，受人类活动干扰小的自然景观的分维数高，而受人类活动影响大的人为景观的分维数低

续表

指标	公式	描述	生态意义
连接度指数（COHESION）	$COHESION = \left[1 - \dfrac{\sum\limits_{i=1}^{m}\sum\limits_{j=1}^{n} p_{ij}}{\sum\limits_{i=1}^{m}\sum\limits_{j=1}^{n} p_{ij}\sqrt{a_{ij}}}\left(1-\dfrac{1}{\sqrt{A}}\right)\right] \times 100$	a_{ij} 为斑块 ij 的面积；p_{ij} 为斑块 ij 的周长；A 为景观总面积	该指数是衡量景观连通性的指标，其通过不同生物栖息地之间的景观连接水平来分析生物群体之间的相互作用和联系
边界密度（edge density，ED）	$ED = \dfrac{\sum\limits_{k=1}^{m} e_{ik}}{A} \times 10\,000$ （ED≥0）	e_{ik} 为所涉及的斑块类型的所有斑块边界的长度；A 为整个景观的面积。边界密度为某景观类型斑块在单位面积上所拥有的周长数	该指数从斑块的边界周长方面反映景观类型的破碎度。边界密度越高，景观类型被边界分割的程度越高；反之，景观类型保存完好，连通性越高。该指标在一定程度上反映了景观类型的破碎化程度。边界密度与生态扩散过程相关，也影响干扰的扩散
形状破碎化指数（fragmentation indices of shape，FS）	$FS = 1 - 1/MSI$	MSI（mean shape index）为景观平均形状指数（单位：m），表示景观领域受人类的干扰程度	FS 与干扰之间的关系表现为如下两个方面：与人类活动相关的景观类型，如人工景观等，破碎程度与干扰程度成反比，即受干扰越大，破碎程度越小；而对于那些自然和半自然景观类型，如森林景观等，FS 与干扰程度成正比，即受干扰越大，破碎程度越大
欧氏最邻近距离（euclidean nearest neighbor distance，ENN）	$ENN = \dfrac{\sum\limits_{i=1}^{m}\sum\limits_{j=1}^{n} h_{ij}}{N}$	$i=1, \cdots, m$ 为斑块类型；$j=1, \cdots, n$ 为斑块数目；h_{ij} 为斑块 ij 与其最近邻斑块的距离（m）；N 为景观中斑块的总数	一般来说 ENN 大，反映同类型斑块间相隔距离远，分布较离散；反之，说明同类型斑块间距离近，呈团聚分布。另外，斑块间距离的远近对干扰很有影响：距离近，相互间容易发生干扰；而距离远，相互干扰就少

表 4-6　景观水平指标

指标	公式	描述	生态意义
景观丰富度 (patch richness, PR)	$PR=m$ (PR≥1)	PR 等于景观中所有斑块类型的总数	PR 是反映景观组分及空间异质性的关键指标之一，并对许多生态过程产生影响。研究发现，景观丰富度与物种丰富度之间存在很好的正相关，特别是对于那些生存需要多种生境条件的生物来说，PR 显得尤其重要
香农多样性指数 (Shannon's diversity index, SHDI)	$SHDI=-\sum_{i=1}^{m}(P_i \ln P_i)$ (SHDI≥0)	本节研究按 Shannon-Weaner 公式计算香农多样性指数。SHDI 在景观级别上等于各斑块类型的面积比值乘以其值的自然对数之后的和的负值。P_i 为景观斑块类型 i 面积占总面积的比例	SHDI=0 表明整个景观仅由一个斑块组成；SHDI 增大，说明斑块类型增加或各斑块类型在景观中呈均衡化趋势分布。SHDI 反映景观异质性，特别对各斑块类型非均衡分布状况较为敏感，即强调稀有斑块类型对信息的贡献。这是与其他多样性指数的不同之处
香农均匀度指数 (Shannon's evenness index, SHEI)	$SHEI=\dfrac{SHDI}{SHDI_{max}}=\dfrac{-\sum\limits_{i=1}^{m}(P_i \ln P_i)}{\ln m}$ (0≤SHEI≤1)	SHEI 为各斑块多样性指数除以给定景观丰富度下的最大可能多样性（各斑块类型均等分布），SHDI 为均最大值；$SHDI_{max}$ 为其最大值。当 SHEI 趋于 1 时，香农斑块均匀度程度趋于最大	SHEI 与 SHDI 一样也是比较不同景观或同一景观不同时期多样性变化的一个有力手段。而且，SHEI 与优势度指数之间可以相互转换，即 SHEI 值较小时优势度一般较高，可以反映景观受到一种或少数几种优势斑块类型所支配；SHEI 趋近 1 时优势度低，说明景观中没有明显的优势类型且各斑块类型在景观中均匀分布
优势度指数 (dominance, D)	$D=SHDI_{max}-\left(-\sum\limits_{i=1}^{m}(P_i \ln P_i)\right)$ $SHDI_{max}=\ln m$	其计算方法也是基于信息论，即通过计算最大香农多样性指数（$SHDI_{max}$）的离差 (deviation) 来表示。P_i 为第 i 种斑块类型占总面积的比例；m 为斑块类型总数；$SHDI_{max}$ 为各斑块最大多样性指数	优势度指数用于测度景观格局中一种或少数几种景观类型支配景观（或控制）景观的程度，D 值大，即斑块在景观中的重要程度。一般而言，D 值大，表示景观只受一个或少数几个斑块类型所支配；D 值小，表示该景观由多个比例大致相等的斑块类型所组成；若 D 值为 0，则表明景观中各斑块类型所占比例完全相等，即景观完全均质

续表

指标	公式	描述	生态意义
蔓延度指数（CONTAG）	$$CONTAG = \left[1 + \frac{\sum_{i=1}^{m}\sum_{k=1}^{m}\left[P_i\left(\dfrac{g_{ik}}{\sum_{k=1}^{m}g_{ik}}\right)\right]\left[\ln\left(P_i\dfrac{g_{ik}}{\sum_{k=1}^{m}g_{ik}}\right)\right]}{2\ln m}\right] \times 100$$	CONTAG 等于景观面积乘以各斑块类型所占景观中各斑块类型之间相邻的格网单元数目占总值的比例，乘以该值的自然对数之后的各斑块类型的自然对数，除以 2 倍的斑块类型总数的自然对数，其值加 1 后再转化为百分比的形式。g_{ik} 为斑块类型 i 与 k 之间的连接数。如果一个景观由许多离散的小斑块组成，其蔓延度值较小；当景观中以少数大斑块为主或同一类型斑块高度连接时，其蔓延度值较大。蔓延度指数表示斑块类型之间的相邻关系，因此能够反映景观组分的空间配置特征	CONTAG 指标描述的是景观里不同斑块类型的团聚程度或延展趋势。该指标包含空间信息，是描述景观格局的重要指标之一。理论上，CONTAG 值较小时表明景观中存在许多小斑块；趋于 100 时表明景观中有连接度极高的优势斑块类型存在。一般来说，高蔓延度指数说明景观中的某种优势斑块类型形成良好的连接性；反之，则表明景观具有多种斑块的密集格局，景观的破碎化程度较高

4.4.3 景观构成分析

由表 4-7 可知,2003 年和 2008 年在斑块类型中,斑块数量最多的是挺水植物区,其次为乔灌植物区,2013 年斑块数量最多的是乔灌植物区,其次为挺水植物区;这 3 个时间段,斑块数量最少的是农田。从各斑块类型所占比例看,敞水区占主要部分,其次为养殖塘,农田所占比例最小。

表 4-7 2003 年、2008 年、2013 年研究区景观构成

景观类型	2003 年		2008 年		2013 年	
	斑块数量/个	斑块类型所占比例/%	斑块数量/个	斑块类型所占比例/%	斑块数量/个	斑块类型所占比例/%
乔灌植物区	3675	3.42	2906	4.96	3063	3.35
挺水植物区	4042	4.82	3797	3.66	2978	11.92
养殖塘	1415	13.00	1384	15.56	2063	16.29
农田	—	—	2	0.31	3	0.73
敞水区	440	78.76	779	75.51	792	67.71

10 年间,挺水植物区和乔灌植物区斑块数量呈现下降的趋势,而养殖塘和敞水区呈现上升的趋势。敞水区斑块类型所占比例逐年下降,挺水植物区和养殖塘所占比例呈现上升趋势,乔灌植物区所占比例变化不大,但总体趋小。这说明:①就 3 期数据对比看,敞水区面积比例急剧减少,而人工景观养殖塘面积比例迅速上升。敞水区面积减少主要是因为养殖塘和挺水植物区的面积上升,养殖经济发展中增加了围堤和围网养鱼,导致泥沙淤积,从而加速了自然植被初期演替。农田所占比例依然很小,但呈上升趋势,随着淤积面积增大,淤积滩内部逐渐从养殖转换为种植。②敞水区和养殖塘斑块数量在上升,敞水区明显被围网养殖及演替出来的挺水植物区分割,水体的生态功能明显下降。挺水植物区的斑块数量呈下降趋势,这主要是由于围垦、围网后,在其周边淤泥快速、集中汇聚,迅速达到演替初级阶段。

4.4.4 景观形状分析

景观的形状可以影响生态学过程,因此景观形状分析有很重要的作用。本节主要通过分析景观的形状指数和分维数来显示景观的形状状况和变化。

由表 4-8 可知,3 个时间段,各类型的形状指数差距较大,与斑块数量呈正比。挺水植物区维持在较高的水平,其次为乔灌植物区和养殖塘,而农田和敞水区维持在较低的水平。各类型的分维数差距不大,皆维持在较低的水平,乔灌植物区和挺水植物区要略高于敞水区和养殖塘。从变化看,各类型的形状指数和分维数皆呈增长趋势,养殖塘的增长幅度明显大于其他类型。

表 4-8　各景观类型形状分析统计

景观类型	2003 年		2008 年		2013 年	
	形状指数	分维数	形状指数	分维数	形状指数	分维数
乔灌植物区	77.41	1.08	80.49	1.22	86.96	1.20
挺水植物区	123.16	1.10	120.97	1.19	137.16	1.20
养殖塘	51.61	1.09	58.61	1.12	69.04	1.17
农田	—	—	2.39	1.08	2.54	1.06
敞水区	8.21	1.09	11.48	1.13	16.10	1.16

这说明研究区趋向于松散型分布，斑块内部与外界环境的相互作用增大，尤其是能量、物质和生物方面的交换频繁，人工景观和自然景观之间相互干扰大。一般来说，受人类活动干扰小的自然景观的分维数高，而受人类活动影响大的人为景观的分维数低。而乔灌植物区和挺水植物区的分维数与其他类型相差不大，表明养殖塘等人为干扰对其影响较大，过度干扰极易造成生态环境的破坏，减弱了乔灌植物区和挺水植物区自身生物多样性的维护和建立能力。

4.4.5　景观破碎化分析

景观破碎化分析是景观格局研究的重要内容之一。景观的破碎化与景观格局、功能与过程及人类活动存在密切联系[60,61]，也与自然资源保护互为依存。人类活动对景观结构的影响十分突出，研究景观的破碎度对景观中生物和资源的保护具有重要意义[62]。

斑块密度即单位面积上斑块的数目，是景观完整性和破碎化的重要表现。斑块是物种的聚集地，是景观中物质与能量迁移与交换的场所。斑块与景观破碎化指数直接相关，斑块数量反映景观被分割破碎的程度及空间异质性的大小。斑块密度越大说明破碎程度越大。

平均斑块面积是评价景观类型斑块破碎程度的指标之一。景观类型级别上平均斑块面积越小，其斑块类型越破碎，破碎度越高；平均斑块面积越大，其斑块类型越整齐，破碎度越低。平均斑块面积的变化能反映大量的生态信息，是反映景观异质性的关键。

连接度指数是生态功能和过程的测定指标，它定量描述不同生物群体单元或生境之间在生态过程的联系[58]。当连接度指数较大时，生物群落在景观中迁徙觅食、交换、繁殖和生存较容易，运动阻力较小；当连接度指数较小时，运动阻力大，生存困难。

欧氏最邻近距离也是评价景观类型斑块破碎程度的指标之一，其值越大，说明同类型斑块间分布越远，相互干扰就少；反之，说明同类型斑块间呈团聚状态，相互之间干扰频繁。

　　边界密度与生态扩散过程相关，影响干扰的扩散，而动物迁徙等生态行为对其尤为敏感。边界密度的值越大，景观类型被边界割裂的程度越高；反之，景观类型保存完好、连通性高。该指标在一定程度上反映景观类型的破碎化程度。

　　由表 4-9 可知，2013 年，斑块密度最大的是乔灌植物区，最小的是农田；平均斑块面积最大的是农田，最小的乔灌植物区；边界密度最大的是挺水植物区，最小的是农田；连接度指数最高的是敞水区，最小的是乔灌植物区；欧氏最邻近距离最大的是农田，最小的是养殖塘；形状破碎化指数最大的是挺水植物区，最小的是农田。整体上看，乔灌植物区和挺水植物区平均斑块面积较小，破碎化程度较高，各斑块之间连接程度相对较低。

表 4-9　各景观类型破碎化分析统计

年份	景观类型	斑块密度/(个·hm^{-2})	平均斑块面积/m^2	边界密度	连接度指数	欧氏最邻近距离	形状破碎化指数
2003	乔灌植物区	23.40	0.13	43.42	97.94	20.41	0.26
	挺水植物区	25.74	0.17	82.02	98.46	17.72	0.36
	养殖塘	9.01	1.30	56.46	99.69	13.55	0.32
	农田	—	—	—	—	—	—
	敞水区	2.80	25.40	19.46	99.99	13.49	0.24
2008	乔灌植物区	18.50	0.24	54.36	98.62	16.61	0.50
	挺水植物区	24.18	0.14	70.24	97.36	15.80	0.48
	养殖塘	8.81	1.60	70.15	99.82	7.98	0.34
	农田	0.01	21.86	0.39	99.48	1564.07	0.42
	敞水区	4.96	13.75	27.59	99.99	8.65	0.31
2013	乔灌植物区	19.50	0.16	48.29	97.34	18.79	0.47
	挺水植物区	18.96	0.57	143.57	99.82	16.11	0.49
	养殖塘	13.14	1.12	84.53	99.45	8.88	0.43
	农田	0.02	34.31	0.65	99.60	2689.24	0.32
	敞水区	5.04	12.13	37.59	99.99	13.99	0.36

　　10 年间，乔灌植物区斑块密度、连接度指数和欧氏最邻近距离整体呈下降趋势，平均斑块面积、边界密度和形状破碎化指数呈上升趋势；挺水植物区斑块密度和欧氏最邻近距离呈下降趋势，平均斑块面积、边界密度、连接度指数和形状破碎化指数呈上升趋势；养殖塘斑块密度、形状破碎化指数和边界密度呈上升趋势，平均斑块面积、连接度指数呈下降趋势；敞水区连接度指数未有改变，平均斑块面积呈下降趋势，而其余指标呈上升趋势；农田除形状破碎化指数下降，其余指标皆上升。乔灌植物区和挺水植物区整体破碎化程度在上升，但挺水植物区斑块之间的连通性要好于乔灌植物区，说明乔灌植物区遭破坏的情况比较严重，可能与天然植被改变为人工林植被、自然演替转变为人工演替且演替频率加快有

关，当然人工林的发展为区域的林业生产做出了贡献；养殖塘和农田随植被演替不断地进行扩张，相对比较零散，但对周边自然景观产生的影响更大。

4.4.6　景观多样性分析

景观多样性是景观类型丰富性及其分布特性的综合反映，它与景观中各种环境因子有密切关系。本节主要用香农多样性指数、香农均匀度指数、优势度指数和蔓延度指数定量描述景观的多样性和景观分布状况，如表 4-10 所示。

表 4-10　景观多样性分析统计

年份	香农多样性指数	香农均匀度指数	优势度指数	蔓延度指数
2003	0.96	0.60	0.65	68.16
2008	1.03	0.58	0.80	69.27
2013	1.19	0.66	0.65	64.24

10 年间，研究区域香农多样性指数呈不断上升的趋势，各斑块类型在景观中呈均衡化趋势分布。3 个时间段的香农多样性指数都比较高，主要是养殖塘开发严重，敞水区面积缩小，景观类型较少的缘故；3 个时间段的香农多样性指数持续上涨，说明敞水区的面积在下降，其他类型面积在上升，对于生物多样性保护而言是不利的。

香农均匀度指数呈现先减后增的趋势，香农均匀度指数趋近 1 时优势度低，说明景观中没有明显的优势类型且各斑块类型在景观中均匀分布。3 个时间段的香农均匀度指数由 0.60 上升到 0.66，变化比较明显的，这表明 2013 年的景观面积分配较 2001 年更加均匀，整个区域破碎化现象加剧。

优势度指数呈现先增后减的趋势，但 2003 年和 2013 年的值无变化，2008 年的值有较大变化，这是因为农田类型的出现，随着养殖业及演替的进行，优势度又迅速下降。优势度下降，反映了研究区各类型的比例正在逐步平均。从面积上也可以看出敞水区和养殖塘的面积持续下降的趋势。

蔓延度指数呈现先升后降，总体下降的趋势。从总体上看，3 个时间段的蔓延度指数都不高，表明斑块分布较散，连接性不是很好；同时，2013 年的蔓延度指数比 2003 年下降 3.92，说明斑块间的连接性下降，并有被分割、破碎、分散化的趋势。

综上所述，整个研究区域各景观类型间趋于均衡，无明显占有主导优势的类型。同时，各景观斑块之间的连通性下降，说明其各景观类型相互交错分割，破碎化程度加剧。

4.4.7　讨论

　　10 年间，挺水植物区和乔灌植物区斑块数量呈现下降的趋势，而养殖塘和敞水区呈现上升的趋势。敞水区所占比例逐年下降，挺水植物区和养殖塘所占比例呈现上升趋势，乔灌植物区所占比例变化不大，但总体趋小。各类型的形状指数差距较大，与斑块数量成正比，其中养殖塘的增长幅度明显大于其他类型。这主要是因为：一方面，养殖经济发展进行围堤和围网养鱼，侵占了敞水区和挺水植物区的空间；另一方面，敞水区明显被围网养殖分割，在其周边淤泥快速、集中汇聚，迅速达到演替初级阶段，造成挺水植物区的快速繁衍，使其斑块数量及面积不降反升。这也与 4.2 节研究区湿地景观类型的分布及变化特征研究结果一致。

　　研究区域香农多样性指数呈不断上升的趋势，各斑块类型在景观中呈均衡化趋势分布，无明显占主导优势的类型。同时，各景观斑块之间的连通性下降，说明各景观类型相互交错分割，破碎化程度加剧。乔灌植物区和挺水植物区平均斑块面积较小，破碎化程度较高，各斑块之间连接程度相对较低。养殖塘和农田随演替不断进行扩张，相对比较零散，但对周边自然景观产生更大的影响。围垦和农田开发是引起湿地景观破碎化的主要因素[63,64]。

　　综上所述，10 年间，研究区各景观类型相互转化剧烈，主要是由人类活动造成的。研究区自然湿地退化和破坏严重，这种情况会对区域生物多样性的发展产生极其不利的影响。因此在对湿地的后续开发过程中，应该注意与保护相结合，严格防止进一步围垦围网，控制农田的开发利用，适时退塘还湖、退田还湖，合理利用湿地资源，以防止生态平衡失调，保护生态环境。

4.5　湿地景观驱动力分析

4.5.1　自然环境作用

　　淮河干流的冲淤作用是导致洪泽湖河湖交汇区湿地植物群落发生变化的重要原因。洪泽湖属过水性水库型湖泊，淮河上游的洪水汇集到洪泽湖，年入湖水量占总入湖径流量的 87%以上。淮河为洪泽湖最大的入湖河流，是洪泽湖水量的主要补给源。流域表面随径流夹带大量的泥沙进入洪泽湖，同时在水流和风的动力作用下，湖底的沙土随浪掀起，增加了湖水中的泥沙含量。洪泽湖总体趋势是处于淤积状态。根据 1983～2010 年系列资料分析，洪泽湖多年平均入湖水量为 320 亿 m^3，其中淮河干流多年平均入湖水量为 276 亿 m^3，占洪泽湖总入流的 86.3%；同期洪泽湖多年平均入湖沙量达 658 万 t，其中淮河干流多年平均入湖沙量为 563 万 t，占洪泽湖总入湖泥沙的 85.6%[65]。泥沙主要淤积在淮河干流小柳巷—老子山一线，占总量的 73%，特别是入湖河口段（洪山头—老子山）浅滩，淤积更为严重。

洪泽湖特殊的水文情况也是影响植物群落分布的主要因素之一。洪泽湖年内的降水量分布相差悬殊，汛期雨量占全年大部分降水量；年际变化极不均匀，有些年份因副热带高压过强或西伯利亚冷汽团势力过强，形成干旱气候，而有些年份梅雨峰在江淮停滞，形成长时间、大范围的降水，从而造成洪涝灾害。水位的大幅度起伏对湿地水生植物的生长与分布产生极大的影响，特别是植物生长季时的洪水和高水位将直接导致香蒲、芦苇及其他水生植物难以萌发生长。

4.5.2　人为活动干扰作用

人为活动干扰作用是研究区湿地植物群落发生变化的关键性影响因素。洪泽湖的围圩养殖始于 20 世纪 60 年代，沿湖群众利用干旱时湖水位较低的有利时机，在淤积出来的滩地上进行圈地养殖。随着围网养殖技术的推广，近几十年来，洪泽湖沿湖滩涂围垦的现象十分严重，湿地大量向非湿地转化，主要呈现为敞水区和湿地植被部分被围垦，转变为淡水养殖的水域和农田。

洪泽湖河湖交汇区是洪泽湖水生植物分布较为广泛的区域之一，大面积的围网养殖改变了水生植物的分布格局，缩小了水生植被的分布面积。该区域水位较浅，十分适宜克氏原螯虾（小龙虾）的养殖，在经济收入快速增长的同时，伴随的是大量浅滩的围垦。为抵抗低水位季节性下降，沿岸居民通过人工筑堤的方式进行养殖。养殖业的无序发展严重影响了研究区的自然演替和生态功能。

根据以往水利部门的调水计划，为保证洪泽湖农田灌溉和防洪调蓄，每年夏季至次年早春须关闸蓄水，水位抬升；夏初为农田灌溉的高峰期，在汛期来临之前，湖内大部库容量腾出，导致湖泊水位急剧降低，低水位要维持整个雨季；雨季结束后关闸蓄水，水位上升[65]。这样长时间的调控，导致早春萌发期水生高等植物因水位偏高、水下光照不足萌发和生长受到影响；夏季是植物生长旺季，水位偏低，使正需要水的一些沿岸带水生维管束植物生长发育受到抑制，甚至因缺水而枯死；之后水位升高，使生长中的植物受淹。所以，由于水库型湖泊水位变化规律与水生植物的自然生长节律很不匹配[66]，整个湖区水生植被退化严重。

为解决华北缺水而建设的南水北调东线工程，一期工程设计的抽江水量为 600 m³·s⁻¹，进入洪泽湖的流量为 525 m³·s⁻¹，流出洪泽湖的流量为 450 m³·s⁻¹，由于江水的出入，洪泽湖年均水位提高 0.5 m，其死水位、汛期限制水位和非汛期蓄水位分别由原来的 10.8 m、12.0 m、12.5 m 增加到 11.3 m、12.5 m、13.0 m[10]。蓄水面积因此有所增加，水体的交换速度加快，按一期工程多年平均进入洪泽湖水量计算，其换水次数是调水前的 1.29 倍。调水后，加剧了对湖岸土壤的侵蚀，也意味着淹没低位滩地，导致研究区内湿地生态系统的剧烈变化。

4.5.3　政策导向作用

政策导向也是洪泽湖河湖交汇区湿地生态系统的变化原因之一。近年来，老子山镇以挖掘开发生态资源为龙头，大力发展生态农业和高效农业，重点抓优质稻麦、健康水产等特色产业规划建设，加强对莲藕、莲子、螃蟹等水产品深加工的扶持发展，充分利用滩头水域辽阔优势，发展鱼蟹混养、青虾套养、鳜鱼套养等生态水产品养殖 4 万亩（1 亩≈666.66 m²），家菱、河藕、芡实、茭白等水生蔬菜 1.7 万亩。加大现代农业基地的建设，投入 1500 余万元建设滩面基础设施，完成了部分塘口的整理和绿化；打造了淮仁滩将近 2000 亩的连片高效的水产养殖示范区；同时，利用新滩村独特的滩涂风光及洪泽湖的自然风光优势，将游客引到滩头、湖区，与岸上的温泉及渔家乐等的客源进行对接，加快旅游开发。以上种种，在增加经济收入的同时，也导致湿地被利用面积不断扩大，人为活动的范围和强度逐渐提升，不利于湿地植物群落结构的稳定及生态功能的发挥。因此，如何进一步实现湿地资源的开发与保护，是一个值得探索的问题。

4.6　小　　结

2013 年，洪泽湖河湖交汇区敞水区、养殖塘、挺水植物区、乔灌植物区和农田面积依次为 9942.02 hm²、2391.19 hm²、1758.42 hm²、491.65 hm² 和 106.50 hm²。2003～2013 年，敞水区的比例逐年下降，养殖塘和农田的比例逐年上升，挺水植物区的比例先降后升，而乔灌植物区的比例先升后降。在不加控制的情况下，敞水区面积将逐渐缩小，养殖塘和农田的面积逐渐扩大，挺水植物区向湖心区扩散，植物群落的自然演替往往不能顺利进行，乔灌植物群落逐渐由人工林构成。10 年间，研究区的湿地景观类型转入类型主要为挺水植物区、养殖塘和乔灌植物区。转入面积最大的是挺水植物区，其次是养殖塘和乔灌植物区。挺水植物区增加主要是由于围垦、围网养殖导致水流速度在流经该区域时减缓，加快了淤积速度，迅速由浮水植被过渡到挺水植被，芦苇和香蒲是最主要的优势种。乔灌植物群落由原生柳树林逐渐替换为人工杨树林，自然演替过程变为人工演替。围垦养殖对研究区产生很大的影响，也是研究区人为改造湿地的主要影响方式之一。从分布重心偏移变化看，养殖塘沿着挺水植物区扩张的方向拓展，侵占大量新淤积出来的区域，同时又导致这些区域更容易淤积，陷入不断蚕食水面的恶性循环。

2013 年，研究区香农多样性指数为 1.19，香农均匀度指数为 0.66，优势度指数为 0.65，蔓延度指数为 64.24；乔灌植物区和挺水植物区斑块数分别为 3063 个和 2978 个，形状指数分别为 86.96 和 137.16，斑块密度分别为 19.50 个·hm⁻² 和 18.96 个·hm⁻²，平均斑块面积分别为 0.16 m² 和 0.57 m²，形状破碎化指数分别为 0.47 和 0.49。10 年间，整个研究区域各景观类型间趋于均衡，无明显占有主导优势的类型，同时，各景观斑块之间的连通性下降，说明各景观类型相互交错分割，破碎化程度加剧。乔灌植物区和挺水植物区斑块数量呈现下降的趋势，形状指数维持在较高的水平，整体破碎化程度在上升，但挺水植物区斑块之间的连通性要好于乔灌植物区，说明乔灌植物区遭人为干扰的情况比较严重。

　　研究区湿地景观变化的主要驱动因素为自然因素和人为因素。淮河干流的冲淤作用是导致洪泽湖河湖交汇区湿地植物群落发生变化的最主要自然因素，而研究区人工围垦及南水北调东线工程运行引起的水文扰动是最主要的人为活动因素，最后研究区所在的老子山镇的政策导向对湿地植物群落也起到相当大的作用。

<h1 style="text-align:center">参 考 文 献</h1>

[1] 刘惠明, 尹爱国, 苏志尧. 3S 技术及其在生态学研究中的应用[J]. 生态科学, 2002, 21(1): 82-85.

[2] 聂呈荣, 李明辉, 崔志新, 等. 3S 技术及其在生态学上的应用[J]. 佛山科学技术学院学报(自然科学版), 2003, 21(1): 70-74.

[3] STOW D, HAMADA Y, COULTER L, et al. Monitoring shrubland habitat changes through object-based change identification with airborne multispectral imagery[J]. Remote Sensing of Environment, 2008, 112(3): 1051-1061.

[4] ZHANG R, ZHU D. Study of land cover classification based on knowledge rules using high-resolution remote sensing images[J]. Expert Systems with Applications, 2011, 38(4): 3647-3652.

[5] SANDERS M E, DIRKSE G M, SLIM P A. Objectifying thematic, spatial and temporal aspects of vegetation mapping for monitoring[J]. Community Ecology, 2004, 5(1): 81-91.

[6] 杨存建, 周成虎. 基于知识的遥感图像分类方法的探讨[J]. 地理与地理信息科学, 2001, 17(1): 72-77.

[7] BERBEROGLU S, CURRAN P J, LLOYD C D, et al. Texture classification of Mediterranean land cover[J]. International Journal of Applied Earth Observation & Geoinformation, 2007, 9(3): 322-334.

[8] GREVSTAD F S. Simulating control strategies for a spatially structured weed invasion: *Spartina alterniflora* (Loisel) in Pacific Coast estuaries[J]. Biological Invasions, 2005, 7(4): 665-677.

[9] 刘小平, 黎夏, 彭晓鹃, 等. 一种基于生物群集智能优化的遥感分类方法[J]. 中国科学:地球科学, 2007, 37(10): 1400-1408.

[10] GRINGS F, FERRAZZOLI P, KARSZENBAUM H, et al. Modeling temporal evolution of junco marshes radar signatures[J]. Geoscience & Remote Sensing IEEE Transactions on, 2005, 43(10): 2238-2245.

[11] HESS L L, MELACK J M, NOVO E M L M, et al. Dual-season mapping of wetland inundation and vegetation for the central Amazon basin[J]. Remote Sensing of Environment, 2003, 87(4): 404-428.

[12] STANKIEWICZ K, DABROWSKAZIELINSKA K, GRUSZCZYNSKA M, et al. Mapping vegetation of a wetland ecosystem by fuzzy classification of optical and microwave satellite images supported by various ancillary data[J]. Proceedings of SPIE - The International Society for Optical Engineering, 2003, 4879: 352-361.

[13] RAJAPAKSE S S, KHANNA S, ANDREW M E, et al. Identifying and classifying water hyacinth (*Eichhornia crassipes*) using the HyMap sensor[C]// Remote Sensing & Modeling of Ecosystems for Sustainability III. International Society for Optics and Photonics, 2006.

[14] CSERHALMI D, NAGY J, KRIST F D, et al. Changes in a wetland ecosystem: a vegetation reconstruction study based on historical panchromatic aerial photographs and succession patterns[J]. Folia Geobotanica, 2011, 46(4): 351-371.

[15] O'BRIEN T. Small unmanned aerial vehicles as remote sensors: an effective data gathering tool for wetland mapping[D]. Guelph: The University of Guelph, 2016.

[16] 潘宇, 李德志, 袁月, 等. 崇明东滩湿地芦苇和互花米草种群的分布格局及其与生境的相关性[J]. 植物资源与环境学报, 2012, 21(4): 1-9.

[17] 肖德荣, 田昆, 袁华, 等. 高原湿地纳帕海水生植物群落分布格局及变化[J]. 生态学报, 2006, 26(11): 3624-3630.

[18] 肖德荣, 袁华, 田昆, 等. 筑坝扩容下高原湿地拉市海植物群落分布格局及其变化[J]. 生态学报, 2012, 32(3): 815-822.

[19] 黄华梅, 张利权, 高占国. 上海滩涂植被资源遥感分析[J]. 生态学报, 2005, 25(10): 2686-2693.

[20] 邹维娜, 张利权, 袁琳. 基于光谱特征的沉水植物种类识别研究[J]. 华东师范大学学报自然科学版, 2014(4): 132-140.

[21] ZHAO B, YAN Y, GUO H, et al. Monitoring rapid vegetation succession in estuarine wetland using time series MODIS-based indicators: an application in the Yangtze River delta area[J]. Ecological Indicators, 2009, 9(2): 346-356.

[22] 邱霓, 徐颂军, 邱彭华, 等. 南沙湿地公园红树林物种多样性与空间分布格局[J]. 生态环境学报, 2017(1): 27-35.

[23] 邬建国. 景观生态学:格局、过程、尺度与等级[M]. 北京: 高等教育出版社, 2007.

[24] 娄俊鹏, 张志强, 郭军庭, 等. 潮河流域景观格局变化对径流的影响[J]. 水土保持通报, 2015, 35(4): 34-39.

[25] 孟瑶瑶, 薛丽芳. 南四湖流域土地利用及其景观格局变化分析[J]. 水土保持研究, 2017, 24(3): 246-252.

[26] 陈利顶, 刘洋, 吕一河, 等. 景观生态学中的格局分析:现状、困境与未来[J]. 生态学报, 2008, 28(11): 5521-5531.

[27] 梅安新. 遥感导论[M]. 北京: 高等教育出版社, 2001.

[28] 常庆瑞. 遥感技术导论[M]. 北京: 科学出版社, 2004.

[29] VERMOTE E F, TANRE D, DEUZE J L, et al. Second simulation of the satellite signal in the solar spectrum, 6S: an overview[J]. IEEE Transactions on Geoscience & Remote Sensing, 1997, 35(3): 675-686.

[30] 郑伟, 曾志远. 遥感图像大气校正的黑暗像元法[J]. 国土资源遥感, 2005, 17(1): 8-11.

[31] 汤国安. 遥感数字图像处理[M]. 北京: 科学出版社, 2004.

[32] CONGALTON R G. Accuracy assessment and validation of remotely sensed and other spatial information[J]. International Journal of Wildland Fire, 2001, 10(4): 321-328.

[33] 党安荣. ERDAS IMAGINE 遥感图像处理方法[M]. 北京: 清华大学出版社, 2003.

[34] 王秀兰, 包玉海. 土地利用动态变化研究方法探讨[J]. 地理科学进展, 1999, 18(1): 81-87.

[35] 高方述, 钱谊, 王国祥. 洪泽湖湿地生态系统特征及存在问题[J]. 环境科学与技术, 2010, 33(5): 1-5.

[36] 陈家长, 胡庚东, 瞿建宏, 等. 太湖流域池塘河蟹养殖向太湖排放氮磷的研究[J]. 生态与农村环境学报, 2005, 21(1): 21-23.

[37] 周露洪, 谷孝鸿, 曾庆飞, 等. 固城湖围垦区池塘河蟹养殖环境影响及模式优化研究[J]. 生态与农村环境学报, 2013, 29(1): 36-42.

[38] 柴夏, 史加达, 刘从玉. 水产养殖对水体富营养化的影响[J]. 污染防治技术, 2008(3): 28-30.

[39] 高宇, 赵斌. 人类围垦活动对上海崇明东滩滩涂发育的影响[J]. 中国农学通报, 2006, 22(8): 475-475.

[40] 李景保, 钟赛香, 杨燕, 等. 泥沙沉积与围垦对洞庭湖生态系统服务功能的影响[J]. 中国生态农业学报, 2005, 13(2): 179-182.

[41] 彭佩钦, 蔡长安, 赵青春. 洞庭湖区的湖垸农业、洪涝灾害与退田还湖[J]. 国土与自然资源研究, 2004(2): 23-25.

[42] STEVENSON N J. Disused shrimp ponds: options for redevelopment of mangroves[J]. Coastal Management, 1997, 25(4): 425-435.

[43] 冯剑丰, 王秀明, 孟伟庆, 等. 天津近岸海域夏季大型底栖生物群落结构变化特征[J]. 生态学报, 2011, 31(20): 5875-5885.

[44] TOWATANA P, VORADEJ C, LEERAPHANTE N. Reclamation of abandoned shrimp pond soils in southern Thailand for Cultivation of Mauritius grass (*Brachiaria mutica*)[J]. Environmental Geochemistry and Health, 2003, 25(3): 365.

[45] 潘继花, 何岩, 邓伟, 等. 湿地对水中磷素净化作用的研究进展[J]. 生态环境学报, 2004, 13(1): 102-104.

[46] 王学雷, 刘兴土, 吴宜进. 洪湖水环境特征与湖泊湿地净化能力研究[J]. 武汉大学学报(理学版), 2003, 49(2): 217-220.

[47] 刘振乾, 吕宪国. 三江平原沼泽湿地污水处理的实地模拟研究[J]. 环境科学学报, 2001, 21(2): 157-161.

[48] 杨永兴, 刘兴土. 三江平原沼泽区"稻-苇-鱼"复合生态系统生态效益研究[J]. 地理科学, 1993, 13(1): 41-48.

[49] 王静, 徐敏, 张益民. 滩涂围垦养殖的生态损益分析: 以江苏条子泥滩涂围垦养殖为例[J]. 南京师大学报: 自然科学版, 2012, 35(2): 113-119.

[50] 冯宁. 陕西省水鸟种群和地理分布研究[J]. 动物分类学报, 2007, 32(4): 831-834.

[51] 王智慧. 人类活动引起的环境变化对湿地鸟类的影响[J]. 贵州师范大学学报(自然版), 2002, 20(2): 46-49.

[52] 鲁长虎, 唐剑, 袁安全. 洪泽湖冬春季鱼塘生境中鸻鹬类群落特征与栖息模式[J]. 动物学杂志, 2008, 43(1): 56-62.

[53] 江红星, 徐文彬, 钱法文, 等. 栖息地演变与人为干扰对升金湖越冬水鸟的影响[J]. 应用生态学报, 2007, 18(8): 1832-1836.

[54] KLOSKOWSKI J, GREEN A J, POLAK M, et al. Complementary use of natural and artificial wetlands by waterbirds wintering in Doñana, south-west Spain[J]. Aquatic Conservation Marine & Freshwater Ecosystems, 2009, 19(7): 815-826.

[55] 张斌, 袁晓, 裴恩乐, 等. 长江口滩涂围垦后水鸟群落结构的变化: 以南汇东滩为例[J]. 生态学报, 2011, 31(16): 4599-4608.

[56] PARACUELLOS M, TELLER A J L. Factors affecting the distribution of a waterbird community: the role of habitat configuration and bird abundance[J]. Waterbirds, 2004, 27(4): 446-453.

[57] 王宪礼, 肖笃宁. 辽河三角洲湿地的景观格局分析[J]. 生态学报, 1997, 17(3): 317-323.

[58] 邬建国. 景观生态学:格局、过程、尺度与等级[M]. 2版. 北京: 高等教育出版社, 2007.

[59] 陈文波, 肖笃宁, 李秀珍. 景观空间分析的特征和主要内容[J]. 生态学报, 2002, 22(7): 1135-1142.

[60] 李淑娟, 王明玉. 东北林业大学帽儿山实验林场景观格局及破碎化分析[J]. 东北林业大学学报, 2002, 30(3): 49-52.

[61] 方晰, 唐代生, 杨乐, 等. 湖南省林科院试验林场森林植被景观格局及破碎化分析[J]. 中南林业科技大学学报, 2008, 28(4): 107-112.

[62] 孙永萍, 李春干, 温远光, 等. 南宁市青秀山风景区景观破碎化分析[J]. 广西科学院学报, 2005, 21(2): 71-75.

[63] 王永丽, 于君宝, 董洪芳, 等. 黄河三角洲滨海湿地的景观格局空间演变分析[J]. 地理科学, 2012, 32(6): 717-724.

[64] 唐博雅, 刘晓东, 孙晓娟. 辽宁双台河口自然保护区景观破碎化研究[J]. 湿地科学与管理, 2012, 08(2): 32-36.

[65] 叶春, 李春华, 王博, 等. 洪泽湖健康水生态系统构建方案探讨[J]. 湖泊科学, 2011, 23(5): 725-730.

[66] 李爱民, 高振美, 段娟娟. 人类干扰对洪泽湖湿地植被分布格局的影响[J]. 湿地科学与管理, 2014(3): 57-60.

第5章 湿地景观类型分布动态预测

湿地植物群落动态变化过程是一个复杂的过程，其变化模型需要考虑众多因素（包括外部的干扰和内部的种群竞争等）。传统的群落生态学和实验生态学方法很难用于大时空尺度的湿地植物群落景观变化的研究，湿地植物群落的自然演替及人为或自然干扰对湿地植物群落的影响，都发生在十年到百年的时间尺度和几十公顷到百万公顷的空间范围，这就需要景观模拟模型的介入。本章将乔灌植物群落和挺水植物群落视为两类景观单元，利用 CLUE-S 模型对未来 3 种情景下的乔灌植物群落、挺水植物群落、农田、养殖塘和敞水区 5 种湿地景观类型分布进行模拟，以期从宏观角度把握研究区的湿地植被演变及驱动因素。

5.1 概　　述

植物群落动态预测研究一直是植物群落学发展过程的中心问题，主要是对群落的形成、变化、演替及进化[1]过程进行研究。植物群落动态形式多种多样，包括群落的波动、群落的更新、群落的演替、群落的进化及边缘效应等方面[2]。在最初的发展阶段，植物生态学家一直致力于对群落结构及其随时间变化动态的描述和定性研究，从理论结合数学模型来研究和理解群落动态的工作很少见[3,4]。植物群落的演替需要漫长的时间，这一特征决定了数学模型在植物群落演替研究中的重要性。数学模型不仅有助于对植物群落进行预测，而且对于无法进行试验的大规模的生态系统也可以进行模拟。

目前模型方法已成为一个非常重要的预测植物群落动态的研究方法。国外学者对该方法的使用进行了不少尝试。Malanson[5]借助计算机用 Leslia 矩阵模拟优势种群的动态变化全过程，预测火烧干扰下物种的组成及丰富度的变化。Keane等[6,7]运用 FORSUM 模型分析乔灌-草的演替，并进行预测。Busing[8]用来自林窗模型的一个空间模拟器模拟空间过程对美国田纳西州大烟山国家森林的温带落叶林结构和动态的影响。Pacala 等[9]用野外调查的方法通过构建空间和机理模型研究北美洲西北部橡树阔叶林的动态。Guisan 等[10]和 Ferrier 等[11]利用统计模型的方法建立植被-环境模型对植被的空间分布进行预测。

国内的生态学家对群落动态模型进行了大量的研究。郝敦元等[12]提出一个描述典型草原退化和封育恢复演替的数学模型。延晓冬等[13]应用 NEWCOP 模型模拟我国东北森林群落的动态。刘振国等[14]阐述和比较了描述群落动态的经验模型：镶嵌循环模型、随意游走模型、同资源种团比例模型和空间抢先占有模型。吕娜等[15]应用空间明晰景观模型 LANDIS 预测浙江天童国家森林公园常绿阔叶林未来 500 年的动态。

湿地群落和景观类型的分布不仅受环境的影响，还受其他干扰作用，如火烧、开垦与弃耕等社会人为干扰因素的影响[10,16,17]。因此，一般数学模型难以对植物群落动态分布进行准确的预测。但随着 3S 技术的发展，快速获取大范围群落分布甚至物种分布的数据得以实现。将群落单元视为景观单元，运用景观生态学理论，应用景观空间动态模型来研究群落的演替变化应引起研究者的重视。目前，相关的景观动态模型有许多，如 CA 模型、CLUE-S 模型、SLEUTH 模型和 GA 模型等。Silva 等[18]利用 SLEUTH 模型对葡萄牙里斯本和波尔图的城市增长进行校准研究；Huang 等[19]、王东辉等[20]应用 CA 模型模拟上海九段沙互花米草和芦苇种群扩散的趋势；Kok 等[21,22]应用 CLUE 模型对中美洲土地利用变化进行研究，并在不同尺度对精度进行验证；黄明等[23]基于 CLUE-S 模型对罗玉沟流域多尺度土地利用变化进行模拟；刘淼等[24]利用 CLUE-S 模型对土地利用模型时间尺度预测能力进行分析。

目前研究中，植物群落模型主要从植物群落的生长特性及与周边环境因子的相关关系进行预测，主要侧重于自然变化；而景观动态模型虽然在土地利用类型变化中得到广泛应用，主要侧重于人为干扰影响下的变化。两类模型之间没有有效的衔接，已有崇明东滩运用 CA 模型模拟种群的动态扩散，但对湿地植物群落的分布动态预测鲜有报道。CLUE-S 模型能够综合社会经济和生物物理驱动因子，综合考虑经济、地形、气候等对湿地景观格局的影响，同时也考虑不同湿地景观类型之间的竞争关系，并在空间尺度反映湿地景观类型变化的过程和结果，具有很高的可信度，能够准确地模拟和预测小尺度地区的湿地景观空间配置情景。因而将湿地植物群落视作景观单元，考虑社会经济和生物物理驱动因子下的人为干扰因素及自然条件限制，运用 CLUE-S 模型进行湿地植物群落的分布动态变化预测可在群落尺度上综合考虑宏观驱动因素，使湿地植物群落动态模拟更能体现现阶段湿地受限于经济开发状况的趋势，为湿地资源的合理利用提供有效的决策支持。

5.2　CLUE-S 模型方法

　　洪泽湖河湖交汇区湿地景观格局变化是自然和社会要素相互作用的结果，将直接影响该地区的湿地植物群落分布特征及生态效应。本章研究采用 CLUE-S 模型对未来不同情景下研究区的湿地景观类型分布进行模拟，预测不同策略下湿地植物群落及景观类型的动态变化。

5.2.1　CLUE-S 模型简介

　　CLUE-S 模型由人口模块、产量模块、需求模块和空间分配 4 个主要的模块组成，通过土地利用类型的转换驱动力、土地利用的需求及土地利用转换系数的分析来综合获得土地利用类型的空间配置。应用土地利用变化与自然和社会经济等驱动因子的相互关系进行定量分析，从而模拟区域或更小尺度上的土地利用变化[25]。该模型假设：①区域的土地利用需求驱动土地利用变化；②区域的土地利用分布格局与土地利用需求、社会经济和自然环境状况之间保持动态平衡[26]。在此基础上，模型利用系统论的思路来处理土地利用类型间的相互关系，以实现对不同土地利用类型未来变化的模拟。

　　CLUE-S 模型从概念上分为非空间分析模块和空间分析模块两部分[27]。非空间分析模块独立于 CLUE-S 模型之外，主要是在区域尺度上确定研究区内由自然、经济、人口和政策法规等土地需求的驱动因素引起的研究时段内每年各个湿地景观类型数量上的变化，或者计算预先设定的不同情景下的土地需求，这主要体现在区域尺度上；空间分析模块则把非空间分析模块计算出的变化后的土地需求结果配置到研究区的具体空间位置上，从而达到研究区域土地利用变化空间模拟的目的[28]。其模型结构图如图 5-1 所示。

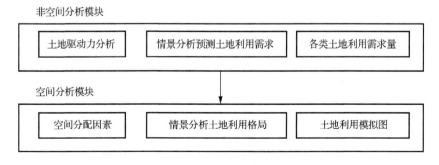

图 5-1　CLUE-S 模型结构图

CLUE-S 模型由土地需求、土地利用类型转移规则、空间政策和转换限制区域、空间分布适宜性特征 4 个输入模块和 1 个空间分配模块 5 部分组成（图 5-2）。

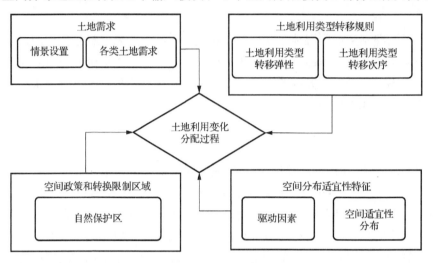

图 5-2　CLUE-S 模型模块

5.2.2　CLUE-S 模型的应用方法及其参数文件特征

（1）CLUE-S 模型的应用方法

本章研究把 CLUE-S 模型应用到湿地景观类型分布和预测中，模型中的土地利用在本研究中即为景观类型。具体方法如下。

1）湿地景观类型需求。在不同湿地景观类型情景下，湿地景观类型需求不同。在模拟过程中，需制作多种不同的湿地景观类型需求方案的需求文件，用来模拟不同湿地景观类型情景下的湿地景观类型空间格局。湿地景观类型需求可以是正值，也可以是负值，但必须以逐年的方式输入 CLUE-S 模型中，且必须要求所有湿地景观类型的总变化量为 0。湿地景观类型需求决定模拟结果中各湿地景观类型的面积。

2）湿地景观类型转移规则，包括湿地景观类型转移弹性和湿地景观类型转移次序。其中，湿地景观类型转移弹性是指模拟期间研究区内某种湿地景观类型可能转化为其他湿地景观类型的难易程度，主要受湿地景观类型变化可逆性的影响，一般用 0~1 的数值表示。值越接近 0，表明土地转移的可能性越大；值越接近 1，表明土地转移的可能性越小。一般情况下，湿地景观类型程度高的地类很难转换为湿地景观类型程度低的地类，如建设用地很难向其他地类转变，其值可设置为 1；反之，湿地景观类型程度低的地类很容易转换为湿地景观类型程度高的地类，如裸地很容易转换成其他地类，其值可设置为 0[26]。湿地景观类型转移次序是指通过设定各个湿地景观类型之间的转移矩阵来定义湿地景观类型之间是否可以转变。0 表示不能转变，1 表示可以转变[26]。

3）空间政策和转换限制区域。对于模拟期间湿地景观类型不允许发生任何变化的区域，一般通过政策因素来限制该区域湿地景观类型格局变化。限制因素主要有两种：①区域性的限制因素，包括各级自然保护区、国家级森林公园、国家级风景名胜区等，这种限制因素单独转换为栅格图层放到 CLUE-S 中运行；②政策性限制因素，限制区域内所有湿地景观类型转换，如生态保护林禁止向其他湿地景观类型转换、禁止围垦的政策可以限制水域向其他湿地景观类型转变等。这两种限制因素对空间模拟主要有两种影响：一是限定空间模拟时间段内某一特定的区域不发生改变；二是限定某一特定湿地景观类型不发生转变。

4）空间分布适宜性特征。空间分布适宜性特征基于各种湿地景观类型的空间分布适宜性这一理论基础，即湿地景观类型转变发生在其最有可能出现的位置，计算每个湿地景观类型在空间上的分布概率。在 CLUE-S 模型中，每类湿地景观类型的空间分布和驱动因子之间的关系一般通过 Logistic 回归方程进行求解。回归方程的一般形式为

$$\text{Log}\left(\frac{P_i}{1-P_i}\right) = \beta_0 + \beta_1 X_1 + \beta_2 X_2 + \cdots + \beta_n X_n \tag{5-1}$$

式中，P_i 为每个栅格可能出现某一湿地景观类型 i 的概率，取值为 0～1；X_1，X_2，$\cdots$，X_n 分别为与湿地景观类型 i 相关的驱动因子。通过比较同一位置各种湿地景观类型出现的概率进行空间分配，显著性检验置信度一般至少要大于 95%，低于该值则不能进入回归方程。二项 Logistic 回归方程有助于从许多影响湿地景观类型格局的因子中剔除解释湿地景观类型格局不显著的因子，选择相关性高的因子[29,30]。系数为二项 Logistic 回归方程诊断出的关系系数，其中 β_0 为常量，β_1 ～ β_n 分别表示各备选驱动因子与湿地景观类型 i 之间的相关程度，其值越大，表示相关度越高。

对于每种湿地景观类型，二项 Logistic 回归方程的概率分布还需要进一步检验，以评价各湿地景观类型概率分布与真实的湿地景观类型分布之间是否具有较高的一致性。一般采用 R. G. Pontius 等提出的相对工作特性（relative operating characteristics，ROC）方法进行检验[31,32]。ROC 曲线可以有效地评价和检验回归模型结果，主要通过计算曲线下的面积判断预测的湿地景观类型概率分布和真实的湿地景观类型分布之间是否具有较好的一致性[33,34]。ROC 的取值一般为 0.5～1，该值与湿地景观类型的概率分布格局和湿地景观类型的真实分布格局之间的拟合度呈正相关性。ROC 值越大，表明二项 Logistic 回归方程越能更好地解释湿地景观类型的空间分布。在运行 CLUE-S 模型时，ROC 值越接近 1，湿地景观类型分配越精确；反之，该值越接近 0.5，说明二项 Logistic 回归方程对湿地景观类型的解释意义越低。在实际情况下，根据研究区所确定的驱动因子，当 ROC 值大于 0.7 时，可以比较准确地解释研究区的湿地景观类型空间格局。

5）空间分配。其原理是基于起始年土地利用现状图、限制区域、转换规则和土地利用空间分布概率，依据历年各土地利用类型的面积需求，通过对各土地利用类型变化的面积进行空间配置迭代以实现模拟。其迭代方程为

$$\text{TPROP}_{i,u} = P_{i,u} + \text{ELAS}_u + \text{ITER}_u \tag{5-2}$$

式中，$\text{TPROP}_{i,u}$ 为栅格单元 i 适用于土地利用类型 u 的总概率；$P_{i,u}$ 为通过 Logistic 回归方程得到的空间分布概率；ELAS_u 为土地利用类型 u 转变规则设置的参数；ITER_u 为土地利用类型 u 的迭代变量。

（2）CLUE-S 模型中参数文件特征

CLUE-S 模型中参数文件对于模型正常运行至关重要，这些文件可以直接在安装目录下修改。主要参数文件的特征如表 5-1 所示。

表 5-1　CLUE-S 模型输入参数文件特征

文件名	文件特征
Cov_all*.0	模拟起始年份的土地利用图，内容为各土地利用类型的编码，格式是 ASCII。*表示土地利用类型的序号，从 0 开始
Demand.in*	土地需求文件，格式是 TXT，*表示不同的土地需求模拟情景方案
Region_park*.fil	限制区域文件，*表示不同的限制区域文件
Allow.txt	土地利用转移矩阵，格式是 TXT，矩阵中包含 0 和 1 两种代码，0 为各地类之间不可以转变，1 为各地类之间可以转变
Sclgr*.fil	驱动因子空间分布图，格式是 ASCII，*代表驱动力的序号
Allocl.reg	回归方程参数设定文件，格式是 TXT，内容是 Logistic 回归结果参数
Main.1	模型的主要参数设置文件

1）Cov_all*.0。Cov_all*.0 文件为模拟起始年份的土地利用图，该文件表示预测起始年份各土地利用类型的空间分布。

2）Demand.in*。Demand.in*文件包含模拟期间各土地利用类型的需求量，可设置多种土地利用情景，分别表示为 demand.in1、demand.in2 等。

3）Region_park*.fil。Region_park*.fil 文件规定研究区的约束范围，约束区域土地利用不发生任何改变。如果研究区域没有约束范围，可命名为 Region_nopark*.fil。

4）Allow.txt。Allow.txt 是一个 $n \times n$ 的转化矩阵文件，用来表示各土地利用类型之间是否能相互转化，其中 n 表示土地利用类型数目。矩阵中包含 0 和 1 两种代码，0 为各地类之间不可以转变，1 为各地类之间可以转变。

5）Sclgr*.fil。Sclgr*.fil 是驱动因子文件，驱动因子有两种情况：①模拟期间不易发生变化的驱动因子，如 DEM 等；②模拟期间比较容易发生变化的驱动因子，如人口数量、国内生产总值等。

6）Allocl.reg。Allocl.reg 是驱动因子 Logistic 回归系数，每行的意义如下。

① 行 1：土地利用类型的数字编码，从 0 开始；

② 行 2：土地利用类型 Logistic 回归常量；

③ 行 3：各土地利用类型 Logistic 回归方程的解释因子系数（β 值）和各驱动因子编码；

④ 以下：以相同顺序重复其他土地利用类型。

7）Main.1。Main.1 是 CLUE-S 模型的重要参数文件，详细设置情况如表 5-2 所示。

表 5-2　Main.1 文件的设置内容及数据格式

行数	设置内容	数据格式
1	土地利用类型数	整型
2	模拟区域数	整型
3	单个 Logistic 回归方程中驱动因子变量最大个数	整型
4	总驱动力个数	整型
5	行数	整型
6	列数	整型
7	单位栅格面积/hm²	浮点型
8	X 坐标	浮点型
9	Y 坐标	浮点型
10	土地利用类型编码	整型
11	转移弹性系数	浮点型
12	迭代变量系数	浮点型
13	模拟的起始年份	整型
14	动态驱动因子数及编码	整型
15	输出文件选择	0、1、-2 或 2
16	特定区域回归选择	0、1、2
17	土地利用历史初值	0、1、2
18	邻近区域选择计算	0、1、2
19	区域特定优先值	整型
20	选择迭代参数	浮点型

5.2.3　需求分析

本节以 2013 年解译得到的湿地景观类型分布图，设置不同情景模拟研究区 2023 年的湿地景观格局变化。根据湿地景观格局分析的结果，考虑到生态保护的因素，在设定情景时设置生态保护情景。同时，结合自然增长情景和经济发展情景，计算出模拟目标年 2023 年的湿地景观需求。中间年份的湿地景观需求数据通过线性内插的方式获得。对 3 种情景的基本描述及要求如下。

1）自然增长情景。在自然增长情景条件下，研究区湿地景观需求不会受到政策调整下较大规模的影响。各种湿地景观需求依然按照各景观地类 2013～2023 年的变化率恒定的变化，即按照前面转移矩阵计算得到 2023 年的各湿地景观地类的面积。

2）生态保护优先情景。在生态环境保护优先情景条件下，要在严格保障湿地生态用地面积，同时不扩张现有养殖塘和农田的前提下，加强这两种景观向其他景观地类的转变。

3）经济增长优先情景。在经济增长优先情景条件下，优先考虑保障对经济增长贡献大的湿地景观类型面积的充分供给，即要保证增加养殖塘所占的比例，这种比例的加大是通过使用挺水植物区和乔灌植物区去置换养殖塘的方式得以实现的。

5.2.4 驱动因子分析

1. 驱动因子的选取原则

（1）可获取性

因子的选取应该以数据资料的可获取性为前提，并且可定量化，只有可定量化的因子才能进行分析。虽然部分因子对湿地景观的变化起重要作用，但不可定量化，则不适用。

（2）空间差异性

驱动因子在研究区内部子区域间存在空间差异，如果差异很小，则无法区分该因子对各湿地景观类型变化的作用。

（3）相关性

驱动因子应该与研究区域各湿地景观类型变化存在密切的联系，相关性小的因素及一点不相关的因素应排除在外。

（4）一致性

数据资料应在时间和空间上保持一致。

（5）人文因素与自然因素兼顾

湿地景观变化受自然因素和人为活动的双重影响，尤其是在自然地理与环境更为复杂和脆弱的地区，而人为活动产生的干扰同样会引起湿地景观类型的剧烈变化。

2. 驱动因子的选取

湿地景观的动态变化是自然、生态和社会复合系统演变的最终结果，是人与自然相互作用的产物，其主要的驱动因素包括人文和自然两个方面。现实中，自然因素对湿地景观格局的作用是一个长期的过程，在短时期内（几年或十几年）所发生的湿地景观结构的大幅度变化，主要是人类活动作用的结果[35]。而研究区位于淮河和洪泽湖交汇区域，来水交互频繁，加快了湿地景观的演替速度；河口生态脆弱，人为活动加剧了湿地景观的变化程度。

本章研究从自然因素和人为活动两方面选取引起湿地景观格局变化的驱动因子。自然因素是影响湿地景观变化的重要原因，研究区域的地形地貌、土壤状况、气候条件等都对该地区的湿地景观格局类型起重要的影响作用。研究区为河湖交汇区，淮河来水是研究区最重要的影响因素；同时，通过研究区湿地植物群落分异特征结果可知，演替过程为敞水区—挺水植物区—乔灌植物区，乔灌植物区为演替的终点，在研究区处于高程最高位置，各土地类型存在明显高程差异。人为活动是导致湿地景观变化的另一个重要驱动因素。追求最大经济利益是人类的天性，是湿地景观变化的原动力之一，而研究区属于老子山镇的主要渔业产地。

因此，本章研究综合上述因素，遵循驱动因子的选取原则，选择到乔灌植物区的距离、到城镇的距离、到敞水区的距离和水流方向 4 个驱动因子。考虑到CLUE-S 模型读取的文件是 ASCII 码格式的文件，需要将栅格格式的驱动因子文件通过 conversion 功能转为 ASCII 码文件。

3. 驱动因子的空间表达

在选取湿地景观变化的驱动因子后，需要将驱动因子空间表达出来。利用ArcGIS 10.0 空间分析模块中的距离运算功能得到栅格数据，用研究区域边界进行裁剪，最终得到各种驱动因子栅格图。

5.2.5　Logistic 回归分析

本章研究中使用二项 Logistic 回归来分析选择的驱动力和各湿地景观类型之间的相互关系。具体步骤如下。

1）洪泽湖河湖交汇区湿地景观图重新分类，分别将乔灌植物区、挺水植物区、农田、养殖塘和敞水区 5 种土地类别单独成层，形成 5 个 SHP 文件，每个文件中，该土地类别赋值为 1，其他区域为 0（图 5-3）。

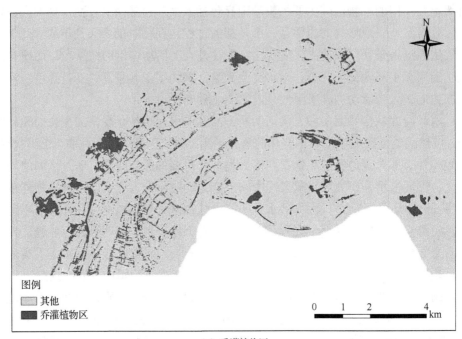

（a）乔灌植物区

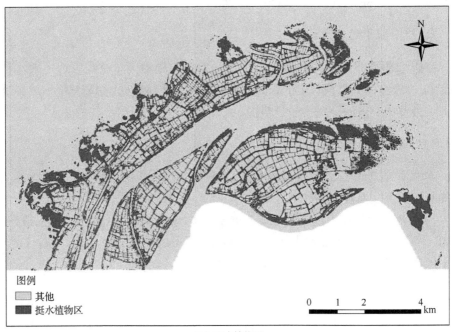

（b）挺水植物区

图 5-3　研究区各湿地景观类型图

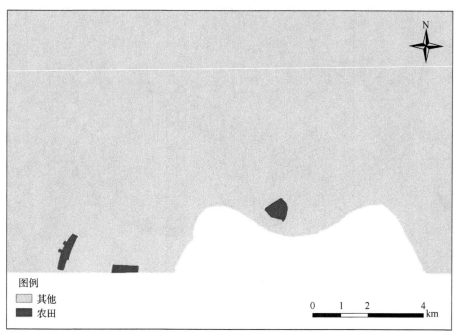

（c）农田

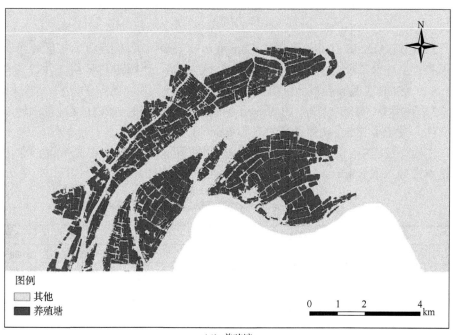

（d）养殖塘

图 5-3（续）

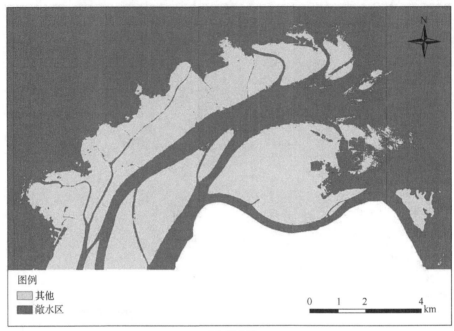

（e）敞水区

图 5-3（续）

2）通过 ArcGIS 10.0 软件中的 Conver to raster 将洪泽湖河湖交汇区 4 个驱动因子和 5 个湿地景观类型文件统一转化成分辨率 10 m×10 m 的栅格文件，并利用 Raster to ASCII 工具转换成 ASCII 文件。

3）利用 CLUE-S 模型中的 Covert 模块，将转换好的 ASCII 文件全部转换成列文件，最后用 SPSS 软件进行二项 Logistic 回归分析。

在模拟过程中，由于样本量比较大，采用随机抽样的方法，从研究区抽取 10% 的样本进行二项 Logistic 回归分析。具体结果如表 5-3 所示。

表 5-3　研究区各湿地景观类型与驱动因子不同回归系数比较

驱动因子	乔灌植物区	挺水植物区	农田	养殖塘	敞水区
到乔灌植物区的距离	—	-0.003 80	-0.000 41	-0.005 54	0.008 98
到城镇的距离	-0.000 13	-0.000 02	-0.000 18	0.000 02	0.000 13
到敞水区的距离	0.000 48	-0.001 18	0.008 27	0.008 90	—
水流方向	0.009 73	0.008 79	0.010 08	0.004 52	—
常量	-0.778 61	0.076 82	-3.205 39	-0.679 69	-2.837 18
ROC 值	0.831	0.893	0.942	0.898	0.941

乔灌植物区、挺水植物区、农田、养殖塘和敞水区的 ROC 值分别为 0.831、

0.893、0.942、0.898 和 0.941。ROC 值都大于 0.8，说明模拟精度很高。根据以上结果，得到以下二项 Logistic 回归模型。

乔灌植物区：

$$\text{Log}\left(\frac{P_i}{1-P_i}\right) = -0.778\,61 - 0.000\,13X_1 + 0.000\,48X_2 + 0.009\,73X_3 \tag{5-3}$$

挺水植物区：

$$\text{Log}\left(\frac{P_i}{1-P_i}\right) = 0.076\,82 - 0.003\,80X_0 - 0.000\,02X_1 - 0.001\,18X_2 + 0.008\,79X_3 \tag{5-4}$$

农田：

$$\text{Log}\left(\frac{P_i}{1-P_i}\right) = -3.205\,39 - 0.000\,41X_0 - 0.000\,18X_1 + 0.008\,27X_2 + 0.010\,08X_3 \tag{5-5}$$

养殖塘：

$$\text{Log}\left(\frac{P_i}{1-P_i}\right) = -0.679\,69 - 0.005\,54X_0 + 0.000\,02X_1 + 0.008\,90X_2 + 0.004\,52X_3 \tag{5-6}$$

敞水区：

$$\text{Log}\left(\frac{P_i}{1-P_i}\right) = -2.837\,18 + 0.008\,98X_0 + 0.000\,13X_1 \tag{5-7}$$

5.2.6 参数文件

CLUE-S 模型的参数文件一共有 7 个，分别为 Cov_all*.0、Demand.in*、Region_park*.fil、Allow.txt、Sclgr*.fil、Allocl.reg、Main.1。其数据处理及具体过程如下。

（1）Cov_all*.0

Cov_all*.0 文件为起始年份湿地景观数据，即 2013 年洪泽湖河湖交汇区湿地景观数据，分辨率为 10 m×10 m。研究区的 5 种湿地景观类型分别为乔灌植物区、挺水植物区、农田、养殖塘和敞水区，依次将其编码为 0、1、2、3、4。通过 ArcGIS 10.0 软件，利用 Conversion Tools 模块下的 Raster to ASCII 工具将 2013 年洪泽湖河湖交汇区湿地景观图转化成 ASCII 格式。

（2）Demand.in*

Demand.in*文件是指 2013～2023 年洪泽湖河湖交汇区各湿地景观类型逐年需要的土地需求面积。首先通过洪泽湖河湖交汇区 2003～2013 年各湿地景观类型的变化趋势，计算洪泽湖河湖交汇区自然发展情况下各湿地景观类型的变化总量，然后以此预测其 2023 年各湿地景观类型（表 5-4）。

表 5-4　2013～2023 年研究区湿地景观需求文件　　　（单位：hm^2）

年份	乔灌植物区	挺水植物区	农田	养殖塘	敞水区
2013	492	1758	107	2391	9942
2014	490	1815	108	2390	9837
2015	487	1872	108	2389	9732
2016	485	1929	109	2387	9628
2017	483	1986	109	2386	9523
2018	481	2043	110	2385	9418
2019	478	2100	111	2384	9313
2020	476	2157	111	2383	9208
2021	474	2214	112	2381	9104
2022	471	2271	112	2380	8999
2023	469	2328	113	2379	8894

（3）Region_park*.fil

Region_park*.fil 文件是 ASCII Raster 格式的限制区域图，其内容为 0 和–9998 两种，0 值区是可以发生地类转变的区域，–9998 值区是地类不能够转变的限制区域；但是 Region_park*.fil 文件为必选文件，当不存在限制区域时，需要设定一个全部为 0 值的文件。

（4）Allow.txt

通过对转移矩阵进行分析，设定 5×5 的转移矩阵（表 5-5）。

表 5-5　研究区各景观类型转移矩阵

	乔灌植物区	挺水植物区	农田	养殖塘	敞水区
乔灌植物区	1	1	0	0	0
挺水植物区	0	1	0	1	0
农田	1	1	1	1	0
养殖塘	1	1	0	1	0
敞水区	1	1	0	1	1

（5）Sclgr*.fil

Sclgr*.fil 文件是指 ASCII Raster 格式的驱动力空间分布位置图。对于所有驱动因子文件，必须确保各文件具有相同的投影、相同的栅格大小、相同的像元数量和相同的原点坐标（表 5-6）。

表 5-6　驱动因子的选取与描述

驱动因子	描述
到主要乔灌植物区的距离（sclgr0.fil）	每一个像元中心到主要乔灌植物区的距离
到主要城镇的距离（sclgr1.fil）	每一个像元中心到主要城镇的距离
到主要水体的距离（sclgr2.fil）	每一个像元中心到主要水体的距离
水流方向（sclgr3.fil）	每一个像元的水流方向

（6）Allocl.reg

Allocl.reg 文件可以用记事本文档打开和编辑，其内容为二项 Logistic 回归的结果参数，每行的意义如下：第 1 行为湿地景观类型编码；第 2 行为湿地景观类型的回归方程常量；第 3 行为湿地景观类型回归方程的解释因子系数（β 值）和驱动因子编码；第 4 行及其以下为重复另一种湿地景观类型（顺序相同）。

（7）Main.1

主要参数文件 Main.1 的参数设置如表 5-7。

表 5-7　主要参数文件 Main.1 的参数设置

设置内容	具体数值
湿地景观类型数	5
模拟区域数	1
单个 Logistic 回归方程中驱动因子变量最大个数	4
总驱动力个数	4
行数	962
列数	1632
单位栅格面积/hm^2	0.01
X 坐标	1 143 721
Y 坐标	3 939 074
湿地景观类型编码	0　1　2　3　4
转移弹性系数	0.6　0.4　0.8　0.7　0.8
迭代变量系数	0　60　90
模拟的起始年份	2013　2023
动态驱动因子数及编码	0
输出文件选择	1
特定区域回归选择	0
湿地景观历史初值	1　5
邻近区域选择计算	0
区域特定优先值	0
选择迭代参数	0.06

5.3　模型精度验证

完成以上参数文件设定后，运行 CLUE-S 模型。在预测 2023 年湿地景观空间分布格局之前，需要对模型模拟结果进行精度验证。因此，以洪泽湖河湖交汇区 2008 年湿地景观数据为基础，对研究区 2013 年湿地景观空间分布格局进行模拟，并以 2013 年的实际湿地景观类型图和模拟结果图进行对比，进行模拟精度验证。对模型模拟湿地景观空间变化精度的检验一般采用 Kappa 指数，因为 Kappa 指数可以定量地反映模拟结果。

$$\text{Kappa} = \frac{P_0 - P_c}{1 - P_c} \tag{5-8}$$

式中，$P_0 = P_{11} + P_{22} + \cdots + P_{nn}$，为模拟图和真实图湿地景观类型一致的比例；$P_c = R_1 S_1 + R_2 S_2 + \cdots + R_j S_j$（$S_j$ 为类型 j 在预测响应上的百分比，R_j 为类型 j 在真实图上的百分比），为模型随机情况下模拟正确的比例。

若两期湿地景观类型图完全相同，则 Kappa 值为 1；若 Kappa 值高于 0.75，则两期湿地景观类型图的一致性较高，模拟效果好；若 Kappa 值小于 0.4，则两期湿地景观类型图的一致性较差，模拟效果很差；若 Kappa 值为 0.4～0.75，则两期湿地景观类型图的一致性一般，模拟效果一般。

运用 ArcGIS 10.0 软件空间分析功能 Spatial Analysis Tools 中的 Math 工具，把洪泽湖河湖交汇区 2013 年湿地景观模拟图和 2013 年实际湿地景观图进行相减运算，提取栅格值为 0 的栅格数，两期湿地景观类型图一致部分栅格数为 1 201 267 个，P_0=0.847；湿地景观类型共有 5 个，所以模型随机情况下模拟正确的比例为 1/5=0.2，即 P_C=0.2；最后 Kappa 值为 0.809>0.75，说明 2008～2013 年洪泽湖河湖交汇区 CLUE-S 模型模拟效果较好，可以将其应用在洪泽湖河湖交汇区不同湿地景观情景模式下的湿地景观变化模拟。

5.4　模拟结果与分析

5.4.1　情景模拟结果

在检验 CLUE-S 模型对洪泽湖河湖交汇区景观格局的模拟精度后，通过设置各规划情景规则，确定研究区各规划情景下湿地景观类型分布图和面积（附图 7～附图 9）。在自然增长情景下，研究区不会受较大规模的政策调整影响，其湿地植物群落分布需求按照 2008～2013 年自然变化，通过 CLUE-S 模型模拟 2023 年的面积分布；在生态保护优先情景下，研究区严格控制农田和养殖塘的面积，使其不再扩张，同时向敞水区、乔灌植物区和挺水植物区转化，保障河口湿地的调蓄防洪、净化水质等生态服务功能；在经济增长优先情景下，研究区优先考虑区域经济的增长，加快其他类型向养殖塘的转化。

根据洪泽湖河湖交汇区当前和未来不同情景下各湿地景观类型变化趋势分析（表 5-8）可以得出，各情景间存在较大差异。未来情景下，敞水区面积呈现下降趋势，乔灌植物区面积变化较小呈下降趋势，挺水植物区呈上升趋势。这是因为淮河干流带来大量泥沙，受现有淤积滩及围垦养殖影响，泥沙淤积成滩侵占大量敞水区面积，自然演替出挺水植物区，并可能转化为乔灌植物区和养殖塘。

表 5-8　研究区各情景下湿地景观类型面积　　　　（单位：hm²）

情景	乔灌植物区	挺水植物区	农田	养殖塘	敞水区
现状	491.65	1758.42	106.50	2391.19	9942.02
自然增长	468.87	2328.14	112.55	2379.01	8894.04
生态保护优先	493.02	1765.74	104.33	2189.19	9630.33
经济增长优先	469.84	2198.26	115.21	2486.27	8913.03

在自然增长情景下，挺水植物区分布面积上升，乔灌植物区分布面积有所减少，敞水区分布面积大量减少，农田面积有所上升。这说明在不加人为干扰的情况下，研究区的自然景观类型总面积缓慢下降，其生态效应也将逐渐减弱。同时，敞水区转化为挺水植物区的速率比较快，这将加剧河口地区泥沙的淤积，阻碍其通航、灌溉等功能。

在生态保护优先情景下，乔灌植物区和挺水植物区分布面积有所上升，农田和敞水区分布面积略有减少，养殖塘面积呈较大幅度下降。这说明在进行严格保护的情形下，养殖塘和农田将向湿地自然景观转化，而作为研究区自然演替顶端的乔灌植物区分布面积将不断增加；挺水植物区分布面积上升幅度较小，是由于设计情景规则时，限制了部分敞水区的转化，兼顾研究区的生态服务功能和通航、泄洪等其他功能。

在经济增长优先情景下，挺水植物区、养殖塘和农田分布面积上升，乔灌植物区分布面积有所减少，敞水区分布面积大量减少。这说明在加剧开发淤积滩、围网养殖的情况下，敞水区面积将被大量蚕食，造成大量泥沙的淤积不断演替为挺水植物区，然后又被围垦的恶性循环。研究区的生态服务功能将快速萎缩，大量的养殖塘及农田的污染排放将进一步恶化其生态环境。

5.4.2　情景变化下主要景观类型分布

3 种情景变化下，研究区主要景观类型（乔灌植物区、挺水植物区、养殖塘）不仅面积变化存在差异，同时空间分布也存在不同。由附图 10 可知，乔灌植物区在生态保护优先情景下的分布与其余两个情景相比，在研究区上游滩地内部和下游滩地外围存在不同。这一方面是由于滩地内部的自然演替,另一方面是由于保护策略限制外围滩地的开发利用。而在自然增长情景和经济增长优先情景下,乔灌植物区分布基本无区别。这主要是由于两个情景对于乔灌植物群落开发利用的强度基本接近。

生态保护优先情景下的挺水植物区在扩张范围及速度上与其余两个情景存在显著差距(附图 11)。这主要是由于随着湿地资源的开发,泥沙淤积速度加剧,浅水区范围扩大,挺水植物群落将快速繁衍生长。而在自然增长情景和经济增长优先情景下,挺水植物区的分布也存在差异。经济增长优先情景下,滩地内部的挺水植物区将被开发利用,自然增长情景下则得到部分保留。这主要是由于经济增长优先情景对于滩地内部的开发利用强度更大。

生态保护优先情景下养殖塘的分布范围与其余两个情景存在显著差距,在研究区外湖滩地和下游滩地能明显看出自然增长情景和经济增长优先情景下的扩张(附图 12)。这主要是由于养殖塘是研究区最主要的开发利用方式。而在自然增长情景和经济增长优先情景下,养殖塘的分布也存在差异。经济增长优先情景下,在滩地内部分布更多,同时在水流尾端有向外湖扩张的趋势。这主要是由于经济增长优先情景对于湿地资源的开发利用强度更大。

5.4.3　不同情景景观格局分析

为了进一步分析不同情景下的模拟结果空间分布差异,从能表征景观的破碎度、多样性和物理连接度等景观意义出发,选取 4 个景观水平的指数,包括斑块密度、蔓延度指数、连接度指数、香农多样性指数,比较 3 种情景下模拟结果的景观格局差异,结果如表 5-9 所示。

表 5-9　不同情景景观格局指数

情景	斑块密度	蔓延度指数	连接度指数	香农多样性指数
现状	56.39	62.72	99.55	0.96
自然增长	49.75	60.92	99.59	1.04
生态保护优先	53.52	62.32	99.59	0.99
经济增长优先	46.86	61.28	99.59	1.04

与现状相比,3 种不同情景呈现斑块密度下降,蔓延度指数下降,连接度指数和香农多样性指数上升的趋势。这体现出不管在何种情景下,研究区占主要部分的敞水区都将进一步缩减,各景观类型分布面积将趋于一致,但不同情景在速度上呈现显著差距。在生态保护优先情景下,各指数最趋近于现状,而在经济增长优先情景下,各指数的变化幅度最大。经济增长优先情景下的蔓延度指数高于

自然增长情景,这主要是由于占研究区面积次多的养殖塘的面积大量扩张,相互连接起来,呈集聚现象。

5.5　讨　　论

1)本章将乔灌植物群落和挺水植物群落视为两类景观单元,综合考虑生物物理驱动因素和社会经济因素,从景观尺度对湿地植物群落的动态变化进行模拟,在基本单元(10 m×10 m 栅格)的水平上取得了良好的效果。这说明 CLUE-S 模型适用于该地区的湿地景观变化研究。将 CLUE-S 模型用于模拟未来该地区湿地植物群落动态变化是可行的,有助于理解该地区湿地植物群落的空间分布格局演变。

2)本章通过研究近 10 年洪泽湖河湖交汇区典型湿地植被的变化,总结出在3 种不同情景下可能的发展趋势,结合客观的数学模型分析交汇区淤积滩乔灌植物区和挺水植物区的演变趋势。在自然增长和经济发展优先情景下,受现有淤积滩及围垦养殖影响,泥沙不断淤积成滩侵占大量敞水区面积,自然演替出大量挺水植物区,并大量转化为养殖塘,这与当地鼓励“靠湖吃湖”经济创收是分不开的。而在生态保护优先情景下,受淮河泥沙自然淤积影响,敞水区面积虽然仍有小幅下降,但可基本维持洪泽湖河湖交汇区的生态功能,这符合洪泽湖渔业规划全面禁止新增养殖面积,进一步压缩现有养殖面积,在围网退养区实施生态修复的思路[36]。

3)洪泽湖河湖交汇区在未来情景下的面积变化趋势是通过分析历史遥感影像获得湿地面积变化趋势,同时结合规划情景,最后经过线性插值得到的。而非空间面积需求量计算上也有多种预测模型,包括 Markov 模型[37]、GM(1,1)模型[38]和时间序列函数方法[39]等。将非空间预测结果嵌入 CLUE-S 模型进行空间分布预测将是下一步的研究方向。

4)自然增长情景下各景观类型的分布及景观指数与经济增长优先情景下的情形更为接近,说明按现有的演变趋势研究区的乔灌植物群落不断萎缩,而挺水植物群落将无序分布,导致研究区生态功能恶化。对研究区实施严格保护势在必行,维持洪泽湖河湖交汇区的生态功能一方面要严格控制人工景观如养殖塘和农田的扩张,同时促进其退塘还湖、退田还湖,另一方面应控制泥沙淤积的速度,使整个研究区维持动态平衡。当前围垦已经沿水流方向不断向湖区延伸,对交汇区湿地植物群落的自然演替产生极大的干扰,严重降低了其生态服务功能。

5.6　小　　结

1）本章利用 CLUE-S 模型将乔灌植物群落和挺水植物群落视为两类景观单元，综合考虑生物物理驱动因素和社会经济因素，在基本单元（10 m×10 m 栅格）的水平上，模拟洪泽湖河湖交汇区 2023 年自然增长、生态保护优先及经济增长优先情景下湿地景观的时空变化，精度检验结果表明，模拟取得了良好的效果。CLUE-S 模型适用于该地区的湿地植物群落动态变化研究。

2）在自然增长情景下，挺水植物区分布面积上升，乔灌植物区分布面积有所减少，敞水区分布面积大量减少，养殖塘和农田面积有所上升；在生态保护优先情景下，乔灌植物区分布面积有所上升，挺水植物区分布面积有微小上升，敞水区分布面积略有减少，养殖塘和农田面积也呈下降趋势；在经济发展优先情景下，挺水植物区、养殖塘和农田分布面积上升，乔灌植物区分布面积有所减少，敞水区分布面积大量减少。3 种不同情景下可能的发展趋势为，敞水区面积都呈现下降趋势，乔灌植物区面积变化较小呈下降趋势，挺水植物区面积呈现上升趋势。其中，生态保护优先情景下，受泥沙淤积影响敞水区转化为自然植被，但在自然增长和经济增长优先情景下，敞水区大量转化为人工景观（养殖塘和农田）。

3）3 种情景变化下，研究区主要景观类型（乔灌植物区、挺水植物区、养殖塘）不仅面积变化存在差异，同时空间分布也存在不同。乔灌植物区在生态保护优先情景下的分布与其余两个情景相比，在研究区上游滩地内部和下游滩地外围存在不同；挺水植物区在自然增长情景和经济增长优先情景下的滩地周边及水流尾端大量分布；而经济增长优先情景下养殖塘在滩地内部分布呈聚集状态，同时在水流尾端有向外湖扩张的趋势。

4）与现状相比，3 种不同情景呈现斑块密度下降，蔓延度指数下降，连接度指数和香农多样性指数上升的趋势。这体现出不管在何种情景下研究区占主要部分的敞水区都将进一步缩减，各景观类型分布面积将趋于一致，但不同情景在速度上呈现显著差距。在生态保护优先情景下，研究区更能维持现有生态状况，而其余两个情景将导致生态恶化。

参 考 文 献

[1] 王伯荪. 植物群落学[M]. 北京: 高等教育出版社, 1987.

[2] 周灿芳. 植物群落动态研究进展[J]. 生态科学, 2000, 19(2): 53-59.

[3] HERBEN T, DURING H J, LAW R. Spatio-temporal Patterns in Grassland Communities[C]. Laxenburg: ILASA Interim Report, 1999.

[4] 徐崇刚, 胡远满, 常禹, 等. 生态模型的灵敏度分析[J]. 应用生态学报, 2004, 15(6): 1056-1062.

[5] MALANSON G P. Intensity as a third factor of disturbance regime and its effect on species diversity[J]. Oikos, 1984, 43(3): 411-413.

[6] KEANE R E. Classification and prediction of successional plant communities using a pathway model[R]. General technical report INT-US Department of Agriculture, Forest Service, Intermountain Research Station (USA), 1989.

[7] KEANE R E, ARNO S F, BROWN J K, et al. an ecological process model for fire succession in western conifer forests[R]. USDA Forest Service Gen. Tech. Rep. INT-266. Intermountain Research Station, Ogden, 1989 .

[8] BUSING R T. A spatial model of forest dynamics[J]. Plant Ecology, 1991, 92(2): 167-179.

[9] PACALA S W, CANHAM C D, SAPONARA J, et al. Forest models defined by field measurements: estimation, error analysis and dynamics[J]. Ecological Monographs, 1996, 66(1): 1-43.

[10] GUISAN A, ZIMMERMANN N E. Predictive habitat distribution models in ecology[J]. Ecological Modelling, 2000, 135(2-3): 147-186.

[11] FERRIER S, GUISAN A. Spatial modelling of biodiversity at the community level[J]. Journal of Applied Ecology, 2006, 43(43): 393-404.

[12] 郝敦元, 刘钟龄, 王炜, 等. 内蒙古草原退化群落恢复演替的研究: 群落演替的数学模型[J]. 植物生态学报, 1997, 21(6): 503-511.

[13] 延晓冬, 赵士洞, 于振良. 中国东北森林生长演替模拟模型及其在全球变化研究中的应用[J]. 植物生态学报, 2000, 24(1): 1-8.

[14] 刘振国, 李镇清, 董鸣. 植物群落动态的模型分析[J]. 生物多样性, 2005, 13(3): 269-277.

[15] 吕娜, 倪健. 浙江天童国家森林公园植被自然演替动态模拟[J]. 应用生态学报, 2013, 24(1): 161-169.

[16] DIRNB CK T, DULLINGER S, GRABHERR G. A regional impact assessment of climate and land-use change on alpine vegetation[J]. Journal of Biogeography, 2003, 30(3): 401-417.

[17] WHITE P S, WILDS S P, STRATTON D A. The distribution of heath balds in the Great Smoky Mountains, North Carolina and Tennessee[J]. Journal of Vegetation Science, 2001, 12(4): 453-466.

[18] SILVA E A, CLARKE K C. Calibration of the SLEUTH urban growth model for Lisbon and Porto, Portugal[J]. Computers Environment & Urban Systems, 2002, 26(6): 525-552.

[19] HUANG H M, ZHANG L Q, GUAN Y J, et al. A cellular automata model for population expansion of *Spartina alterniflora* at Jiuduansha Shoals, Shanghai, China[J]. Estuarine Coastal & Shelf Science, 2008, 77(1): 47-55.

[20] 王东辉, 张利权, 管玉娟. 基于 CA 模型的上海九段沙互花米草和芦苇种群扩散动态[J]. 应用生态学报, 2007, 18(12): 2807-2813.

[21] KOK K, WINOGRAD M. Modelling land-use change for Central America, with special reference to the impact of Hurricane Mitch[J]. Ecological Modelling, 2002, 149(1-2): 53-69.

[22] KOK K, VELDKAMP A. Evaluating impact of spatial scales on land use pattern analysis in Central America[J]. Agriculture Ecosystems & Environment, 2001, 85(1-3): 205-221.

[23] 黄明, 张学霞, 张建军, 等. 基于 CLUE-S 模型的罗玉沟流域多尺度土地利用变化模拟[J]. 资源科学, 2012, 34(4): 769-776.

[24] 刘淼, 胡远满, 常禹, 等. 土地利用模型时间尺度预测能力分析: 以 CLUE-S 模型为例[J]. 生态学报, 2009, 29(11): 6110-6119.

[25] 戴声佩, 张勃. 基于 CLUE-S 模型的黑河中游土地利用情景模拟研究: 以张掖市甘州区为例[J]. 自然资源学报, 2013, 28(2): 336-348.

[26] 王丽艳, 张学儒, 张华, 等. CLUE-S 模型原理与结构及其应用进展[J]. 地理与地理信息科学, 2010, 26(3): 73-77.

[27] 朱康文, 李月臣, 周梦甜. 基于 CLUE-S 模型的重庆市主城区土地利用情景模拟[J]. 长江流域资源与环境, 2015, 24(5): 789-797.

[28] VERBURG P H, SOEPBOER W, VELDKAMP A, et al. Modeling the spatial dynamics of regional land use: the CLUE-S model[J]. Environmental Management, 2002, 30(3): 391-405.

[29] 钟海燕. 鄱阳湖区土地利用变化及其生态环境效应研究[D]. 南京: 南京农业大学, 2011.

[30] 曹瑞娜. 基于 GIS 和 CLUE-S 模型的山区土地利用情景模拟研究[D]. 泰安: 山东农业大学, 2014.

[31] JR R G P, SCHNEIDER L C. Land-cover change model validation by an ROC method for the Ipswich watershed, Massachusetts, USA[J]. Agriculture Ecosystems & Environment, 2001, 85(1-3): 239-248.

[32] SCHNEIDER L C, RGJR P. Modeling land-use change in the Ipswich watershed, Massachusetts, USA[J]. Agriculture Ecosystems & Environment, 2001, 85(1-3): 83-94.

[33] 余建英. 数据统计分析与 SPSS 应用[M]. 北京: 人民邮电出版社, 2003.

[34] Scientific Steering Committee and International Project Office of LUCC. Land-Use and Land-Cover Change (LUCC): Implementation Strategy[R]. Sweden: Stockholm, 1999.

[35] 盛晟, 刘茂松, 徐驰, 等. CLUE-S 模型在南京市土地利用变化研究中的应用[J]. 生态学杂志, 2008, 27(2): 235-239.

[36] 李希之, 李秀珍, 任璘婧, 等. 不同情景下长江口滩涂湿地 2020 年景观演变预测[J]. 生态与农村环境学报, 2015, 31(2): 188-196.

[37] 陆汝成, 黄贤金, 左天惠, 等. 基于CLUE-S和Markov复合模型的土地利用情景模拟研究: 以江苏省环太湖地区为例[J]. 地理科学, 2009, 29(4): 577-581.

[38] 卞子浩, 马小雪, 龚来存, 等. 不同非空间模拟方法下 CLUE-S 模型土地利用预测: 以秦淮河流域为例[J]. 地理科学, 2017, 37(2): 252-258.

[39] 许月卿, 罗鼎, 郭洪峰, 等. 基于CLUE-S模型的土地利用空间布局多情景模拟研究: 以甘肃省榆中县为例[J]. 北京大学学报(自然科学版), 2013, 49(3): 523-529.

第6章 河湖交汇区两类退化湿地的
人工修复技术及效果

从第 5 章的研究结论中看到，自然增长和经济增长优先两个情景将导致生态恶化，而在生态保护优先情景下，研究区也只能是维持现有的生态状态。因此，为了保护和改善洪泽湖湿地生态环境，必须有进一步的生态对策。首先必须保护和改善现有的生物群落，对现有的退化湿地采取必要的人工生态修复技术[1]。只有使各类适生植物快速生长，使植物群落结构得到优化[2,3]，才能使洪泽湖湿地生态系统在吸收氮磷、净化水质、固定碳素、释放氧气等生态功能，以及提供水生植物农产品、提高木材蓄积量等经济功能方面得到提高[4,5]。为此，本章研究以河湖交汇区面积最大的湖面滩为对象，于 2016 年初春和 2017 年初春，在高程由低到高分布的淤积浅滩和高淤积滩两类湿地上选择一些退化的区域进行人工修复试验。其中淤积浅滩主要是对芦苇-莲-菱群落的莲和菱进行补植，高淤积滩主要是栽植杨树，建立杨树人工林群落。于 2018 年 6 月 1 日～6 月 10 日，对两类人工修复后的滩地进行样地调查，草本群落参照张宏斌等[6]的方法，木本群落结合林木生长量对植物群落修复的效果进行评估，取得较好的效果。

6.1 样地调查测定及数据处理

6.1.1 样地设置

每一类植物群落都设置 4 个样地，其中 3 个是人工修复样地，1 个是未经修复的对照。4 个样地分别设立样方 30 个，样方规格为 1 m×1 m，取样方法为系统取样法[7,8]。

6.1.2 调查和测定内容及方法

参照文献[9]和文献[10]的方法调查和测定草本植物群落的种类及其个体数、平均高、频度、盖度。参照文献[11]和文献[12]的方法测定木本植物杨树的生物量。林分生物量的具体测定方法如下。

地上部分生物量测定：在杨树林里，分别于 4 个样地选取标准木 3 株，伐倒后实测树高及胸径，以 2 m 为区分段进行分层切割，分别测定各段的树干、树枝、树皮、树叶的鲜质量，然后分别取各器官的混合样 200 g。树干、树皮的取样方法均是分别在每 1 段取 200 g, 再混合均匀, 后用四分法取样; 树枝的取样方法是从树冠的 4 个方向分别取粗细树枝 200 g, 再混合均匀; 树叶的取样方法是在混合均匀的树叶堆里取 800 g, 再采用四分法取样。样品带回实验室后, 置于 105℃恒温箱内烘干至恒质量, 计算含水率及各器官的干重。

地下部分生物量测定: 采用全挖法, 以树为中心, 外挖 1 个半径为 2 m 的圆形剖面, 将根系及泥土一起挖出, 取出所有根系并清理干净泥土后称量树根鲜质量。取大小根系混合样 200 g, 带回实验室, 置于 105℃恒温箱内烘干至恒质量, 计算含水率及干重。

在群落调查时, 还测量各样方的基底高程。

6.1.3　数据处理

对研究区湿地群落的优势种、亚优种及主要伴生种的频度、生活型、多优度、群聚度、聚生多度及物候期等指标进行统计, 频度和生活型分别按 C.Raunkiaer 和 Raunklaw 标准, 多优度-群聚度按法瑞学派传统的野外工作打分法, 聚生多度采用 Drude 多度, 物候期则按常用的三阶段分类法[13]。

乔木植物群落物种多样性的计算方法, 以及对群落内物种的高度、频度、生活型、多优度-群聚度、聚生多度及物候期等指标进行定性的描述方法, 都参照 2.2.2 节的方法。而草本植物物种的相对重要值的计算方法有所不同, 具体为

相对重要值（Ⅳ, %）＝（相对高度+相对频度+相对盖度)/3

其中:

相对高度=单个物种植株根基部到顶端的垂直距离平均值/
　　　　　样方所有物种高度的平均值×100%

相对频度=单个物种的单个样方数量/样方物种总数量×100%

相对盖度=单个物种的地上部分的垂直投影面积之和/样方面积×100%

此外, 还增加 Simpson 多样性指数（D）, 其计算方法为

$$D = 1 - \sum P_i^2$$

式中, P_i 为物种 i 的相对重要值。

6.2　淤积浅滩芦苇-莲-菱群落生态修复技术要点及效果

由芦苇、莲、菱等构成的植物群落在洪泽湖河湖交汇区广泛存在。该植物群落具有年生物生长量大、净化水质功能强、景观优美等多重功能, 其中的莲和菱又是经济植物, 所生产的藕和菱既是蔬菜又可以作水果, 具有较好的经济效益。然而, 由于自然和人为因素的影响, 湿地很多区域遭受较严重的干扰并退化。项目选择六道沟的新淤滩面, 在 2016 年的 3 月前后, 对其植被退化的湿地进行修复,

主要措施是人工密植或补植莲和菱，具体数量因湿地植被的分布格局而异。

6.2.1　研究方法

1. 生态修复技术要点

补植莲、菱前，人工清除水花生、喜旱莲子草；根据需要少量移栽芦苇，增加密度与数量，填补空白边滩生态位。

（1）芦苇

芦苇为禾本科，属多年生，水生、沼生或湿生高大禾草。芦苇在洪泽湖河湖交汇区湿地淤积浅滩属于优势种，对底质、水质、气候的适应性很广。在一般情况下，芦苇第一年栽植，3 年后产量（生物量干重）可达到 4.5 t·hm^{-2} 以上，高产区域可达 34 t·hm^{-2} 以上[13]。

移栽：根据淤积浅滩地空白边滩需要，少量移栽芦苇。在 5～6 月，选择高度 50～100 cm 的芦苇，带土移栽。选择茎粗壮、2～3 株在一起的苇苗，挖成长和宽各 15 cm、高 20 cm 的土块，移植在 20 cm 深的坑里踩实。芦苇栽植株行距 1 m 左右。

芦滩管理：洪泽湖河湖交汇区淤积浅滩湿地养分充足，芦苇无须施肥。5～6 月植株进入旺盛生长初期，芦苇成为优势种。

芦苇收获：12 月及时进行收割。收割时保留 5 cm 割茬，确保秋芽不受损害和枯枝落叶腐烂后归还土壤，维持土壤养分平衡。

（2）莲

莲，又称荷，为莲科，属多年生水生草本。洪泽湖河湖交汇区多地的淤积浅滩适合莲的栽培，水源充足，水流缓慢，淤泥层达 15 cm 左右，冬季水不干涸。莲在淤积浅滩适宜水深为 50～100 cm。选择六道沟相关区域，在 4～5 月进行人工密植、补植。

繁殖与种植：采用分株繁殖。选取生长健壮的根茎，将具有完整苫芽的主藕或子藕留 2～3 节切断，藕苫朝上斜插入浅滩中，以利地下茎的发展。栽后稍镇压，以防水位涨高后浮起。种植密度为株距 1～1.5 m，行距 1.5～2 m。由于六道沟地区莲的生长总体良好，只在密度低的地方进行少量补种。

栽培管理：六道沟淤积浅滩光照充足，随着季节变化，水位波动较大。淤积浅滩养分充足，莲藕种植后无须施肥。莲栽 1 个月左右，浮叶渐枯黄，及时摘去浮叶，使阳光透入水中，提高小生境的温度。

（3）菱

菱为菱科，属一年生浮叶草本。菱喜生于底质肥沃、阳光充足，水深约 100 cm 的水域中。在六道沟淤积浅滩的适宜水深区域，3～5 月适宜进行人工密植、补植。

播种：选择淤积浅滩浅水区域种植菱，在 4 月初，水温稳定在 12℃以上时进行。主要在菱的生长密度低的滩位撒播补植。

管理：洪泽湖滩地比较肥沃，菱的生长期间不需要施肥。

采收留种：8 月上旬，立秋过后，可采收嫩菱。随着菱发育成熟，萼片脱落，尖角出现，手触易落，因此采用分次采收，每隔 5 d 左右采收一次，共 5～7 次。

　　2. 取样方法

样地 1～3 为淤积浅滩芦苇-莲-菱复合生态修复技术示范区，分别由滩底向滩顶沿直线每隔 10 m 设立 1 个样地，因此从样地 1 至样地 3 基底高程略有提高。无修复滩地（对照）在由滩底向滩顶沿直线 0～10 m 区域。

6.2.2 芦苇-莲-菱群落物种组成及其相对重要值

各样地植物群落的物种组成及其相对重要值如表 6-1 所示，经生态修复的滩地与对照相比在物种数量、物种组成和优势种的构成上均有较大区别。滩地物种组成涉及 18 科 22 属，共 23 种。其中，禾本科种数最多，共 3 个种：菰、节节麦、芦苇；其次为眼子菜科、蓼科、莎草科，各有 2 个种，分别是马来眼、菹草，酸模叶蓼、杠板归和水葱、扁秆藨草。

表 6-1　各样地植物群落的物种组成及其相对重要值

序号	物种名称	科属	物种相对重要值			
			对照	样地 1	样地 2	样地 3
1	马来眼 *Potamogeton malaianus*	眼子菜科眼子菜属	—	0.0140	0.0497	—
2	金鱼藻 *Ceratophyllum demersum* L.	金鱼藻科金鱼藻属	—	0.0121	0.0455	—
3	荇菜 *Nymphoides peltatum* (Gmel.) O. Kuntze	龙胆科荇菜属	0.1300	0.1081	0.0317	0.0300
4	菹草 *Potamogeton crispus* L.	眼子菜科眼子菜属	—	—	0.0115	—
5	菱 *Trapa bispinosa* Roxb.	菱科菱属	—	0.1355	0.1038	0.1280
6	水鳖 *Hydrocharis dubia*	水鳖科水鳖属	0.0436	—	0.0159	0.0251
7	槐叶苹 *Salvinia natans* (L.) All.	槐叶苹科槐叶苹属	0.0450	—	0.0140	0.0434
8	浮萍 *Lemna minor* L.	浮萍科浮萍属	0.2000	—	0.0192	0.0588
9	菰 *Zizania latifolia* (Griseb.) Stapf	禾本科菰属	—	0.1037	0.0465	0.1091
10	节节麦 *Aegilops tauschii* Coss.	禾本科山羊草属	—	0.0294	0.0498	—
11	喜旱莲子草 *Alternanthera philoxeroides* (Mart.) Griseb.	苋科莲子草属	0.0550	0.0467	0.0235	0.0628
12	莲 *Nelumbo nucifera*	睡莲科莲属	—	0.1200	0.1422	0.1071

续表

序号	物种名称	科属	物种相对重要值			
			对照	样地 1	样地 2	样地 3
13	柳 *Salix babylonica*	杨柳科柳属	—	—	0.0082	0.0142
14	酸模叶蓼 *Polygonum lapathifolium* L.	蓼科蓼属	0.0100	—	0.0071	0.0094
15	鸡矢藤 *Paederia scandens* (Lour.) Merr.	茜草科鸡矢藤属	0.0444	—	0.0243	0.0344
16	水葱 *Scirpus validus* Vahl	莎草科藨草属	—	—	0.0167	
17	扁秆藨草 *Scirpus planiculmis* Fr. Schmidt	莎草科莎草属	—	0.0010	—	—
18	香蒲 *Typha orientalis*	香蒲科香蒲属	0.1716	0.0484	0.1643	0.1693
19	芦苇 *Phragmites australis* (Cav.) Trin. ex Steud.	禾本科芦苇属	0.3010	0.2074	0.2261	0.2077
20	印度蔊菜 *Rorippa indica* (L.) Hiern.	十字花科蔊菜属	—	0.0064	—	
21	盒子草 *Actinostemma tenerum* Griff.	葫芦科盒子草属	—	0.0232		
22	葎草 *Humulus scandens*	桑科葎草属	—	0.0154		
23	杠板归 *Polygonum perfoliatum* L.	蓼科蓼属	—	0.0201	—	—
	合计		1	1	1	1

在 3 类略有高程差异的样地中，样地 2 物种最多，包括 18 个物种，涵盖 15 个科 17 个属，其中，芦苇、莲和菱 3 个优势种的相对重要值分别为 0.2261、0.1422 和 0.1038。另外，香蒲的相对重要值达到 0.1643，这主要由它的高度所致，它构成群落的亚优种群；另有马来眼、金鱼藻、菰、节节麦的相对重要值都大于 0.0400，这些物种也是群落的重要伴生种；而柳和酸模叶蓼的相对重要值极低，属群落偶见种。样地 1 有 15 个物种在滩涂中出现，涵盖 13 个科 15 个属，其中，芦苇、莲和菱 3 个优势种的相对重要值分别为 0.2074、0.1200 和 0.1355，主要伴生种为蔊菜和菰。样地 3 有 13 个物种，涵盖 12 个科 13 个属，其中，芦苇、莲和菱 3 个优势种的相对重要值分别为 0.2077、0.1071 和 0.1280，同样地 2 一样，香蒲也是群落的亚优种群，而主要伴生种为菰。无修复滩地物种数最少，有 9 个物种，涵盖 9 个科 9 个属，其中，芦苇的相对重要值为 0.3010，浮萍和香蒲的相对重要值次之，分别为 0.2000 和 0.1716，二者构成群落的共优种群，主要伴生种为蔊菜、水鳖等。从以上结果可以看出，修复后的植物群落优势种芦苇的相对重要值下降，而莲与菱的优势凸显，物种多样性也大有提高，说明修复的效果非常显著。

6.2.3　芦苇-莲-菱植物群落分布及群落特征

随着基底高程的抬升，洪泽湖入湖河口滩涂的植物都呈明显的带状分布，各样地的植物类型和植物带宽存在明显差异（表 6-2）。

　　在物种频度上，在 3 个修复样地上，除优势种、部分亚优种和其他极少数物种的频度为 B 级外，其他都为 A 级；而对照滩地上芦苇、扁秆藨草以及喜旱莲子草的频度虽然是 B 级，但剩下物种的频度皆为 A 级，甚至低于某些伴生种，优势种芦苇仅分布在狭窄的堤岸地带。各样地的各物种频度都相对较低，这主要是因为大多数物种都随基底高程的抬升而呈明显的带状分布，很少有物种像槐叶苹、浮萍和喜旱莲子草等可横跨多个植被带[14]；除马来眼子菜、金鱼藻、莕菜和菱的物候期为花果期外，其他多数植物都处于营养期；在生活型上，各样地都以多年生地下芽植物为主，仅有槐叶苹、浮萍、酸模叶蓼、鸡矢藤、印度蔊菜和盒子草等物种为一年生植物。

　　在聚生多度上，各样地的优势种和亚优种为很多或多，个体相互靠拢成大片或背景化，偶见种和部分伴生种个别或单株出现，或小块聚生，其他大部分伴生种则介于二者之间。

表 6-2　各样地植物群落特征描述

样地	物种名称	频度	物候期	生活型	多优度-群聚度	聚生多度
对照	马来眼子菜 *Potamogeton malaianus*	A	○(∨, +)	G	1-2	sp.gr
	金鱼藻 *Ceratophyllum demersum* L.	A	○(∨, +)	G	1-2	sp.gr
	莕菜 *Nymphoides peltatum* (Gmel.) O. Kuntze	A	○(∨, +)	G	2-4	cop^1.soc
	菱 *Trapa bispinosa* Roxb.	A	○(∨, +)	G	1-2	sp.gr
	菰 *Zizania latifolia* (Griseb.) Stapf	A	—	G	2-3	cop^1.soc
	节节麦 *Aegilops tauschii* Coss.	A	—	G	2-3	cop^2.soc
	喜旱莲子草 *Alternanthera philoxeroides* (Mart.) Griseb.	B	—	G	1-2	sp.gr
	扁秆藨草 *Scirpus planiculmis* Fr. Schmidt	B	○(∨, +)	G	2-5	cop^2.soc
	香蒲 *Typha orientalis*	A	—	G	1-3	sp.gr
	芦苇 *Phragmites australis* (Cav.) Trin. ex Steud.	B	—	G	3-5	cop.soc
	柳 *Salix babylonica*	A	—	G	-1	scl.gr
	印度蔊菜 *Rorippa indica* (L.) Hiern.	A	—	T	-1	scl.gr
	盒子草 *Actinostemma tenerum* Griff.	A	○(∨, +)	T	-1	un.gr
	葎草 *Humulus scandens*	A	—	T	-1	un.gr
	杠板归 *Polygonum perfoliatum* L.	A	—	T	-1	un.gr
样地 1	马来眼子菜 *Potamogeton malaianus*	A	○(∨, +)	G	1-2	sp.gr
	金鱼藻 *Ceratophyllum demersum* L.	A	○(∨, +)	G	1-2	sp.gr
	莕菜 *Nymphoides peltatum* (Gmel.) O. Kuntze	A	○(∨, +)	G	2-4	cop^1.soc
	菱 *Trapa bispinosa* Roxb.	A	○(∨, +)	G	1-2	sp.gr

续表

样地	物种名称	频度	物候期	生活型	多优度-群聚度	聚生多度
样地 1	菰 *Zizania latifolia* (Griseb.) Stapf	A	—	G	2-3	cop¹.soc
	节节麦 *Aegilops tauschii* Coss.	A	—	G	2-3	cop¹.soc
	喜旱莲子草 *Alternanthera philoxeroides* (Mart.) Griseb.	B	—	G	1-2	sp.gr
	扁秆藨草 *Scirpus planiculmis* Fr. Schmidt	B	○(∨, +)	G	2-5	cop¹.soc
	香蒲 *Typha orientalis*	A	—	G	1-3	sp.gr
	芦苇 *Phragmites australis* (Cav.) Trin. ex Steud.	B	—	G	3-5	cop³.soc
	柳 *Salix babylonica*	A	—	G	−1	scl.gr
	印度蔊菜 *Rorippa indica* (L.) Hiern.	A	—	T	−1	scl.gr
	盒子草 *Actinostemma tenerum* Griff.	A	○(∨, +)	T	−1	un.gr
	葎草 *Humulus scandens*	A	—	T	−1	un.gr
	杠板归 *Polygonum perfoliatum* L.	A	—	T	−1	un.gr
样地 2	马来眼子菜 *Potamogeton malaianus*	A	○(∨, +)	G	2-4	cop¹.soc
	金鱼藻 *Ceratophyllum demersum* L.	A	○(∨, +)	G	1-3	sp.gr
	荇菜 *Nymphoides peltatum* (Gmel.) O. Kuntze	A	○(∨, +)	G	2-4	cop¹.soc
	菹草 *Potamogeton crispus* L.	A	—	G	1-2	sp.gr
	菱 *Trapa bispinosa* Roxb.	A	○(∨, +)	G	1-2	sp.gr
	水鳖 *Hydrocharis dubia*	A	—	G	1-1	sp.gr
	槐叶苹 *Salvinia natans* (L.) All.	B	—	T	1-1	sp.gr
	浮萍 *Lemna minor* L.	B	—	T	1-1	sp.gr
	菰 *Zizania latifolia* (Griseb.) Stapf	A	—	G	2-3	cop.soc
	节节麦 *Aegilops tauschii* Coss.	A	—	G	1-3	sp.gr
	喜旱莲子草 *Alternanthera philoxeroides* (Mart.) Griseb.	B	—	G	2-3	sp.gr
	莲 *Nelumbo nucifera*	A	—	G	2-3	cop².soc
	柳 *Salix babylonica*	A	—	G	−1	un.gr
	酸模叶蓼 *Polygonum lapathifolium* L.	A	—	T	−1	un.gr
	鸡矢藤 *Paederia scandens* (Lour.) Merr.	A	—	T	−1	un.gr
	水葱 *Scirpus validus* Vahl	A	—	G	−1	un.gr
	香蒲 *Typha orientalis*	A	—	G	2-4	cop.soc
	芦苇 *Phragmites australis* (Cav.) Trin. ex Steud.	B	—	G	3-5	cop³.soc
样地 3	菱 *Trapa bispinosa* Roxb.	C	○(∨, +)	G	3-5	cop¹.soc
	荇菜 *Nymphoides peltatum* (Gmel.) O. Kuntze	B	○(∨, +)	G	1-2	sp.gr
	水鳖 *Hydrocharis dubia*	B	—	G	1-2	sp.gr

续表

样地	物种名称	频度	物候期	生活型	多优度-群聚度	聚生多度
样地 3	菰 *Zizania latifolia* (Griseb.) Stapf	A	—	G	2-3	cop¹.soc
	槐叶苹 *Salvinia natans* (L.) All.	B	—	T	1-1	sp.gr
	浮萍 *Lemna minor* L.	B	—	T	1-1	sp.gr
	喜旱莲子草 *Alternanthera philoxeroides* (Mart.) Griseb.	B	—	G	2-3	sp.gr
	香蒲 *Typha orientalis*	A	—	G	2-4	cop³.soc
	芦苇 *Phragmites australis* (Cav.) Trin. ex Steud.	A	—	G	2-4	cop².soc
	酸模叶蓼 *Polygonum lapathifolium* L.	A	—	T	-1	un.gr
	鸡矢藤 *Paederia scandens* (Lour.) Merr.	A	—	T	-1	un.gr

注：频度 C、B、A 分别表示 40%~60%、20%~40%、0~20%；物候期—、。（∨，+）分别表示营养期、花果期；生活型 G、T 分别表示地下芽植物、一年生植物；多优度 3、2、1、+分别表示盖度为 25%~50%、5%~25%、5%以下、盖度很小且数量很少；群聚度 5、4、3、2、1 分别表示集成大片背景化、小群或大块、小片或小块、小丛或小簇、个别散生或单生；聚生多度 cop³、cop²、cop¹、sp、scl、un 分别表示很多、多、尚多、不多而分散、少或个别、单株；soc、gr 分别表示个体相互靠拢成大片或背景化、丛生成小团块或小块聚生。

6.2.4　生态修复对芦苇-莲-菱草本植物群落多样性指数的影响

物种多样性指数是群落内物种丰富度和均匀度的综合反映，与二者高度正相关。从表 6-3 可见，样地 2 植物群落的物种丰富度最高，为 18 种，样地 1 次之，为 15 种，样地 3 的物种丰富度为 13 种，对照滩地的物种丰富度最低，为 8 种。样地 2 物种的 Shannon-Wiener 多样性指数最高（2.446），样地 1（2.069）与样地 3（1.915）次之，对照最低（1.621），样地 2、样地 1 和样地 3 分别比对照高 50.89%、27.63%、18.14%；Simpson 多样性指数样地 2 最高（0.820），样地 3（0.766）与样地 1（0.794）次之，对照最低（0.620），样地 2、样地 1 和样地 3 分别比对照高 32.26%、28.06%、23.55%；样地 2 的 PieLou 群落均匀度指数为 0.813，样地 1 的 PieLou 群落均匀度指数为 0.757，样地 3 的 PieLou 群落均匀度指数为 0.678，而对照最低（0.494），样地 2、样地 1 和样地 3 比对照高 64.57%、53.24%、37.25%。对照滩地除物种丰富度低外，物种多样性、物种均匀度均与生态修复的滩涂相差较大。修复滩地的物种多样性、物种均匀度提高也表明植物群落处于健康状态。对照滩地芦苇、浮萍大面积出现的现象得到逐步改善。3 个样地之间的差异是由于这些样地主要由水域组成，水的深浅和淹水时间长短使物种生长的进程不一样，从而导致物种生长呈带状分布。由于基底的泥沙淤积较为缓慢，植物演替进程逐步推进，植物长势也良好。样地 3 的物种数量虽然较少，但物种多样性指数却高于样地 1，且植物长势最好，多种植物的高度都高于其他样地的同种植物。这主要缘于该滩地基底的泥沙淤积速度最缓慢，最为稳定的基底环境更加适宜植物的生长。因此，样地 3 的植物群落也处于健康状态。

表 6-3　各样地植物群落的物种多样性指数

样地	Shannon-Wiener 多样性指数	Simpson 多样性指数	PieLou 群落均匀度指数	物种丰富度
对照	1.621	0.620	0.494	8
样地 1	2.069	0.794	0.757	15
样地 2	2.446	0.820	0.813	18
样地 3	1.915	0.766	0.678	13

6.3　高淤积滩杨树人工林群落修复技术及效果

根据湿地气候、水位、降雨等自然条件，高淤积滩地适合于种植杨树，可以产生较好的经济效益。但是现有的杨树林存在生产力低下问题，主要原因在于：一是密度低，品种混杂；二是滩地高程低，杨树生长 3 年以后，随着根系的深入，淹水对林木生长产生不利影响。试验选择六道沟高淤积滩湿地，于 2017 年 3 月引种南林 95 杨和南林 3804 杨品种进行 2 年生插干苗造林。

6.3.1　研究方法

1. 引种杨树的主要特性

在六道沟高淤积滩湿地引种杨树，引进品种为南林 95 杨和南林 3804 杨。栽种 2 年生插干苗高 4.5 m 左右，胸径 2.5～3.0 cm。

南林 95 杨：雌株是从美洲黑杨与欧美杨杂交后代群体中选育出来的无性系。乔木，树形高大，干形通直圆满，尖削度小，分枝粗度中等，树皮薄；叶片大，心形，叶长 14～19 cm，叶色绿色，3 月中下旬开花，4 月上旬为芽萌动期，4 月中旬放叶，11 月下旬落叶，整个生长期为 239 d。喜光、喜水、喜肥，在光照、水肥比较充足的情况下，生长十分迅速。抗溃疡病及褐斑病，对杨树食叶害虫和蛀干害虫有一定抗性，较耐盐碱、干旱瘠薄，无性繁殖能力强，优质、高产，遗传稳定性高，为优良品种。

南林 3804 杨：雄株是通过多性状联合改良而选育的速生、优质、高产、高抗美洲黑杨优良无性系。树冠中等；不产生花絮，可改善雌株产生的花絮对环境的影响，喜光、喜水、喜肥。叶心形，正面叶脉红色。苗干棱线明显。树皮深纵裂，深灰色。春季发叶早，秋季落叶迟，生长周期长。耐旱、耐水湿，适应性强，生长快，干形、材质优。对杨树褐斑病和杨锈病有较强抗性，蛀干害虫少，耐水湿。在土层厚、土壤疏松、排水良好的立地上长势极好，速生性尤为明显。春季扦插繁殖，成活率高达 90% 以上。

2. 人工修复技术方案要点

（1）立地选择

选择六道沟高淤积滩。该片湿地光照时间长、土壤深厚肥沃、保水能力强且透气性好，全光照，土壤类型为具有团粒结构且适合杨树生长的沙壤土[15]。

（2）整地与底肥

整地前人工清除拉拉藤等，以利于整地和杨树苗生长。机械开沟为 5～8 m 宽平台，中间留 3 m 左右排水沟，平整土地，台上种植杨树。整地做床做到精细整地，施足基肥，利于插条的萌发及生长。2016 年初冬，深耕 25～30 cm，耕后不耙，拣净石块、草根、树根；2017 年开春，施足底肥，按照文献[16]、[17]推荐的方案，施优质厩肥 600 kg·亩$^{-1}$ 和 45%的氮、磷、钾复合肥 50 kg·亩$^{-1}$。

（3）扦插育苗

2017 年 2 月下旬～3 月上旬，选用苗干通直、苗高 4～5 m、胸径 2.5～3.0 cm 且无病虫害的苗木，进行深插栽植。参考文献[18]的研究方法，栽植间距为 5 m×6 m。

（4）抚育管理

杨树插穗萌芽后，初期靠插穗本身所含的养分和下切口从土壤吸取的水分维持生命和生长。进入生根期后，幼苗顶端长出嫩叶，苗木开始真正生长，苗木生根期一直持续到 5 月中旬。在洪泽湖地区，春季雨水多，一般年份能保证幼苗生长。

（5）病虫害及杂草防治

对杨树苗木构成威胁的病虫害主要是白杨透翅蛾，防治方法为采用 40%氧化乐果乳油、50%杀螟松、50%辛硫磷乳剂等 800～1000 倍液喷枝干 3～4 次，每次喷药间隔 15d 左右。同时，杨树溃疡病容易于杨树苗木栽培初期发生，尤其 4 月中旬～5 月处于发病盛期，所以应及时清理感病苗木，做好修剪、截干处理等工作，消灭病原菌。可以用刀切除主枝溃疡病斑，涂刷 45%施纳宁水溶剂[19]。另外，为了防止杂草对杨树幼苗生长的影响，在苗木栽培后第一年夏季对所在区域采用 61%草甘膦钾盐除草剂喷杂草上[20]。

3. 取样方法

调查的样地分别为杨树人工林生态修复技术示范区的 3 个样地和无林滩地（对照），共 4 个样地。其中，杨树人工林生态修复技术示范区植被主要为杨树林，杨树间距为 5 m×6 m。该滩地有不同的泥土淤积高度，相对于淤积浅滩的高程要高，且地势较为平缓。所以，样地 1～样地 3 设置的高程分别为 4.3 m、4.6 m、4.9 m。对照设在高程为 4.9 m 处。

6.3.2 杨树人工林群落的物种组成及其相对重要值

由表 6-4 可见，杨树林下的物种组成涉及 11 科，共 20 种植物。其中菊科种数最多，共 5 个种，包括一年蓬、小飞蓬、小蓟、苍耳、鬼针草；其次为禾本科，有 3 个种，分别是结缕草、狗尾草、稗；再次是豆科、蓼科和大戟科，各有 2 个种，分别是野豌豆、野绿豆，两栖蓼、红蓼和铁苋菜和叶下珠，还有唇形科的野薄荷、蔷薇科的蛇莓、茜草科的鸡矢藤、鸭跖草科的鸭跖草、葡萄科的乌蔹莓、萝藦科的萝藦。

表 6-4 杨树人工林各样地植物群落的物种组成及其相对重要值

序号	植物名称	科属	相对重要值			
			对照	样地 1	样地 2	样地 3
1	小飞蓬 Conyza canadensis (L.) Cronq.	菊科白酒草属	0.052	—	—	—
2	一年蓬 Erigeron annuus (L.) Pers.	菊科飞蓬属	0.103	0.054	0.189	0.050
3	小蓟 Cirsium setosum (Willd.) MB.	菊科蓟属	0.081	—	0.058	—
4	苍耳 Xanthium sibiricum Patrin ex Widder	菊科苍耳属	0.032	—	0.036	—
5	鬼针草 Bidens pilosa L.	菊科鬼针草属	0.217	0.142	0.102	0.075
6	结缕草 Zoysia japonica Steud.	禾本科结缕草属	—	0.152	0.064	0.131
7	狗尾草 Setaria viridis (L.) Beauv.	禾本科狗尾草属	—	0.113	0.097	0.188
8	稗 Echinochloa crusgalli (L.) Beauv.	禾本科稗属	0.088	0.123	0.097	0.181
9	铁苋菜 Acalypha australis L.	大戟科铁苋菜属	0.045	0.041	0.032	—
10	叶下珠 Phyllanthus urinaria L.	大戟科叶下珠属	—	—	0.010	0.073
11	两栖蓼 Polygonum amphibium L.	蓼科蓼属	—	0.065	0.085	0.082
12	红蓼 Polygonum orientale L.	蓼科蓼属	0.010	—	—	—
13	野豌豆 Vicia sepium L.	豆科野豌豆属	—	0.033	0	0.021
14	野绿豆 Indigofera pseudotinctoria Matsum.	豆科木兰属	0.018	0.036	0.040	—
15	野薄荷 Mentha haplocalyx Briq.	唇形科薄荷属	—	0.050	0.001	—
16	蛇莓 Duchesnea indica (Andr.) Focke	蔷薇科蛇莓属	0.095	0.035	0.053	—
17	鸡矢藤 Paederia scandens (Lour.) Merr.	茜草科鸡矢藤属	0.156	—	0.089	0.182
18	鸭跖草 Commelina communis	鸭跖草科鸭跖草属	0.083	0.025	—	—
19	乌蔹莓 Cayratia japonica (Thunb.) Gagnep.	葡萄科乌蔹莓属	0.020	0.095	0.045	—
20	萝藦 Metaplexis japonica (Thunb.) Makino	萝藦科萝藦属	—	0.036	0.002	0.017
	合计		1	1	1	1

不同样地植物群落在物种数量、物种组成和优势种的构成上均有较大区别。对照林滩地中有 13 个物种，涵盖 9 个科。其中，鬼针草的相对重要值最高，构成优势种群，鸡矢藤次之，构成亚优势种群，一年蓬等物种也有较高的相对重要值，这些物种则为群落的主要伴生种，红蓼、乌蔹莓和野绿豆的相对重要值极低，故

属群落偶见种。由于杨树林处在幼年，尚未形成郁闭的环境，林下杂草数量较多。样地 1 有 14 个物种出现，涵盖 11 个科，其中结缕草的相对重要值最高，构成优势种群；鬼针草次之，构成群落亚优势种群；稗、狗尾草等物种也有较高的相对重要值，这些物种为群落的主要伴生种；蛇莓的相对重要值极低，故属群落偶见种。样地 2 中有 16 个物种出现，涵盖 10 个科，其中一年蓬的相对重要值最高，构成优势种群；鬼针草次之，构成群落亚优势种群；狗尾草、稗等物种也有较高的相对重要值，这些物种为群落的主要伴生种；铁苋菜的相对重要值极低，故属群落偶见种。样地 3 中物种最少，包括 10 个物种，涵盖 7 个科，其中狗尾草的相对重要值最高，构成优势种群；鸡矢藤、稗次之，构成群落亚优势种群；结缕草、两栖蓼等物种也有较高的相对重要值，这些物种为群落的主要伴生种；野豌豆的相对重要值极低，故属群落偶见种。

6.3.3　杨树人工林各样地植物群落分布及群落特征

从表 6-5 可见，与其他滩涂类似，随着基底高程的抬升，洪泽湖河湖交汇区高淤积滩的植物呈明显的带状分布。各样地的植物类型和植物带宽存在明显差异。在样地 1 带状区域内，分布着蛇莓、鸭跖草、稗、鬼针草、两栖蓼、野豌豆、结缕草、狗尾草、野绿豆、一年蓬等物种，一年蓬在整个水面上都有少量分布。在样地 2 带状区域内，分布着乌蔹莓、鸡矢藤、蛇莓、野绿豆、两栖蓼、铁苋菜、稗、狗尾草、结缕草、鬼针草、苍耳、一年蓬、小蓟等物种。在样地 3 带状区域内，分布着一年蓬、鬼针草、结缕草、狗尾草、稗、叶下珠、两栖蓼、野豌豆、鸡矢藤、萝藦等物种。对照滩地区域内，分布着小飞蓬、一年蓬、小蓟、苍耳、鬼针草、稗、铁苋菜、红蓼、蛇莓、鸡矢藤、鸭跖草、乌蔹莓等物种。

表 6-5　杨树人工林各样地植物群落特征

样地	物种名称	高度/m	频度	物候期	生活型	多优度-群聚度	聚生多度
对照	小飞蓬 *Conyza canadensis* (L.) Cronq.	3.0~4.0	A	○(∨,+)	G	2-4	cop^1.soc
	苍耳 *Xanthium sibiricum* Patrin ex Widder	0.1~0.9	B	○(∨,+)	T	1-3	sp.gr
	鬼针草 *Bidens pilosa* L.	0.30~1.00	B	(∨,+)	T	2-3	cop^1.soc
	稗 *Echinochloa crusgalli* (L.) Beauv.	0.15~1.2	B	○(∨,+)	T	1-3	sp.gr
	红蓼 *Polygonum orientale* L.	0.55~1.2	A	○(∨,+)	T	2-4	cop^2.soc
	鸭跖草 *Commelina communis*	0.1~1.0	C	○(∨,+)	T	1-2	sp.gr
	乌蔹莓 *Cayratia japonica* (Thunb.) Gagnep.	3~4	A	○(∨,+)	G	1-3	sp.gr
	铁苋菜 *Acalypha australis* L.	0.2~0.50	A	○(∨,+)	G	1-2	sp.gr
	蛇莓 *Duchesnea indica* (Andr.) Focke	0.3~1.00	A	○(∨,+)	G	1-3	sp.gr

续表

样地	物种名称	高度/m	频度	物候期	生活型	多优度-群聚度	聚生多度
对照	一年蓬 *Erigeron annuus* (L.) Pers.	0.3~1.0	C	○(∨,+)	G	2-4	cop¹.soc
	小蓟 *Cirsium setosum* (Willd.) MB.	0.3~1.5	A	○(∨,+)	G	2-4	cop¹.soc
	鸡矢藤 *Paederia scandens* (Lour.) Merr.	1.0~1.2	A	○(∨,+)	G	2-4	cop¹.soc
样地 1	蛇莓 *Duchesnea indica* (Andr.) Focke	0.3~1.00	C	○(∨,+)	G	1-3	sp.gr
	鸭跖草 *Commelina communis*	0.1~1.0	C	○(∨,+)	T	1-2	sp.gr
	稗 *Echinochloa crusgalli* (L.) Beauv.	0.15~1.2	B	○(∨,+)	T	1-3	sp.gr
	鬼针草 *Bidens pilosa* L	0.30~1.00	B	○(∨,+)	T	2-3	cop¹.soc
	两栖蓼 *Polygonum amphibium* L.	0.05~0.12	C	○(∨,+)	G	1-3	sp.gr
	野豌豆 *Vicia sepium* L.	0.3~1.0	A	○(∨,+)	G	1-3	sp.gr
	结缕草 *Zoysia japonica* Steud.	0.14~0.20	A	○(∨,+)	G	2-3	cop².soc
	狗尾草 *Setaria viridis* (L.) Beauv.	0.1~1.0	B	○(∨,+)	G	1-3	sp.gr
	野绿豆 *Indigofera pseudotinctoria* Matsum.	1.00~3.00	C	○(∨,+)	G	2-4	cop¹.soc
	一年蓬 *Erigeron annuus* (L.) Pers.	0.3~1.0	A	○(∨,+)	G	2-4	cop¹.soc
	铁苋菜 *Acalypha australis* L.	0.2~0.50	A	○(∨,+)	G	1-2	sp.gr
	野薄荷 *Mentha haplocalyx* Briq.						
	乌蔹莓 *Cayratia japonica* (Thunb.) Gagnep.	3~4	A	○(∨,+)	G	2-4	cop¹.soc
	萝藦 *Metaplexis japonica* (Thunb.) Makino	7.0~8.0	A	—	G	1-2	sp.gr
样地 2	乌蔹莓 *Cayratia japonica* (Thunb.) Gagnep.	3~4	A	○(∨,+)	G	2-4	cop¹.soc
	鸡矢藤 *Paederia scandens* (Lour.) Merr.	1.0~1.2	A	○(∨,+)	G	2-4	cop¹.soc
	蛇莓 *Duchesnea indica* (Andr.) Focke	0.3~1.00	B	○(∨,+)	G	1-3	sp.gr
	野绿豆 *Indigofera pseudotinctoria* Matsum.	1.00~3.00	A	○(∨,+)	G	2-4	cop¹.soc
	两栖蓼 *Polygonum amphibium* L.	0.05~0.12	C	○(∨,+)	G	1-3	sp.gr
	铁苋菜 *Acalypha australis* L.	0.2~0.50	A	○(∨,+)	G	1-2	sp.gr
	稗 *Echinochloa crusgalli* (L.) Beauv	0.15~1.2	B	○(∨,+)	T	1-3	sp.gr
	狗尾草 *Setaria viridis* (L.) Beauv.	0.1~1.0	A	○(∨,+)	G	1-3	sp.gr
	结缕草 *Zoysia japonica* Steud.	0.14~0.20	A	○(∨,+)	G	2-3	cop².soc
	鬼针草 *Bidens pilosa* L	0.30~1.00	B	○(∨,+)	T	2-3	cop¹.soc
	苍耳 *Xanthium sibiricum* Patrin ex Widder	0.1~0.9	C	○(∨,+)	T	1-3	sp.gr
	一年蓬 *Erigeron annuus* (L.) Pers.	0.3~1.0	C	○(∨,+)	G	1-3	sp.gr
	小蓟 *Cirsium setosum* (Willd.) MB.	0.3~1.5	B	○(∨,+)	G	1-3	sp.gr
	叶下珠 *Phyllanthus urinaria* L.	0.01~0.06	B	○(∨,+)	T	2-4	cop¹.soc
	野豌豆 *Vicia sepium* L.	0.01~0.06	A	○(∨,+)	G	1-3	sp.gr
	萝藦 *Metaplexis japonica* (Thunb.) Makino	7.0~8.0	A	—	G	1-2	sp.gr

续表

样地	物种名称	高度/m	频度	物候期	生活型	多优度-群聚度	聚生多度
样地 3	一年蓬 *Erigeron annuus* (L.) Pers.	0.3~1.0	A	○(∨,+)	G	1-3	sp.gr
	鬼针草 *Bidens pilosa* L	0.30~1.00	B	○(∨,+)	T	2-3	cop¹.soc
	结缕草 *Zoysia japonica* Steud.	0.14~0.20	A	○(∨,+)	G	2-3	cop².soc
	狗尾草 *Setaria viridis* (L.) Beauv.	0.1~1.0	C	○(∨,+)	G	1-3	sp.gr
	稗 *Echinochloa crusgalli* (L.) Beauv	0.15~1.2	C	○(∨,+)	T	1-3	sp.gr
	叶下珠 *Phyllanthus urinaria* L.	0.01~0.06	B	○(∨,+)	T	2-4	cop¹.soc
	两栖蓼 *Polygonum amphibium* L.	0.05~0.12	A	○(∨,+)	G	1-3	sp.gr
	野豌豆 *Vicia sepium* L.	0.3~1.0	A	○(∨,+)	G	1-3	sp.gr
	鸡矢藤 *Paederia scandens* (Lour.) Merr.	1.0~1.2	A	○(∨,+)	G	2-4	cop¹.soc
	萝藦 *Metaplexis japonica* (Thunb.) Makino	7.0~8.0	A	—	G	1-2	sp.gr

注：频度 C、B、A 分别表示 40%～60%、20%～40%、0～20%；物候期—、○（∨，+）分别表示营养期、花果期；生活型 G、T 分别表示地下芽植物、一年生植物；多优度 3、2、1、+分别表示盖度为 25%～50%、5%～25%、5%以下、盖度很小且数量很少；群聚度 5、4、3、2、1 分别表示集成大片背景化、小群或大块、小片或小块、小丛或小簇、个别散生或单生；聚生多度 cop²、cop¹、sp 分别表示多、尚多、不多而分散；soc、gr 分别表示个体相互靠拢成大片或背景化、丛生成小团块或小块聚生。

对于同一物种，无论是一年蓬、小飞蓬，还是野豌豆、绿豌豆，以及蛇莓、乌蔹莓等植物，高度在各样地差异明显，都表现为在无林滩地最高，在样地 3 最低。在物种频度上，在样地 1 和样地 3，除优势种、部分亚优种和其他极少数物种的频度为 B、C 级外，其他都为 A 级；而在对照滩地，优势种之一的鸭跖草频度虽然达到 C 级，但另一优势种乌蔹莓仅为 A 级，甚至低于某些伴生种，这主要是由于对照滩地由较为陡峭的堤岸与低而平缓的近岸宽阔水体组成，水体内植物等在水面多有分布，而优势种乌蔹莓仅分布在狭窄的堤岸地带。

各样地的各物种频度都相对较低，除了小蓟、鬼针草和蛇莓等可横跨多个植被带；除萝藦的物候期为营养期外，其他多数植物都处于花果期；在生活型上，各样地都以多年生地下芽植物为主，仅有苍耳、叶下珠、稗和红蓼、鬼针草、鸭跖草等物种为一年生植物。

6.3.4 高淤积滩杨树人工林营造对草本植物群落的物种多样性指数的影响

从表 6-6 的调查结果看，样地 2 植物群落的物种最丰富，为 16 种，样地 1 和对照次之，分别为 14 和 13 种，样地 3 的物种丰富度最低，为 10 种。样地 2 物种的 Shannon-Wiener 多样性指数最高（1.998），样地 1（1.871）与样地 3（1.686）次之，对照滩地最低（1.663），样地 2、样地 1 和样地 3 分别比对照滩地高 20.14%、12.51%、1.38%；Simpson 多样性指数样地 2 最高（0.820），样地 1（0.794）与样地 3（0.660）次之，对照滩地最低（0.632），样地 2、样地 1 和样地 3 分别比对照滩地多 29.75%、25.63%、4.43%；样地 2 的 PieLou 群落均匀度指数为 0.813，样地 1 为 0.757，对照滩地为 0.694，而样地 3 最低（0.678），修复样地 1、2 比对照滩地多 9.08%、17.15%、而样地 3 则减少了 2.31%。但本地物种葎草随着淹水时间的减少，有增加的趋势。

表 6-6　杨树人工林各样地植物群落的物种多样性指数

样地	Shannon-Wiener 多样性指数	Simpson 多样性指数	PieLou 群落均匀度指数	物种丰富度
对照	1.663	0.632	0.694	13
样地 1	1.871	0.794	0.757	14
样地 2	1.998	0.82	0.813	16
样地 3	1.686	0.66	0.678	10

6.3.5　杨树林分生物量

杨树经过 2~3 年的生长，已经形成一定的生物量（表 6-7）。杨树人工林中不同径阶杨树各器官的生物量均以树枝占单株总生物量的比例最大，单株生物量的积累主要是树枝生物量的积累，其次是树干生物量，树叶生物量所占比例最小。生物量分配规律是树枝>树干>树根>树叶。不同样地之间比较，从样地 1 至样地 3 高程从 4.3 m 提高到 4.6 m，地下水位下降，因此适生性随之提高。平均胸径、平均树高、单株生物量都是样地 3>样地 2>样地 1，三者的林分总生物量分别为 21.45 t·hm^{-2}、19.00 t·hm^{-2} 和 14.61 t·hm^{-2}。因此通过生态修复形成健康的杨树人工林群落后，系统生产力明显增加。

表 6-7　杨树人工林不同样地杨树生物量

样地	株数/ (株·hm^{-2})	平均 胸径/cm	平均树高/ cm	单株各器官平均生物量/kg				单株总生物量/ (kg·株$^{-1}$)	总生物量/ (t·hm^{-2})
				树干	树枝	树叶	树根		
样地 1	915	6.12	7.83	5.47	9.20	0.11	1.18	15.96	14.61
样地 2	945	8.03	11.02	6.99	10.92	0.24	1.96	20.11	19.00
样地 3	900	10.11	11.74	7.34	12.65	0.54	3.30	23.83	21.45

6.4　讨　　论

本章研究结果显示，经过生态修复的淤积浅滩芦苇-莲-菱复合生态系统植物长势良好，物种丰富度、多样性和均匀度均比无修复的滩地有不同程度的提高，这一结果符合现代生态学的种-面积关系[21]。究其原因，生态修复中补种的植物使滩涂基底的泥沙淤积缓慢，水文动力干扰减少[22]，稳定的基底环境更加适宜植物的生长，从而使植物演替进程逐步推进。同时，修复前滩地浮萍大面积出现的现象得到逐步改善。修复后滩地的物种多样性、物种均匀度提高，表明植物群落处于健康状态[23]。而藤生性极强的喜旱莲子草在不同滩涂内都横跨数个植物带分布，无论是从相对重要值，还是从分布频度来看，该物种对现有植物群落的生态安全都构成威胁，因此栽培管理中应及时实施喜旱莲子草的清理工作。

高淤积滩的修复与无修复的滩地之间的差异是这些样地生境条件的改变，导致林下草本植物层物种组成的改变。地下水位直接影响杨树的生长，在 3 个样地中，样地 2 的高程居中，杨树生长和郁闭度中等，物种多样性最高，样地 3 的高程最高，地下水位最低，所以生长最旺盛，郁闭度最高，而草本植物层物种丰富度随着林分郁闭度上升而呈下降趋势。这一研究结果表明，滩地造林总体上增加了植物群落的多样性，这与孙银银等[24]的研究结果一致。但林分的郁闭会限制其下层植物的生长，导致多样性呈下降趋势，刘磊等[25]和唐孝甲等[26]的研究也得出类似结果。可见人工林林分郁闭度左右着林下植物的组成及分布[27,28]。但是从杨树人工林的生物多样性和林分生物量来综合评判，样地 3 虽然多样性有所下降，但是林木生物量高，林地生产力高，碳汇能力和对氮磷元素的吸收能力都提高，因此生态修复后的生态效益和经济效益价值应该是最高的。

6.5　小　结

洪泽湖河湖交汇区的淤积浅滩中的芦苇-莲-菱群落，经生态修复后 3 个样地的物种总数有 23 种，其中物种最多的样地（样地 2）有 18 个物种，物种多样性、均匀度比对照提高 18.14%～64.58%。水的深浅和淹水时间长短使物种生长的进程不一样，导致物种生长呈带状分布。由滩底向滩顶沿直线 10～20 m 区域生态修复效果最佳，因此要尽量减少人为干预，确保其沿着正常的演替进程发育。

洪泽湖河湖交汇区的高淤积滩涂中，草本植物物种总数有 20 个物种。人工修复的杨树林群落中，草本植物物种最多的样地（样地 2）有 16 个物种，而物种最少的样地（样地 3）有 10 个草本植物物种；生态修复的滩地比对照 Shannon-Wiener 多样性指数高 1.38%～20.14%，Simpson 多样性指数高 4.43%～29.75%，修复样地1、2 均匀度比无修复滩地多 9.08%、17.15%，而样地 3 比无修复滩地减少 2.31%。这是由于随着淤积高度提高，地下水位降低，促进了杨树的生长，杨树郁闭度提高。生态修复后的滩涂，比对照增加 14.61～21.45 t·hm^{-2} 的林木生物量，其中，相对高程 4.3 m 的滩地林木生物量，高程 4.9 m 的滩地林木生物量有了大幅提高，因此高位滩地更适合营造杨树人工林。

参 考 文 献

[1] 刘伟, 但新球, 刘世好, 等. 浅海湿地生态系统恢复技术初探[J]. 湿地科学, 2014, 1212(5): 606-611.

[2] 彭少麟. 恢复生态学与植被重建[J]. 生态科学, 1996, 1515(2): 26-31.

[3] 崔丽娟, 赵欣胜, 张岩, 等. 退化湿地生态系统恢复的相关理论问题[J]. 世界林业研究, 2011, 2424(2): 1-4.

[4] KRZICA M, NEWMANB R F, BROERSMA K. Plant species diversity and soil quality in harvested and grazed boreal aspen stands of Northeastern British Columbia[J]. Forest Ecology and Management, 2003, 18(2), 315-325.

[5] HUANG L, SUN K, BAN J, et al. Public perception of blue-algaebloom risk in Hongze Lake of China[J]. Environmental Manage-ment, 2010, 4545(5): 1065-1075.

[6] 张宏斌, 孟好军, 刘贤德, 等. 甘肃省张掖市黑河流域中游典型退化湿地植被特征及生态恢复技术[J]. 湿地科学, 2012, 100(2): 194-199.

[7] 马克平. 北京东灵山地区植物群落多样性的研究 II：丰富度、均匀度和物种多样性指数[J]. 生态学报, 1995, 15(3): 268-277.

[8] 陈义群, 唐万鹏, 许业洲, 等.长江滩地造林对湖北草本植物群落种多样性的影响[J].南京林业大学学报(自然科学版), 2004, 28(3): 89-92.

[9] LI F R, LIU F X, JIA W W. The development of compatible treebiomass models for main species in North-Eastern China [J]. Advanced Materials Research, 2011, 183-185: 250-254.

[10] 朱丽平. 北京五种人工林生态系统生物量和碳密度研究[D]. 北京: 北京林业大学, 2016.

[11] 曾斌, 刘瑞敏, 翟学昌, 等. 不同林龄杉木人工林物种多样性研究[J]. 安徽农业科学, 2010, 38(9): 4877-4879, 4882.

[12] 杨晓毅, 李凯荣, 李苗, 等. 陕西省淳化县人工刺槐林林分结构及林下植物多样性研究[J].水土保持通报, 2011, 31(3): 194-201.

[13] 李萍萍, 吴沿友, 付为国, 等. 镇江滨江湿地植物群落结构、功能及修复技术研究, 北京: 科学出版社, 2008.

[14] 付为国, 吴翼, 李萍萍, 等. 洪泽湖入湖河口滩涂植被分异特征[J]. 湿地学, 2015, 13(5): 569-576.

[15] 冯慧想. 杨树人工林生长特性及生物量研究[D]. 北京: 中国林业科学研究院, 2007.

[16] 林达, DAO N C, 洪森先, 等. 间伐对杨树人工林土壤微生物量和氮含量的影响[J].森林与环境学报, 2016, 36(4): 416-422.

[17] 肖君, 方升佐.杨树人工林施肥效应研究进展[J]. 林业科技开发, 2007(4): 15-17.

[18] DAO N C, 崔光彩, 洪森先, 等. 间伐对杨树人工林凋落物及养分归还量的影响[J]. 林业科技开发, 2015, 29(3): 48-51.

[19] 宋芳旭, 吴小芹, 赵群, 等. 水拉恩氏菌 JZ-GX1 对杨树溃疡病菌的拮抗作用[J]. 南京林业大学学报(自然科学版), 2017, 41(4): 42-48.

[20] 祁建华. 菏泽市主要林业有害生物防治技术与推广[D]. 曲阜: 曲阜师范大学, 2015.

[21] DURRETT R, LEVIN S. Spatial models for the species-area curve[J]. Journal of Theoretical Biology, 1996, 179: 119-127.

[22] 楚恩国. 洪泽湖流域水文特征分析[J]. 水科学与工程技术, 2008(3): 22-25.

[23] 付为国, 李萍萍, 吴沿友, 等. 北固山湿地植物群落特征及其物种多样性研究[J]. 湿地科学, 2006, 44(1): 42-47.

[24] 孙银银, 王雷宏, 黄成林. 长江中下游滩地杨树林植物多样性研究[J]. 安徽林业科技, 2012, 38(2): 3-6.

[25] 刘磊, 温远光, 卢立华, 等. 不同林龄杉木人工林林下植被组成及其生物量变化[J]. 广西科学, 2007, 14(2): 172-176.

[26] 唐孝甲, 唐学君. 湿地松人工林林下植被生物多样性特征[J]. 农业与技术, 2019, 39(5): 81-82.

[27] 李登峰, 冯秋红, 颜金燕, 等. 间伐对云杉人工中幼林生物多样性的影响研究[J]. 四川林业科技, 2018, 39(3): 29-34

[28] 吴秋芳, 王景顺, 路志芳.杨树人工林退化及恢复的研究进展[J]. 中国农学通报, 2015, 31(31): 1-6.

下篇　农业生产对洪泽湖
生态环境的影响

第7章 河湖交汇区麦稻两熟农田的氮磷径流特征

7.1 概   述

7.1.1 农业面源污染

农业面源污染是指农业生产活动中，各种溶解的或不溶的污染物，包括农田中的土粒、氮素、磷素、农药、重金属，家禽家畜粪便，渔业养殖废水及农村生活垃圾等有机或无机污染物质，从非特定的地域，在降水和径流冲刷作用下，通过农田地表径流、农田排水和地下渗漏，进入受纳水体（如河流、湖泊、水库、海湾等）所引起的水体污染[1,2]。农业面源污染具有污染发生的随机性、范围的广泛性、方式的不确定性及机理过程的复杂性等特征[1-3]，致使其来源广、污染量大。它能夹带大量的泥沙、营养物、有毒有害物质进入江河、湖库，引起水体悬浮物和氮、磷浓度升高，有毒有害物质含量增加，溶解氧减少，导致水体富营养化和酸化[4,5]。

许多学者已研究证明农业面源污染是目前水体污染中较大的问题之一[6,7]。据美国国家环保局报道，农业面源污染对水资源造成的污染贡献达到50%，氮、磷等营养元素成为农业面源污染的主要污染物质[8,9]。在欧洲，丹麦270条河流中由农业面源污染引起的氮、磷负荷的比例分别为94%和52%[10]，瑞典的不同流域中60%～70%的流域总氮素输入量来自农业[11]，英国水体中硝酸盐和含磷污染物来自农业活动的比例分别为60%和25%[12]，荷兰农业面源污染提供的总氮和总磷分别占流域污染总负荷的60%和40%～50%[13]。

我国农业面源污染量较大、范围较广，复杂且多样，污染防治方面的工作开展较为缓慢。中国农业科学院农业资源与农业区划研究所的研究结果显示，21世纪初期，在我国流域面积较大的水域，如五大湖泊、滇池、三峡库区等，农业面源污染对水体富营养化的影响在进一步加剧[14]。据调查，在我国532条河流中受氮污染的河流约占80%，同时，氮、磷污染也对河流汇集的湖泊和水库等地区的水质构成较大的威胁[15]。显然，化肥、农药的大量施用和畜禽养殖废弃物的过量排放所带来的农业面源污染已经成为影响水环境的主要因素，而较低的化肥和农药利用率及其施用的不合理性和畜禽养殖规划与管理的不完善性加剧了农业面源污染，这也直接导致我国河流、湖泊或水库严重富营养化[16]。

农业面源污染不仅通过地表径流对地表水体造成污染，还可以通过地下淋失对地下水造成污染。有关资料表明，全国地下水体遭受污染的比例达 25%，其中在平原地区不符合生活用水水质标准的地下水比例约占 54%[17]。中国农业科学院自 1994 年起对北方 20 个县（市）的抽样调查结果显示，在北方施肥量较高地区的 600 多个调查点中，超过中国饮用水硝酸盐含量标准的地下水的比例为 20%，而超过主要发达国家饮用水硝酸盐含量标准的地下水的比例高达 45%[18,19]。此外，在全国其他地区由农业面源污染引起的地下水硝酸盐含量超标的现象也逐渐得到一系列的关注和重视[20,21]。陆徐荣等[22]对 2003～2004 年环洪泽湖地区浅层地下水水质的分析表明，当地水质已遭受严重污染。

在农业面源污染中，农田中化学肥料随径流流失而造成的污染占很大比例。李萍萍等[23]在太湖地区的研究显示，在农田、畜禽、渔业、生活污染 4 类面源污染物中，畜禽污染排放最大，污染负荷率约占 42%，农田和生活污染的污染负荷率各占到 24%，渔业排放近 10%。据估计，全球化肥施用总量将从 2015 年的 1.88 亿 t 增加至 2030 年的 2.23 亿 t[24]。我国 1990 年的单位耕地面积的化肥施用强度达 270.75 kg·hm^{-2}，2008 年增加至 430.43 kg·hm^{-2}，远远超过国际上为防止水体污染而设定的 225 kg·hm^{-2} 化肥使用强度上限[25]；而农作物对农田土壤养分的利用率较低，氮肥为 30%～50%，磷肥为 10%～20%，剩余的养分可通过不同途径进入水体、土壤等环境中[26]。同时，我国是农药生产和使用大国，据统计，每年农药的施用总量达 50 万～60 万 t，农药在使用的过程中会随径流产生大量的流失，因此长期不合理地使用农药势必会造成地下水、地表水、土壤环境和农作物受到污染[27]。

7.1.2　农田径流氮磷流失

1. 农田径流氮磷流失途径

农田土壤中氮磷养分流失是依靠水分运动进入地表和地下水体的。其主要表现形式分为两种：其一，在降雨条件下，氮磷养分随地表径流发生迁移，即径流；其二，土壤内氮磷养分随入渗水分沿垂直方向发生迁移，即淋溶。

氮素的迁移过程会伴随硝化、反硝化、矿化、水解、氨挥发、土壤固定和作物吸收等转化反应。施肥后，氮素主要以降雨和灌溉等作用方式流失，其中一部分以尿素等化合物的形式流失，而其余大部分主要通过径流和淋溶以可溶性的 NO_2^-、NO_3^- 和 NH_4^+ 等化合物的形式流失，进入地下水和河流[28]。有研究表明，硝态氮向农田沟渠快速迁移的主要途径是土壤渗漏，在暴雨产生径流的过程中，硝态氮是整个径流过程中的主要迁移形态[29]。磷素的迁移过程会伴随吸附和解析、固定或矿化、沉淀或溶解和作物吸收等转化反应[30]。施肥后，磷素主要通过降水和排水造成的地表径流和土壤侵蚀以溶解态磷和颗粒态磷的方式从土壤进入水体[31]。有研究表明，农田磷素以径流流失方式为主，以淋溶或渗漏方式流失较少，施肥对磷素径流流失的影响较为明显[32]。在农田径流的研究方法上，我国北方地区因干旱少雨，一般采取人工降雨建立模型对地表径流和地下淋溶进行研究，较少同时考虑淋溶和径流流失，主要集中在对养分淋失规律的研究，研究内容主要为农田径流污染物总量、区域模型预测、污染负荷等[33,34]；而我国南方地区以平原为主，降水多，一般采取径流池法及田间原位监测对地表径流进行研究[35,36]。

农田土壤中氮、磷等营养元素可通过自然降雨或不适宜的灌溉形成地表径流将其转移至地表水体中，造成土壤氮、磷等营养元素的大量流失。有研究指出，我国全年土壤流失高达 50 亿 t，从其中带走的氮、磷等养分含量约等于全国一年的化肥施用总量[37]。陈秋会等[38]在太湖流域对稻麦轮作农田土壤氮磷流失的分析表明，农田地表径流氮、磷污染负荷较高，年均流失量差异较大，总氮和总磷的流失量分别为 18.55～78.21 kg·hm^{-2} 和 0.25～2.22 kg·hm^{-2}；王桂苓等[35]在巢湖流域对稻麦轮作农田的监测结果表明，农田地表径流总氮和总磷流失量分别为 45.27～101.38 kg·hm^{-2} 和 0.302～0.612 kg·hm^{-2}；程文娟等[39]在滇池流域对农田土壤氮磷流失的分析表明，农田地表径流总氮和总磷流失量分别为 5.07～113.16 kg·hm^{-2} 和 0.15～10.14 kg·hm^{-2}。有研究表明，在富营养化湖泊中，肥料通过地表径流的方式进入水体中的氮素和磷素分别占总氮磷量的 10% 和 4%～10%[40]。由此可见，通过农田径流流失的氮磷养分对生态环境造成的影响不可忽视，因此，研究麦稻两熟农田氮磷径流流失特征对于洪泽湖生态环境的保护等具有重要的意义。

2. 农田径流氮磷流失的影响因素

农业面源污染是多种因素（气象、水文、地理和土壤状况等）作用的结果，同时具有降雨、产流汇流规律和污染物本身的物理运动、化学反应和生化效应演变规律。影响农田氮磷流失的因素有很多，如降雨（降雨量、降雨强度和降雨历时等）、施肥（施肥量、施肥方法和施肥时间等）、地形（坡度、坡形、坡长和坡面糙率等）、土壤性质（土壤水分、有机质含量和土壤质地等）、植被覆盖和耕作方式等。

（1）降雨

有研究表明，引起农田氮磷流失的主要影响因子是降雨，包括降雨量、降雨强度和降雨历时等[41,42]。Kumar 等[43]和薛立等[44]研究表明，随着降雨量的增加，雨水和径流明显加强了对农田的冲刷作用，而氮磷等养分的流失也显著增加。Pruski 等[45]研究显示，降雨强度是影响土壤养分流失的重要气象因子。Fierer 等[46]通过人工降雨模拟对氮磷养分地表径流流失规律的研究结果表明，氮素如硝态氮和有机氮的流失量和降雨强度呈现幂函数增长的趋势。肖强等[47]通过农田降雨模拟试验表明，在降雨量相同的条件下，降雨历时长的小雨氮素养分流失量显著高于降雨历时短的大雨。Zhang 等[48]通过对农田土壤径流量与径流中不同形态氮素的特征的探究表明，产生高负荷的氮素养分径流流失的时期主要集中在 6～10 月的雨季。

（2）施肥

作物对农田养分的利用部分较少，没利用的养分会通过多种途径（径流、淋失、吸附和侵蚀等）进入环境，对环境产生一定程度的影响。Hesketh 等[49]研究表明，随着肥料施用量的增加，土壤中氮磷养分一方面因吸附饱和而发生淋失，另一方面径流流失量也会随之增加。陈秋会等[38]在太湖地区对稻麦轮作农田两种不同种植模式下氮磷径流流失特征的研究表明，有机种植模式可以显著减少农田中氮素的径流流失，且减少麦季氮素径流流失的效果要优于稻季。陈永高等[50]对太湖流域不同施肥模式农田土壤的氮磷流失研究表明，与常规施肥相比，优化施肥可有效减少地表径流氮磷流失量，不仅可以提高 31% 的作物产量，还可使作物对肥料的利用率提高 27%。石丽红等[51]研究表明，在农田施肥（基肥和追肥）后的一小段时间内（10 d 左右）农田径流水中氮磷养分浓度较后期高，其养分流失风险也相对较大，因此在农田施肥过程中应该掌握好施肥的时间。

（3）地形

影响氮磷养分径流流失的地形因素有很多，如坡度、坡形、坡长和坡面糙率等，其中坡度对径流养分流失的影响较为明显。刘俏等[52]对红壤丘陵区经济林坡地氮磷流失规律的研究表明，不同地形条件下（坡顶、凸坡和凹坡）氮磷流失差异明显，且均符合坡地养分流失的"坡度临界"规律，其临界坡度为 10.22°～18.55°，其中总氮和硝态氮的流失强度关系为坡顶>凹坡>凸坡，而总磷和铵态氮的流失强度关系为凹坡>坡顶>凸坡。Smith 等[53]对坡面长度与土壤侵蚀量关系的研究表明，坡度较小时其幂指数较小，坡度较大时其幂指数相应较大。

（4）土壤性质

土壤氮磷养分流失与土壤理化性质，如土壤水分、有机质含量和土壤质地等密切相关。王丽等[54]研究前期土壤含水量对坡耕地氮磷流失的影响表明，前期土壤含水量为 5%～17%，径流量随前期土壤含水量的增加而增加；前期土壤含水量为 17%～20%，径流量为递减的变化趋势。Chow 等[55]研究表明，土壤流失量和径流量随着土壤粒径增大和粗粒含量增加而减少。

（5）植被覆盖

植被覆盖可以有效降低土壤侵蚀，减少土壤养分流失。Castillo 等[56]研究表明，土壤水土流失随着植被覆盖度的增加而减少。王全九等[57]通过研究植被类型对黄土坡地径流、土壤侵蚀和和养分迁移过程的影响发现，野外草本植被在减少土壤侵蚀、拦截径流和控制养分流失等方面均优于农田作物。因此，研究植被覆盖度可以有效减少水土流失，防止水体富营养化。

（6）耕作方式

农田土壤养分流失与农作方式也密切相关。Hansen 等[58]通过研究不同农田耕作方式对径流和养分流失的影响得出，传统耕作农田养分随地下淋溶损失较大，而与传统耕作方式相比，免耕和少耕农田产生的径流量和养分流失量均较多。林超文等[59]通过研究紫色丘陵区坡耕地不同耕作和覆盖方式对水土及养分流失的影响得出，与地膜覆盖方式相比，秸秆覆盖能有效减少水土流失并增加作物产量。因此，推广少耕、免耕等耕作模式，提高植被覆盖度，可以有效削减农田养分的径流损失，加强对周边生态环境的保护。

3. 农田径流氮磷流失特征

了解农田径流氮磷流失特征对充分理解农田面源污染与水体富营养化之间的关系十分重要。焦平金等[60]在淮北平原地区对农田氮磷流失的研究结果表明，农田地表径流氮、磷浓度分别以颗粒态氮和可溶性磷为主，其可溶性氮中以溶解性有机氮为主，硝态氮是农田地表径流无机氮流失的主要成分。雷沛等[61]在丹江口水库对流域内不同种植制度下农田氮磷流失的研究结果表明，农业小区径流磷素均以颗粒态为主，其占总磷含量的比例超过 60%；硝态氮是地表径流无机氮流失的主要成分，其占总氮含量的比例超过 50%。陈秋会等[38]对太湖流域麦稻轮作农田径流氮磷流失的研究结果表明，径流水中氮素流失的主要形态在稻季和麦季不同，麦季的氮、磷素流失形态分别以硝态氮和可溶性磷为主，流失量占氮、磷径流总量的比例分别为 69.59%~84.25%和 72.73%~97.22%，而在稻季氮素流失形态以铵态氮为主，最高约占氮径流总量的 67.88%。由此可见，不同地区农田径流养分的流失形态存在一定差异。

7.1.3　洪泽湖地区农田径流污染的研究

江苏省环境科学研究院对洪泽湖流域污染物进行源解析，发现农业面源污染比例占 45%以上，已经成为洪泽湖水体富营养化的主要原因之一[14]。纪小敏等[62]通过调查 2003~2010 年入湖水量及主要入湖河道水质情况，估算洪泽湖多年平均污染物入湖总量为铵态氮 2.18 万 t、总磷 0.45 万 t、总氮 8.47 万 t、化学需氧量 53.12 万 t。不同类型农田的污染物排放系数不同，有研究表明，以总氮为例，稻田的总氮排放系数为 19.77~34.10 kg·hm^{-2}（平均为 26.94 kg·hm^{-2}），露地蔬菜为 22.72 kg·hm^{-2}，旱地及桑茶果园为 11.07 kg·hm^{-2}，而设施蔬菜最低，仅为 8.98 kg·hm^{-2}[63]。刘庆淮[64]对洪泽湖区域洪泽区（县）的调查结果表明，不同土地利用方式的土壤有机质含量由高到低依次为蔬菜地、水稻土、果树地，而全氮与有机质含量之间呈线性相关；土地利用方式对土壤速效磷的影响较大，其中菜地土壤速效磷最高，然后依次为灌溉水田、旱地、苗圃、林地、桑园、果树。由此可见，在该区域相对单一的麦稻两熟制土地利用方式是面源污染负荷增加的重要原因。自 20 世纪 90 年代以来，洪泽湖地区农田氮磷含量一直处于盈余状态，远远超过当地作物正常生长所需的量[65,66]。据统计，2013 年环洪泽湖区域化肥施用总量为 52.08 万 t，平均化肥施用强度为 528 kg·hm^{-2}，是全国平均水平 359 kg·hm^{-2} 的 1.47 倍，远远超过国际上为防止水体污染而设定的 225 kg·hm^{-2} 的化肥使用强度上限[14]。

然而，上述研究大都从宏观进行估算，对具体的农田养分流失产生面源污染的过程和特征尚未见报道。本章在前人研究的基础上，在洪泽湖河湖交汇区进行定点试验，对该地主要种植制度——麦稻两熟农田的氮磷径流特征及其对湖区水体环境的影响进行研究。

7.2　研　究　方　法

7.2.1　试验区概况

研究区选定在江苏省淮安市洪泽区（县）老子山镇的杨圩滩，该滩由水面及滩涂湿地组成，区域面积约为 10 000 hm^2。试验选一个农户的责任田作为麦稻两熟农田地表径流监测的重点试验监测点，种植制度为年内水稻与小麦水旱轮作，年间麦稻两熟连作，土壤类型为典型水稻土。试验开始日期为 2015 年 11 月 28 日，结束时间为 2016 年 11 月 30 日。根据试验需要，进行小型农田水利工程建设和监测设施安装。监测点土壤的基本性质如表 7-1 所示。从表 7-1 可见，监测点表层土壤有机质含量在中等偏上水平，而氮磷养分含量在中等偏下水平。

表 7-1　监测点土壤的基本性质

土层	pH	有机质含量/ (g·kg^{-1})	硝态氮含量/ (mg·kg^{-1})	铵态氮含量/ (mg·kg^{-1})	全氮含量/ (g·kg^{-1})	全磷含量/ (g·kg^{-1})	速效磷含量/ (mg·kg^{-1})	有效钾含量/ (mg·kg^{-1})
0～20 cm	8.40	24.37	15.36	2.17	1.98	0.82	22.41	142.28
20～40 cm	8.77	17.95	5.78	2.32	0.32	0.16	11.24	111.86

7.2.2　农田监测方案设计

根据全国第一次污染源普查，参考文献[67]中农田养分流失系数的测算，采取田间原位监测及径流池法，在降雨产流后测定径流量，并采集径流水样，检测径流水样中各养分指标。有关监测小区和径流池的建设，参考文献[67]中有关水旱轮作农田地表径流面源污染监测设施建设技术和规范进行设计和实施，具体设计如下。

1. 监测小区设计

1）试验小区为长方形，规格为 10 m×4 m，面积为 40 m^2，3 次重复，共 3 个径流小区。试验小区设计如图 7-1 所示。

2）田埂：为防止小区间的水分和养分串流现象的出现，需用田埂将其隔开。田埂地上部分 20 cm，宽 20 cm，并用塑料膜包覆田埂，埋入土中深度为 15 cm。

3）保护行：将试验区与大田通过在试验区四周设保护行分开，其保护行每一边的宽度设置为 2 m。

4）地下水监测井：在抽排池附近打一口直径 30 cm、深 5 m 的水井，用于观察降雨条件下地下水水质的变化情况。

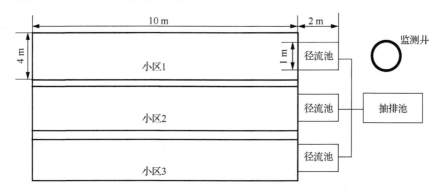

图 7-1　监测小区示意图

2. 径流池设计

径流池规格：小区收集径流水对应的径流池如图 7-2 所示，其长、宽、深分别为 200 cm、100 cm 和 120 cm，其中地表以下的径流池深和地表以上的高度分别为 100 cm 和 20 cm。小区平面向径流池倾斜的坡度小于 3°。

径流池盖：本试验径流池盖所用的是无缝钢板，主要是为了防止雨水及其他因素干扰。

排水凹槽：在径流池底部用混凝土浇筑一个长、宽和深均为 10 cm 的凹槽，用于与抽排池之间的连通。产生的径流水量则为排水凹槽体积与径流池体积之和。

抽排池：在径流池外增设一个抽排池，如图 7-2 所示，其长、宽、深分别为 200 cm、100 cm 和 150 cm，其中地表以下的径流池深和地表以上的高度分别为 120 cm 和 30 cm。抽排池与径流池通过 5 cm 直径的 PVC 管与排水凹槽相连，主要用于抽空径流池中的径流水。

径流收集管：各小区与径流池通过径流收集管相连，径流收集管安装在各小区正中间的位置，如图 7-2 所示，且各小区径流收集管的高度一致。

径流池及径流收集管示意图如图 7-2 所示。麦稻水旱两熟农田径流监测试验所用的径流收集管由 5 cm 直径的 PVC 管和三通管制作而成，如图 7-2 所示。3 个入水口均带盖子。入水口 1（田间有排水沟时用，管底壁与田间排水沟沟底相平，按照本试验区沟深 15 cm 的深度布置入水口 1）用于收集旱作小麦生长期产生的径流水；入水口 2（管底壁与地平面保持一致）用于收集水稻晒田期（或休闲期）产生的径流水；入水口 3（管口高于地平面 7 cm）主要用于水稻灌水期产生的径流水。在相应时期，只打开其中一个入口，其具体的设计规格如图 7-2 所示。

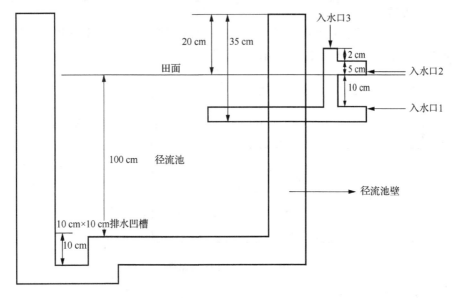

图 7-2　径流池及径流收集管纵切面示意图

7.2.3　田间管理措施

径流小区内作物种植与管理，除了按时排水、收集径流和分析测试外，其余基本上与当地其他的田间管理相同。

第一季作物小麦在 2015 年 11 月 28 日播种，在播种方式上采用撒播，每个小区的撒播量为 0.75 kg。病虫草害防治与施肥管理分别按当地小麦优质管理方式进行，分别于 2016 年 3 月中旬和 2016 年 5 月下旬施用农药，施药方式采用叶面喷施；分别于 2016 年 2 月 27 日和 2016 年 4 月 1 日进行第一次和第二次追肥，施肥方式为浇施，具体施肥量如表 7-2 所示。第一季小麦在 2016 年 6 月 24 日完成收获。

表 7-2　小麦、水稻常规施肥量　　　　　　（单位：kg·hm^{-2}）

种植作物	基肥施肥量 （复合肥）	第一次追肥施肥量 （尿素）	第二次追肥施肥量 （复合肥）	总施氮量	总施磷量
小麦	449.8	225.0	300.0	217.1	112.5
水稻	449.8	300.0	300.0	251.9	112.5

第二季作物水稻在 2016 年 6 月 10 日播种,并于 2016 年 7 月 1 日移栽至小区,小区移栽密度为当地常规尺寸 9 cm×4 cm。病虫草害防治与施肥管理分别按当地水稻优质管理方式进行,分别于 2016 年 8 月、2016 年 9 月和 2016 年 10 月施用农药,施药方式采用叶面喷施;分别于 2016 年 8 月 19 日和 2016 年 10 月 6 日进行第一次和第二次追肥,施肥方式为喷施,具体施肥量如表 7-2 所示。第二季水稻在 2016 年 11 月 25 日完成收获。

第一季小麦和第二季水稻的基肥及第二次追肥均为三元复合肥(氮、磷、钾养分各 15%),第一次追肥均为尿素(总氮含量为 46.49%),具体施肥量如表 7-2 所示。

7.2.4　样品采集

1. 降雨数据

降雨量的数据利用 HOBO 自动气象站(RG3-M)自动记录,并整理,可以得到降雨量、降雨强度及温度。雨量计(黑白相间圆柱形)安装在农田附近,其工作原理如下:在一定面积上落入的降水超过某一限度会使其中的翻斗发生翻转,一次翻转代表 0.2 mm 的降雨量,通过记录翻转的时刻和次数,可以间接得到降雨量和降雨强度。

2. 土壤样品

在试验开始之前,分 0～20 cm 和 20～40 cm 采取基础土壤样品;在小麦和水稻种植开始及结束时,分 0～20 cm 和 20～40 cm 采取土壤样品。在小麦种植期间,定期采集降雨前后不同深度(0～20 cm 和 20～40 cm)土壤样品。所有土样采集均采用多点混合,采集量约为 1.0 kg,将其分为两份,记录好采样日期和时间。其中一份为新鲜土样,分别检测土壤含水量、硝态氮含量和铵态氮含量等指标;另一份为风干土样,分别检测土壤速效磷含量和 pH 等指标。

3. 水样样品

在小麦和水稻生长期间,每次降雨产流后记录各径流池高度并计算径流量,在充分搅拌径流池中的水样后多点混合采集径流水于样品瓶中(500 mL),并及时在实验室进行氮、磷等指标的分析测试;在取完水样后,及时排水并清理径流池。在试验小区抽排池附近修建一口地下水井,用于采集每次降水后的地下水,采集的地下水样品放于样品瓶中(500 mL),其分析测试指标与径流水样一致。在水稻生长期间,定期采集降雨前后田面水的水样,分多点混合采样于样品瓶中(500 mL),其分析测试指标与径流水样一致。

4. 植物样品

在小麦和水稻生长结束后，分别记录每个小区的实际产量，并按经济产量部分（籽实）和废弃物部分（秸秆）采集、制备植物样品。采集的植株样品分别进行烘干粉碎处理，测定其中的全氮含量和全磷含量。

7.2.5　样品分析

1. 样品检测方法

试验采集的土样、径流样、降水样和植物样的各项监测指标及方法均按照国家标准监测方法进行。其中，颗粒态氮、颗粒态磷浓度均为总氮、总磷浓度减去相应的溶解态氮、溶解态磷浓度所得。速效氮主要包括能被作物直接、快速吸收和利用的硝态氮、铵态氮和亚硝态氮，且土壤中的亚硝态氮含量较低，因此将硝态氮和铵态氮作为速效氮。各种样品的测试项目及测试方法如表 7-3 所示。

表 7-3　各种样品的测试指标及测试方法

样品名称	测试指标	标准名称或测试方法	标准号
水样	总氮	《水质　总氮的测定　碱性过硫酸钾消解紫外分光光度法》	HJ 636—2012
	可溶性总氮	《水质　总氮的测定　碱性过硫酸钾消解紫外分光光度法》	HJ 636—2012
	硝态氮	《水质　硝态氮的测定　紫外分光光度法（试行）》	HJ/T 346—2007
	铵态氮	《水质　铵态氮的测定　靛酚蓝比色法》	—
	总磷	《水质　总磷的测定　钼酸铵分光光度法》	GB 11893—1989
	可溶性磷	《水质　总磷的测定　钼酸铵分光光度法》	GB 11893—1989
	正磷酸盐	《水质　总磷的测定　钼酸铵分光光度法》	GB 11893—1989
土样	pH	《森林土壤 pH 值的测定》	LY/T 1239—1999
	含水量	恒温箱烘干法	—
	硝态氮	酚二磺酸比色法	—
	铵态氮	靛酚蓝比色法	—
	速效磷	碳酸氢钠法	—
植物样	全氮	扩散法	
	全磷	钒钼黄吸光光度法	

2. 计算方法与数据处理

在该试验中，氮、磷素的流失量等于一年监测期中通过地表径流途径流失的氮、磷总量，即各次径流水中污染物浓度与径流水体积乘积之和。计算公式为

$$P = \sum_{i=1}^{n} C_i \times V_i \tag{7-1}$$

式中，P 为污染物流失量；C_i 为第 i 次径流水中氮、磷的浓度；V_i 为第 i 次径流水的体积。

受集水区的地形、坡度、地表植被覆盖及土壤性质等的影响，降雨后，所有的降雨并不能完全下渗入土壤，多余的水分以径流的形式流出农田，径流系数表明降水中转变为径流水的量，它综合反映流域内自然地理等因素对径流的影响。径流系数的计算公式为

$$径流系数 = \frac{单位面积上流走的水量(mm)}{降雨量(mm)} \tag{7-2}$$

农田养分平衡常被视为养分损失指标，深入了解农田养分平衡对合理施肥、提高土壤肥力、提高作物产量和防止农业面源污染具有重要作用。对农田养分平衡的估算采用表观平衡法进行，用养分投入量与其输出量的差值来表示盈亏情况（正值表示盈余，负值表示亏缺）。以氮素为例，在不考虑其他影响因素的作用下，农田养分平衡的估算公式为

$$氮平衡 = 氮输入 - 氮输出 = 肥料氮 - (收获物带出氮 + 径流损失氮) \tag{7-3}$$

其中，小麦、水稻植株氮素吸收量和氮素平衡率的计算公式为

$$植株氮素吸收量 = 籽粒产量 \times 籽粒氮素含量 + 秸秆产量 \times 秸秆氮素含量 \tag{7-4}$$

$$氮素平衡率 = (氮输入 - 氮输出)/氮输出 \times 100 \tag{7-5}$$

磷素及其他营养元素的计算方法与氮素相同。

利用 Excel 2010 和 Origin 8.5 软件进行数据整理、统计分析和作图等。

7.3　麦季农田径流氮磷流失特征

小麦是洪泽湖地区冬春季的主要作物，在田间的生长时间长达半年以上。小麦旺盛生长的春季是南方地区的多雨季节，径流量往往很大。因此，本节在分析小麦生长季节中的降雨、农田径流特征及其影响因素的基础上，对麦田氮磷养分流失的特征进行研究。

7.3.1　麦季农田径流特征

1. 降雨量和径流系数的变化

麦季生长期农田降雨量和径流系数的变化如图 7-3 所示。由图 7-3 可见，2016年春季小麦生长期农田径流系数的变化范围为 0.32~0.63，平均值为 0.45，标准差为 0.11，变异系数为 0.24；在小麦生长期内，农田径流系数变化范围较大，径流系数一般随降雨量的增加而增加。5 月 27 日的降雨量为 85.6 mm，是 5 月 31日降雨量的 2.95 倍，而 5 月 27 日的径流系数小于 5 月 31 日。

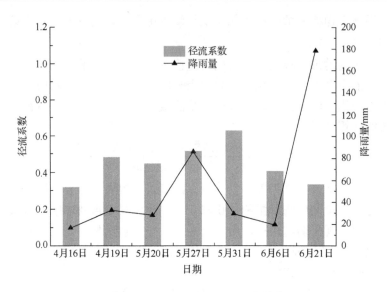

图 7-3　麦季生长期农田降雨量和径流系数的变化

2. 农田降雨量与径流量的关系

在小麦生长期间，该地区的降雨量为 491.8 mm，共观测 7 次降雨产生径流的过程，7 次产流过程的降雨量为 388.6 mm，占该地区降雨量的 78.0%。麦季生长期农田降雨量和径流量的变化如图 7-4 所示。由图 7-4 可知，在整个小麦生长监测期内总的径流量为 164.0 mm，平均值为 23.4 mm；单次降雨产生的径流量差异较大，降雨量大的降雨产生的径流量也相应较大。

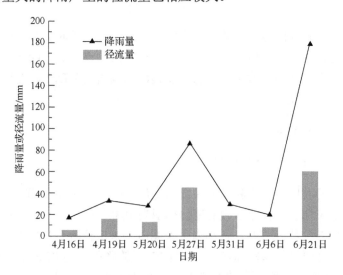

图 7-4　麦季生长期农田降雨量和径流量的变化

将小麦生长期内的降雨量和径流量分别作为自变量和因变量，利用 4 月 16 日～6 月 6 日的 6 对数据（6 月 21 日降雨量特别大，没有代表性，故未采用）作回归分析，降雨量对径流量的影响可表示为

$$y=0.5477x-1.802（n=6）$$

相关系数 r 为 0.9855，查相关系数显著性检验表 $r(5)_{0.01}=0.875$，可知降雨量与径流量的相关达到极显著水平。通过计算可知，在小麦生长期，产生径流的最小降雨量为 3.3 mm（图 7-5）。

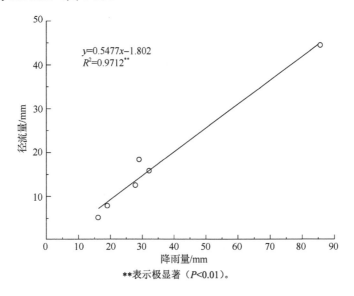

**表示极显著（$P<0.01$）。

图 7-5 麦季生长期农田降雨量和径流量的关系（$n=6$）

3. 雨前土壤含水量与农田径流系数的关系

根据测定的数据，可以得到降雨前 0～20 cm 土壤含水量与径流系数的关系式：

$$y=0.0296x-0.4171（n=7）$$

相关系数 r 为 0.7468，查相关系数显著性检验表 $r(6)_{0.05}=0.707$，可知降雨前 0～20 cm 土壤含水量与农田径流系数显著相关；而降雨前 20～40 cm 土壤含水量对农田径流系数没有明显影响（图 7-6）。

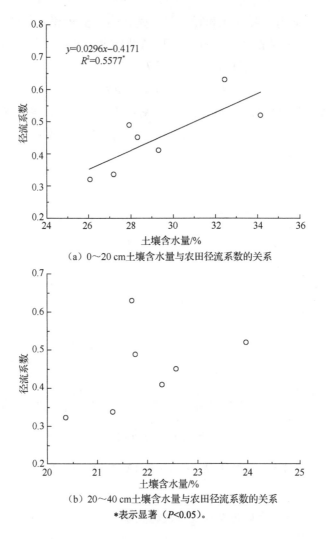

（a）0～20 cm土壤含水量与农田径流系数的关系

（b）20～40 cm土壤含水量与农田径流系数的关系

*表示显著（$P<0.05$）。

图 7-6　麦季降雨前不同深度土壤含水量与农田径流系数的关系（$n=7$）

7.3.2　麦季农田土壤含水量与养分含量的变化特征

1. 农田不同深度土壤含水量的变化特征

2016 年春麦季农田土壤含水量的变化如图 7-7 所示。从图 7-7 可见，0～20 cm 土壤含水量变化范围为 24.3%～44.3%，平均值为 33.8%，标准差为 6.3%，变异系数为 18.6%；20～40 cm 土壤含水量的变化范围为 20.1%～35.1%，平均值为 24.2%，标准差为 4.0%，变异系数为 16.4%。在小麦生长期农田 0～20 cm 土壤含水量比

20～40 cm 土壤含水量要高，0～20 cm 土壤含水量的波动较大，而 20～40 cm 土壤含水量的波动相对较小。土壤含水量 5 月较 4 月高，6 月初与月末土壤含水量相对较高。

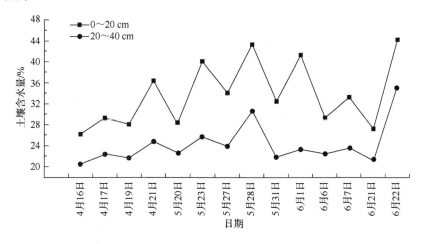

图 7-7　麦季农田土壤含水量的变化

　　降雨对麦季农田不同深度土壤含水量的影响如图 7-8 所示。由图 7-8 可见，雨后 0～20 cm 和 20～40 cm 土壤含水量都比雨前有所增加，以 0～20 cm 土壤含水量增加的幅度较大。0～20 cm 土壤含水量雨前平均为 29.3%，雨后平均为 38.3%，雨后比雨前提高 9.0 个百分点；20～40 cm 土壤含水量雨前平均为 22.0%，雨后平均为 26.5%，雨后比雨前提高 4.5 个百分点。降雨前 0～20 cm 土壤含水量较低，则降雨后农田土壤含水量提高的幅度会相应较大。以 4 月 19 日与 6 月 6 日来比较，前者的降雨量为 32.2 mm，略高于后者（19.0 mm），4 月 19 日降雨前 0～20 cm 土壤含水量为 27.9%，降雨后土壤含水量达到 36.4%，比降雨前提高 8.5 个百分点；6 月 6 日降雨前 0～20 cm 土壤含水量为 29.3%，降雨后土壤含水量达到 33.4%，比降雨前仅提高 4.1 个百分点。降雨对 20～40 cm 土壤含水量的影响相对较小。降雨前 20～40 cm 土壤含水量变化不大，降雨后提高的幅度相对 0～20 cm 土壤较小。4 月 16 日降雨前 20～40 cm 土壤含水量为 20.4%，降雨后土壤含水量达到 22.4%，提高 2.0 个百分点。6 月 21 日 178.8 mm 的一次特大降雨使 0～20 cm 土壤含水量提高 17.1 个百分点，20～40 cm 土壤含水量提高幅度也达到最大值，为 13.8 个百分点，但低于 0～20 cm 的幅度。

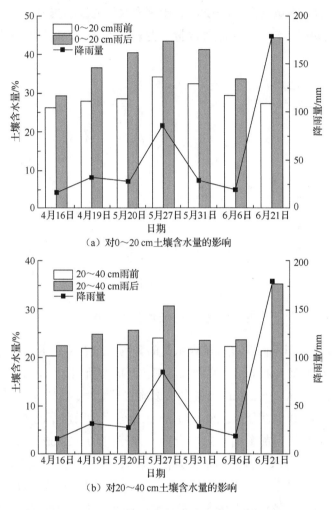

（a）对0~20 cm土壤含水量的影响

（b）对20~40 cm土壤含水量的影响

图 7-8　降雨对麦季农田不同深度土壤含水量的影响

2. 农田不同深度土壤养分含量的变化特征

麦季农田不同深度土壤氮含量的变化如图 7-9 所示。从图 7-9 可见，硝态氮含量在试验采样初期较高，随着小麦的生长，硝态氮含量逐渐降低，但 0~20 cm 土壤硝态氮含量始终高于 20~40 cm 土壤。4 月中旬土壤硝态氮含量 0~20 cm 为 64.54 mg·kg^{-1}，20~40 cm 为 23.04 mg·kg^{-1}，0~20 cm 含量是 20~40 cm 含量的 2.8 倍。土壤硝态氮含量在 5 月 20 日是一个转折点，在此之前土壤硝态氮含量较高，在此之后土壤硝态氮含量逐渐降低到稳定的水平，5 月 20 日以后的 0~20 cm 土壤硝态氮平均含量为 23.89 mg·kg^{-1}，20~40 cm 为 9.73 mg·kg^{-1}，0~20 cm 含量是 20~40 cm 含量的 2.5 倍。在整个小麦生长期内，0~20 cm 铵态氮含量的变化范围为 2.16～5.44 mg·kg^{-1}，平均含量为 3.36 mg·kg^{-1}，20～40 cm 铵态氮的变化范围为 1.10～2.58 mg·kg^{-1}，平均含量为 1.58 mg·kg^{-1}，0～20 cm 铵态氮平均含量为 20～40 cm 铵态氮平均含量的 2.1 倍。在整个小麦生长期内，0～20 cm 速效氮含量的变化范围为 17.53～95.37 mg·kg^{-1}，平均含量为 35.71 mg·kg^{-1}，20～40 cm 速效氮含量的变化范围为 7.72～34.89 mg·kg^{-1}，平均含量为 14.01 mg·kg^{-1}，0～20 cm 速效氮平均含量是 20～40 cm 速效氮平均含量的 2.5 倍。在 4 月 16 日，不同深度土壤硝态氮、铵态氮和速效氮的含量均为峰值，这主要与 4 月 1 日的第二次追肥有关。

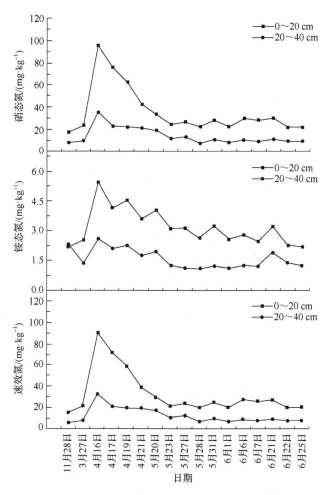

图 7-9　麦季农田不同深度土壤氮含量的变化

　　麦季农田不同深度土壤速效磷含量的变化如图 7-10 所示。由图 7-10 可见，0～20 cm 土壤速效磷含量比 20～40 cm 高，且 0～20 cm 的波动较 20～40 cm 大。在小麦生长期内,0～20 cm 土壤速效磷含量的变化范围为 22.41～71.93 mg·kg⁻¹,平均含量为 39.14 mg·kg⁻¹,变异系数为 31.3%;20～40 cm 土壤速效磷含量的变化范围为 9.38～34.86 mg·kg⁻¹,平均含量为 19.63 mg·kg⁻¹,变异系数为 40.8%,0～20 cm 土壤速效磷平均含量为 20～40 cm 的 2.0 倍,其不同深度土壤速效磷含量也均在 4 月 16 日达到峰值。

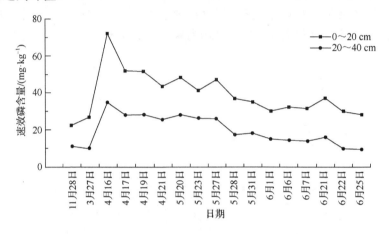

图 7-10　麦季农田不同深度土壤速效磷含量的变化

表 7-4 列出降雨对麦季农田土壤养分含量的影响。由表 7-4 可见,降雨后不同深度土壤硝态氮、铵态氮和速效磷含量都有降低的趋势。在小麦生长期内,降雨后 0～20 cm 土壤硝态氮含量下降幅度较大,平均下降幅度为 9.08 mg·kg⁻¹;20～40 cm 平均下降幅度为 3.98 mg·kg⁻¹。降雨后 0～20 cm 土壤铵态氮含量下降幅度平均为 0.80 mg·kg⁻¹,降雨后 20～40 cm 下降幅度平均为 0.33 mg·kg⁻¹。降雨后 0～20 cm 土壤速效磷含量下降幅度平均为 8.20 mg·kg⁻¹,下降幅度的标准差为 5.97 mg·kg⁻¹;降雨后 20～40 cm 下降幅度平均为 4.20 mg·kg⁻¹,下降幅度的标准差为 2.91 mg·kg⁻¹。

表 7-4　降雨对麦季农田土壤养分含量的影响　　　　（单位：mg·kg⁻¹）

日期	0～20 cm 硝态氮含量	20～40 cm 硝态氮含量	0～20 cm 铵态氮含量	20～40 cm 铵态氮含量	0～20 cm 速效磷含量	20～40 cm 速效磷含量
雨前（4 月 16 日）	89.93	32.31	5.44	2.58	71.93	34.86
雨后（4 月 17 日）	71.28	20.78	4.15	2.09	52.02	28.00
养分含量变化	18.65	11.53	1.29	0.49	19.90	6.87
雨前（4 月 19 日）	58.14	19.61	4.54	2.24	51.61	28.35
雨后（4 月 21 日）	38.83	19.45	3.59	1.74	43.41	25.67
养分含量变化	19.31	0.16	0.95	0.49	8.19	2.68
雨前（5 月 20 日）	29.47	17.15	4.04	1.94	48.12	28.06

续表

日期	0～20 cm 硝态氮含量	20～40 cm 硝态氮含量	0～20 cm 铵态氮含量	20～40 cm 铵态氮含量	0～20 cm 速效磷含量	20～40 cm 速效磷含量
雨后（5月23日）	21.17	10.56	3.08	1.23	41.32	26.29
养分含量变化	8.30	6.60	0.95	0.71	6.80	1.77
雨前（5月27日）	23.81	12.22	3.10	1.11	46.98	26.10
雨后（5月28日）	19.70	6.62	2.63	1.10	36.68	17.69
养分含量变化	4.10	5.59	0.47	0.01	10.30	8.41
雨前（5月31日）	24.91	9.51	3.23	1.21	35.10	18.18
雨后（6月1日）	20.11	7.21	2.55	1.11	30.36	15.15
养分含量变化	4.80	2.30	0.68	0.10	4.74	3.03
雨前（6月6日）	27.12	8.92	2.76	1.24	32.11	14.48
雨后（6月7日）	25.78	8.13	2.45	1.22	31.45	13.89
养分含量变化	1.34	0.79	0.31	0.02	0.66	0.59
雨前（6月21日）	26.91	8.87	3.19	1.88	36.89	16.18
雨后（6月22日）	19.88	7.99	2.23	1.38	30.06	10.12
养分含量变化	7.03	0.88	0.96	0.50	6.83	6.06

7.3.3　麦季农田径流养分流失特征

1. 农田径流养分浓度及流失形态

麦季农田径流氮素浓度的动态变化如图 7-11 所示。由图 7-11 可见，麦季农田径流的总氮、可溶性总氮、颗粒性总氮和硝态氮浓度呈现先减小后增加再减少的趋势，而铵态氮浓度则呈现先增加后趋于稳定的趋势。麦季农田径流的总氮、可溶性总氮、颗粒性总氮、硝态氮和铵态氮浓度的变化范围分别为 6.33～23.26 mg·L^{-1}、3.12～14.32 mg·L^{-1}、2.64～8.94 mg·L^{-1}、3.12～14.85 mg·L^{-1} 和 0.22～0.98 mg·L^{-1}，平均浓度分别为 11.26 mg·L^{-1}、7.35 mg·L^{-1}、3.92 mg·L^{-1}、6.47 mg·L^{-1} 和 0.49 mg·L^{-1}。

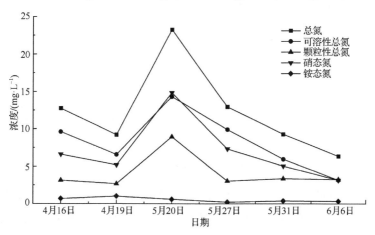

图 7-11　麦季农田径流氮素浓度的动态变化

由表 7-5 可见，在小麦生长期间，可溶性总氮是天然降雨径流氮素流失的主要形态，前 6 次降雨中可溶性总氮占总氮的 49.3%～76.6%，其中硝态氮是麦季农田降雨径流中可溶性总氮的主要形态，占总氮的 49.3%～63.8%。径流氮素流失中，铵态氮的浓度较小，仅占总氮浓度的 1.7%～21.5%。

表 7-5　麦季农田径流氮素流失形态所占的比例　　　　　　（单位：%）

日期	可溶性总氮/总氮	颗粒性总氮/总氮	硝态氮/总氮	铵态氮/总氮
4 月 16 日	75.6	24.4	51.8	5.3
4 月 19 日	71.3	28.7	56.3	21.5
5 月 20 日	61.6	38.4	63.8	2.5
5 月 27 日	76.6	23.4	56.6	1.7
5 月 31 日	64.0	36.0	54.1	4.0
6 月 6 日	49.3	50.7	49.3	5.1

麦季农田径流磷素浓度的动态变化如图 7-12 所示。由图 7-12 可见，麦季农田径流的总磷、可溶性总磷、颗粒性总磷和正磷酸盐的浓度呈现先增加后降低，于 5 月 20 日之后趋于稳定的趋势。麦季农田径流的总磷、可溶性总磷、颗粒性总磷和正磷酸盐浓度的变化范围分别为 0.010～0.11 mg·L^{-1}、0.004～0.038 mg·L^{-1}、0.004～0.072 mg·L^{-1} 和 0.003～0.019 mg·L^{-1}，平均浓度分别为 0.037 mg·L^{-1}、0.015 mg·L^{-1}、0.022 mg·L^{-1} 和 0.008 mg·L^{-1}，均在 4 月 19 日达到峰值，分别为 0.110 mg·L^{-1}、0.038 mg·L^{-1}、0.072 mg·L^{-1} 和 0.019 mg·L^{-1}。

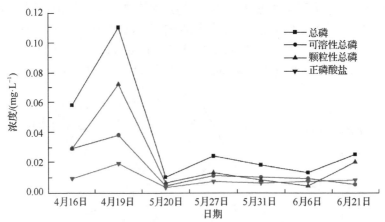

图 7-12　麦季农田径流磷素浓度的动态变化

由表 7-6 可见，在小麦生长期间，颗粒性总磷是天然降雨径流磷素流失的主要形态，几次降雨中颗粒性总磷占总磷的 30.8%～80.0%，特别是在最大降雨中颗粒性总磷占总磷的 80.0%。

表7-6　麦季农田径流磷素流失形态所占的比例　　　　（单位：%）

日期	可溶性总磷/总磷	颗粒性总磷/总磷	正磷酸盐/总磷
4月16日	50.0	50.0	15.5
4月19日	34.5	65.5	17.3
5月20日	40.0	60.0	30.0
5月27日	45.8	54.2	29.2
5月31日	55.6	44.4	33.3
6月6日	69.2	30.8	53.8
6月21日	20.0	80.0	32.0

2. 农田径流养分流失量的变化特征

麦季农田径流氮素流失量的变化如图 7-13 所示。由图 7-13 可见，农田径流氮素流失主要发生在 5 月，不同降雨量后的氮素流失量有差异，氮素的流失与降雨密切相关。在小麦生长期，总氮、可溶性总氮、颗粒性总氮、硝态氮和铵态氮的总流失量分别为 16.05 kg·hm^{-2}、10.26 kg·hm^{-2}、5.80 kg·hm^{-2}、9.37 kg·hm^{-2} 和 0.62 kg·hm^{-2}。5 月 27 日降雨量较大，形成氮素流失的一个高峰，其总氮、可溶性总氮、颗粒性总氮、硝态氮和铵态氮的流失量分别为 5.75 kg·hm^{-2}、4.41 kg·hm^{-2}、1.34 kg·hm^{-2}、3.26 kg·hm^{-2} 和 0.10 kg·hm^{-2}。

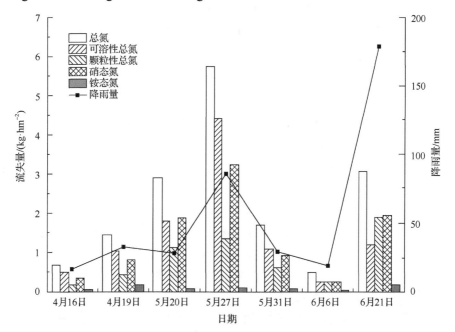

图 7-13　麦季农田径流氮素流失量的变化

麦季农田径流磷素流失量的变化如图 7-14 所示。由图 7-14 可见，磷素流失主要发生在 4 月 19 日、5 月 27 日和 6 月 21 日 3 次降雨后，不同降雨之间的磷素流失量有差异，磷素的流失与降雨密切相关。在小麦生长期，总磷、可溶性总磷、颗粒性总磷和正磷酸盐的总流失量分别为 0.0516 kg·hm^{-2}、0.0184 kg·hm^{-2}、0.0332 kg·hm^{-2} 和 0.0134 kg·hm^{-2}。4 月 19 日降雨量较大，形成总磷、可溶性总磷流失的一个高峰，其流失量分别为 0.0174 kg·hm^{-2} 和 0.0060 kg·hm^{-2}；而在 6 月 21 日的大降雨过程中，颗粒性总磷和正磷酸盐的流失达到峰值，其流失量分别为 0.0120 kg·hm^{-2} 和 0.0048 kg·hm^{-2}。

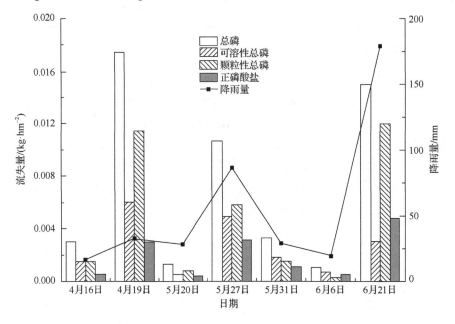

图 7-14　麦季农田径流磷素流失量的变化

通过非线性回归分析，得到降雨量与麦季农田径流各种养分流失量的对数关系模型。其中，麦季农田径流总氮、硝态氮和铵态氮的流失量与降雨量的关系分别为

$$y=1.5166\ln x-3.2380，r=0.7174$$
$$y=0.9233\ln x-2.0284，r=0.7399$$
$$y=0.0493\ln x-0.0908，r=0.7673$$

查相关系数显著性检验表 $r(6)_{0.05}=0.707$，可知麦季农田径流总氮、硝态氮和铵态氮的流失量与降雨量显著相关。

麦季农田径流颗粒性总磷和正磷酸盐的流失量与降雨量的关系分别为

$$y=0.0042\ln x-0.0107，r=0.7222$$
$$y=0.0018\ln x-0.0047，r=0.9106$$

查相关系数显著性检验表 $r(6)_{0.05}=0.707$，$r(6)_{0.01}=0.834$，可知麦季农田径流颗粒性总磷流失量与降雨量显著相关，而麦季农田径流正磷酸盐流失量与降雨量相关达到极显著水平。然而，降雨量对麦季农田径流总磷流失量没有明显影响（图 7-15）。

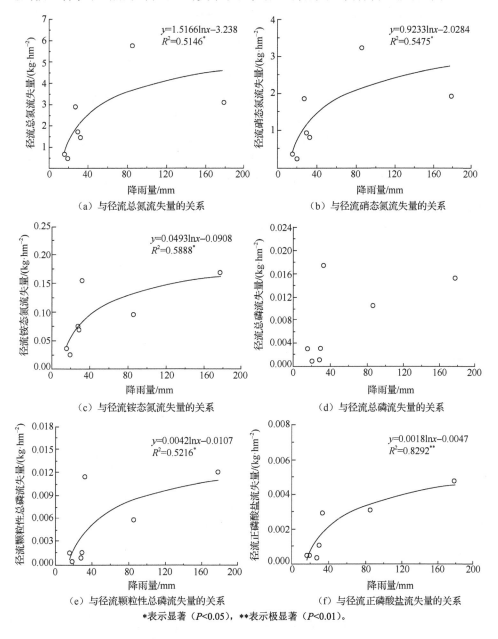

*表示显著（$P<0.05$），**表示极显著（$P<0.01$）。

图 7-15 降雨量与麦季农田径流养分流失量的关系

由图 7-15 可见，麦季农田径流养分流失量基本随降雨量的增加而增加，其增加趋势是先急速增加后缓慢增加。

3. 农田径流养分含量与土壤养分含量的关系

通过线性回归分析，得到麦季农田径流养分含量与不同深度土壤养分含量的线性关系模型。其中，上、下两层土壤铵态氮含量与径流中铵态氮含量的关系分别为

$$y=0.2236x-0.3516, \quad r=0.7935$$
$$y=0.3619x-0.1419, \quad r=0.7590$$

查相关系数显著性检验表 $r(6)_{0.05}=0.707$，可知麦季农田不同深度土壤铵态氮含量与径流铵态氮含量显著相关；而不同深度土壤硝态氮含量与径流硝态氮含量间及不同深度土壤速效磷含量与径流总磷含量间的相关性均未达到显著水平（$r_1=0.0200$，$r_2=0.2890$，$r_5=0.5245$，$r_6=0.5161$）。

由图 7-16 可见，麦季农田不同深度土壤铵态氮对径流铵态氮含量有影响，随着土壤铵态氮含量的增加，径流中铵态氮的含量也相应增加；而不同深度土壤硝态氮含量对径流硝态氮含量没有明显的影响。

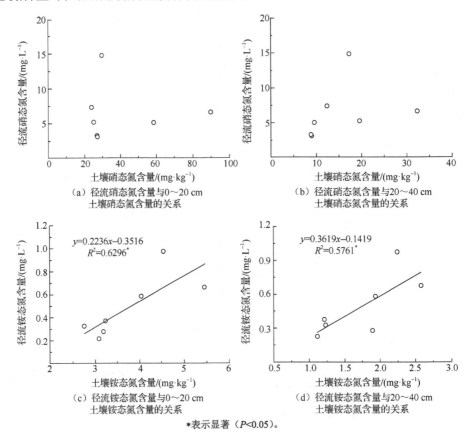

*表示显著（$P<0.05$）。

图 7-16　麦季农田径流养分含量与不同深度土壤养分含量的关系

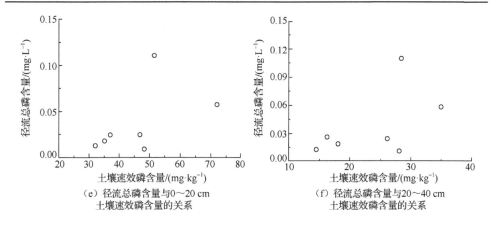

（e）径流总磷含量与0～20 cm
土壤速效磷含量的关系

（f）径流总磷含量与20～40 cm
土壤速效磷含量的关系

图 7-16（续）

7.3.4　讨论

降雨径流受降雨量、土壤特性、地形和下垫面等因素的影响，而径流系数可以综合反映一个流域范围内地理自然因素对地表径流的影响[68-70]。研究表明，在小麦生长期间，径流系数和径流量随着降雨量的增加而增加，这与刘战东等[71]对麦田模拟降雨产流过程得出的结论一致。5 月 27 日的降雨量是 5 月 31 日降雨量的 2.95 倍，而径流系数却小于 5 月 31 日，即相邻两次降雨，前次降雨农田径流系数较下次降雨小。其原因主要在于两时段间隔较短，前期土壤含水量在很大程度上影响土壤水分的下渗，随着土壤含水率的增加，土壤的入渗速率会逐渐减小，前者的降雨使土壤中的水分达到饱和状态，使后者的降雨大部分以径流的形式流出[72]。麦季农田降雨前 0～20 cm 土壤含水量对农田径流系数有影响，而降雨前 20～40 cm 土壤含水量对麦季农田径流系数没有明显影响，主要是因为表层土壤首先接收穿透雨和枯落物截留后的渗水，同时又受降雨和太阳辐射等外界气象因子的影响较大，所以更容易受地表蒸发和植物根系耗水的影响，这也是造成上层土壤水分波动较下层大的主要原因。降雨是影响土壤养分流失的重要因素，随着降雨历时的延长土壤养分含量逐渐降低，这与贾洪文[73]的研究结果一致。值得注意的是，麦季土壤养分含量均在第二次追肥后的首次降雨前达到峰值，而在降雨后养分含量下降的幅度均是几次降雨中下降幅度最高的，因此，应该避免小麦农田降雨前的施肥。

小麦生长期间，径流水中氮素流失以硝态氮为主，硝态氮流失形态占总氮的 49.3%～63.8%，这与陈秋会等[38]和雷沛等[61]的研究结果一致，这可能是因为旱地在通气良好的情况下，硝化细菌可将铵态氮转化为硝态氮，导致硝态氮易流失；而 6 月 21 日颗粒性总氮占径流氮素流失的比例较大的原因可能在于，该场次降雨量较大，对土壤的冲击力较大，使颗粒性总氮流失较大。径流水中磷素流失以颗粒性总磷为主,颗粒性总磷流失形态最高占总磷 80.0%,这可能是由于磷素进入水体后主要吸附于土壤表面,遇大雨后较强的冲击动能使土壤吸附态磷成为磷素流失的主要形式[74,75]。本节研究麦季农田径流总氮流失量为 5.75 kg·hm^{-2},Zhao 等[76]研究得到太湖地区麦季径流总氮流失量 2007 年为 21.8 kg·hm^{-2}、2008 年为 2.65 kg·hm^{-2}、2009 年为 19.2 kg·hm^{-2},与此相比,本节研究的结果处于中等偏下;与陈秋会等[38]研究得到的太湖地区麦季径流总磷流失量为 0.18~0.25 kg·hm^{-2} 的结果相比,本节研究得到的 0.0516 kg·hm^{-2} 总磷流失量也明显偏低。造成养分径流流失量产生差异的主要原因是所测定年份的降雨量和降雨强度不同,另外也可能与不同区域施肥量和土壤理化性状不同有关。

7.4　稻季农田径流氮磷流失特征

　　水稻是洪泽湖地区夏秋季的主要作物,在田间的生长时间长达 5 个月左右。水稻栽插后的前几个月正是南方地区的多雨季节,径流量往往很大。因此,本节在分析水稻生长季节中的降雨、农田径流特征及其影响因素的基础上,对稻田氮磷养分流失的特征进行研究。

7.4.1　稻季农田径流特征及其影响因素

1. 降雨量和径流系数的变化特征

　　稻季生长期农田降雨量和径流系数的变化如图 7-17 所示。由图 7-17 可见,2016 年水稻生长期农田径流系数的变化范围为 0.22~0.51,平均值为 0.41,标准差为 0.12,变异系数为 0.29;在水稻生长期内,农田径流系数变化范围较大,径流系数一般随降雨量的增加而增加。

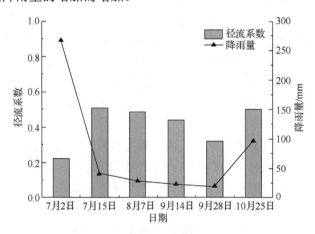

图 7-17　稻季生长期农田降雨量和径流系数的变化

2. 降雨量与径流量的关系

在水稻生长期间，该地区的降雨量为 548.4 mm，共观测 6 次降雨产生径流的过程，6 次产流过程的降雨量为 475.8 mm，占该地区降雨量的 86.8%。稻季生长期农田降雨量和径流量的变化如图 7-18 所示。由图 7-18 可知，在整个水稻生长监测期内总的径流量为 317.5 mm，平均值为 52.9 mm；单次降雨产生的径流量差异较大，降雨量大产生的径流量也相应较大。

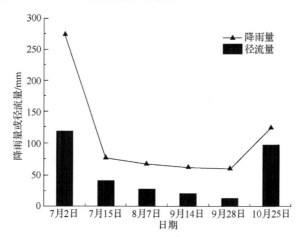

图 7-18 稻季生长期农田降雨量和径流量的变化

将水稻生长期内的降雨量和径流量分别作为自变量和因变量，利用 7 月 15 日～10 月 25 日的 5 对数据（7 月 2 日降雨量特别大，没有代表性，故未采用）进行回归分析，农田降雨量对径流量的影响可表示为

$$y=1.0604x-4.44 \ (n=5)$$

相关系数 r 为 0.9971，查相关系数显著性检验表 $r(4)_{0.01}=0.917$，可知降雨量与径流量的相关性达到极显著水平。通过计算可知，在水稻生长期，产生径流的最小降雨量为 4.2 mm（图 7-19）。

7.4.2 稻季农田田面水养分浓度的变化特征

稻季农田田面水氮素养分浓度的变化如图 7-20 所示。由图 7-20 可见，田面水氮素浓度均在试验采样初期较高，随着水稻的生长，其氮素浓度逐渐降低。稻季田面水总氮、可溶性总氮、颗粒性总氮、硝态氮和铵态氮浓度的变化范围分别为 5.66～40.72 mg·L^{-1}、4.47～38.73 mg·L^{-1}、0.98～4.24 mg·L^{-1}、2.63～6.52 mg·L^{-1} 和 1.25～32.01 mg·L^{-1}，平均浓度分别为 11.60 mg·L^{-1}、9.41 mg·L^{-1}、2.19 mg·L^{-1}、

3.59 mg·L^{-1} 和 5.29 mg·L^{-1}，铵态氮的平均浓度是硝态氮的 1.5 倍。田面水氮素浓度出现峰值的时间分别在 7 月 2 日、9 月 14 日和 10 月 25 日左右。

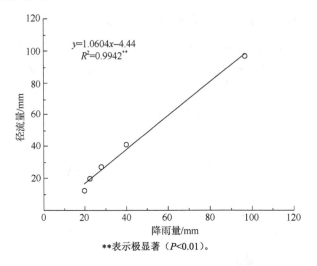

$y=1.0604x-4.44$
$R^2=0.9942^{**}$

**表示极显著（$P<0.01$）。

图 7-19　稻季生长期农田降雨量和径流量的关系（$n=5$）

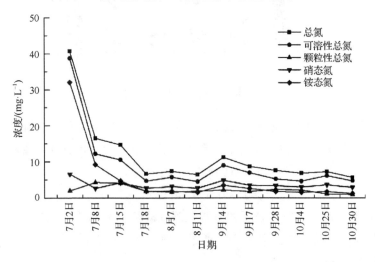

图 7-20　稻季农田田面水氮素养分浓度的变化

稻季农田田面水磷素养分浓度的变化如图 7-21 所示。由图 7-21 可见，田面水磷素浓度均在试验采样初期较高，随着水稻的生长，磷素浓度逐渐降低。稻季田面水总磷、可溶性总磷、颗粒性总磷和正磷酸盐浓度的变化范围分别为 0.010～0.541 mg·L^{-1}、0.004～0.249 mg·L^{-1}、0.007～0.292 mg·L^{-1} 和 0.002～0.300 mg·L^{-1}，平均浓度分别为 0.081 mg·L^{-1}、0.035 mg·L^{-1}、0.046 mg·L^{-1} 和 0.039 mg·L^{-1}。田面水磷素浓度出现峰值的时间分别在 7 月 2 日、9 月 14 日和 10 月 25 日左右。

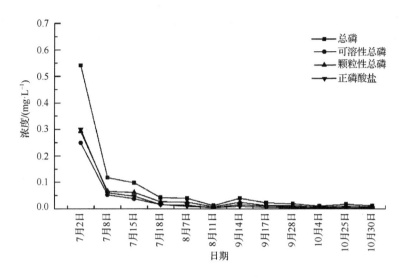

图 7-21　稻季农田田面水磷素养分浓度的变化

表 7-7 列出降雨后稻季农田田面水养分浓度的变化。由表 7-7 可见，降雨后稻季田面水养分浓度都有降低的趋势。在水稻生长期内，降雨后田面水总氮、可溶性总氮、硝态氮和铵态氮浓度的下降幅度平均分别为 6.34 mg·L^{-1}、6.28 mg·L^{-1}、1.39 mg·L^{-1} 和 4.57 mg·L^{-1}，而降雨后田面水总磷、可溶性总磷和正磷酸盐的下降幅度平均分别为 0.090 mg·L^{-1}、0.040 mg·L^{-1} 和 0.047 mg·L^{-1}。

表 7-7　降雨后稻季农田田面水养分浓度的变化　　　　（单位：mg·L^{-1}）

日期	总氮	可溶性总氮	硝态氮	铵态氮	总磷	可溶性总磷	正磷酸盐
7 月 2 日	24.26	26.51	3.89	22.79	0.423	0.197	0.239
7 月 15 日	8.03	5.84	1.51	2.83	0.056	0.021	0.030
8 月 7 日	0.94	1.24	0.47	0.30	0.027	0.009	0.005
9 月 14 日	2.50	2.08	1.33	0.86	0.018	0.006	0.005
9 月 28 日	0.75	0.59	0.40	0.18	0.009	0.004	0.002
10 月 25 日	1.54	1.42	0.72	0.48	0.006	0.003	0.001

7.4.3　稻季农田径流养分流失特征

1. 稻季农田径流养分浓度及流失形态

稻季农田径流氮素浓度的动态变化如图 7-22 所示。由图 7-22 可见，稻季农田径流总氮、可溶性总氮、颗粒性总氮、硝态氮和铵态氮的浓度均呈现先减小后增加再减少的趋势。稻季农田径流的总氮、可溶性总氮、颗粒性总氮、硝态氮和铵态氮浓度的变化范围分别为 5.29～16.20 mg·L^{-1}、4.21～11.56 mg·L^{-1}、1.08～

4.64 mg·L^{-1}、2.11～4.53 mg·L^{-1} 和 1.19～7.01 mg·L^{-1}，平均浓度分别为 8.34 mg·L^{-1}、6.04 mg·L^{-1}、2.30 mg·L^{-1}、2.83 mg·L^{-1} 和 2.37 mg·L^{-1}。除颗粒性总氮外，其余养分流失浓度均在第二次追肥后首次降雨产流过程（9 月 14 日）中达到峰值，依次为 8.37 mg·L^{-1}、6.87 mg·L^{-1}、3.01 mg·L^{-1} 和 2.12 mg·L^{-1}。

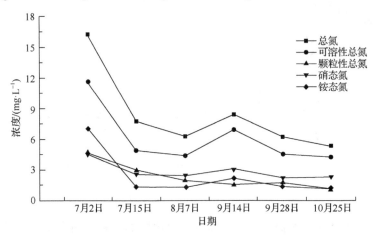

图 7-22　稻季农田径流氮素浓度的动态变化

由表 7-8 可见，在水稻生长期间，可溶性总氮是天然降雨径流氮素流失的主要形态。6 次降雨中可溶性总氮占总氮的 62.2%～82.1%，其中第 1 次降雨产流过程的流失形态主要以铵态氮为主，后 5 次降雨则主要以硝态氮流失为主，占总氮的 32.6%～43.6%，铵态氮流失浓度较麦季高，占总氮浓度的 17.0%～25.3%。

表 7-8　稻季农田径流氮素流失形态所占的比例　　　　　（单位：%）

日期	可溶性总氮/总氮	颗粒性总氮/总氮	硝态氮/总氮	铵态氮/总氮
7 月 2 日	71.4	28.6	28.0	43.3
7 月 15 日	62.2	37.8	32.6	17.0
8 月 7 日	69.3	30.7	39.6	19.4
9 月 14 日	82.1	17.9	36.0	25.3
9 月 28 日	71.7	28.3	34.2	21.9
10 月 25 日	79.5	20.5	43.6	22.5

稻季农田径流磷素浓度的动态变化如图 7-23 所示。由图 7-23 可见，稻季农田径流的总磷、颗粒性总磷和正磷酸盐的浓度呈现先减小后增加再减少的趋势，其磷素浓度的峰值出现在第 1 次和第 4 次降雨；而可溶性总磷的浓度的峰值出现在第 2 次和第 4 次降雨。稻季农田径流的总磷、可溶性总磷、颗粒性总磷和正磷酸盐浓度的变化范围分别为 0.012～0.117 mg·L^{-1}、0.005～0.026 mg·L^{-1}、0.003～0.091 mg·L^{-1} 和 0.003～0.032 mg·L^{-1}，平均浓度分别为 0.037 mg·L^{-1}、0.016 mg·L^{-1}、

0.021 mg·L^{-1} 和 0.010 mg·L^{-1}。

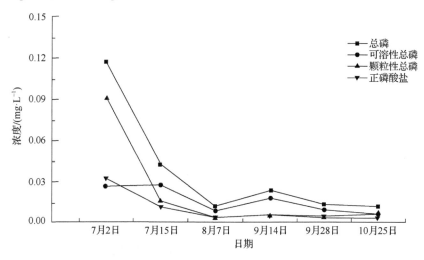

图 7-23　稻季农田径流磷素浓度的动态变化

　　由表 7-9 可见，在水稻生长期间，第 1 次降雨中颗粒性总磷是天然降雨径流磷素流失的主要形态；而其他几次降雨中可溶性总磷是天然降雨径流磷素流失的主要形态，可溶性总磷占总磷的 41.3%～80.0%。

表 7-9　稻季农田径流磷素流失形态所占的比例　　　　　　（单位：%）

日期	可溶性总磷/总磷	颗粒性总磷/总磷	正磷酸盐/总磷
7 月 2 日	22.0	78.0	27.0
7 月 15 日	62.9	37.1	27.9
8 月 7 日	76.9	23.1	33.3
9 月 14 日	80.0	20.0	23.1
9 月 28 日	72.1	27.9	34.1
10 月 25 日	41.3	58.7	28.1

2. 稻季农田径流养分流失量的变化特征

　　稻季农田径流氮素流失量的变化如图 7-24 所示。由图 7-24 可见，稻季农田径流氮素流失主要发生在 7 月，不同降雨之间的氮素流失量有差异，氮素的流失与降雨密切相关。在水稻生长期，总氮、可溶性总氮、颗粒性总氮、硝态氮和铵态氮的总流失量分别为 15.93 kg·hm^{-2}、11.51 kg·hm^{-2}、4.43 kg·hm^{-2}、5.12 kg·hm^{-2} 和 5.52 kg·hm^{-2}。7 月 2 日降雨量较大，形成氮素流失的一个高峰，其总氮、可溶性总氮、颗粒性总氮、硝态氮和铵态氮的流失量分别为 9.72 kg·hm^{-2}、6.94 kg·hm^{-2}、2.78 kg·hm^{-2}、2.72 kg·hm^{-2} 和 4.21 kg·hm^{-2}。

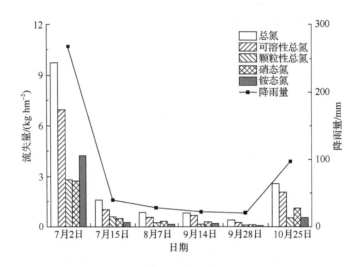

图 7-24　稻季农田径流氮素流失量的变化

　　稻季农田径流磷素流失量的变化如图 7-25 所示。由图 7-25 可见，磷素流失主要发生在 7 月，不同降雨之间的磷素流失量有差异，磷素的流失与降雨密切相关。在水稻生长期，总磷、可溶性总磷、颗粒性总磷和正磷酸盐的总流失量分别为 0.8948 kg·hm^{-2}、0.2692 kg·hm^{-2}、0.6255 kg·hm^{-2} 和 0.2437 kg·hm^{-2}。7 月 2 日降雨量较大，形成磷素流失的一个高峰，其流失量分别为 0.7032 kg·hm^{-2}、0.1547 kg·hm^{-2}、0.5485 kg·hm^{-2} 和 0.1899 kg·hm^{-2}。

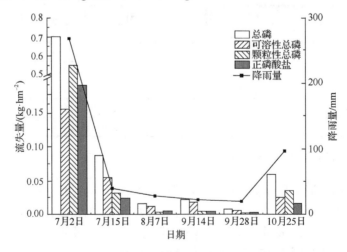

图 7-25　稻季农田径流磷素流失量的变化

　　通过非线性回归分析，得到降雨量与稻季农田径流各种养分流失量的对数关系模型。其中，稻季农田径流总氮、硝态氮和铵态氮的流失量与降雨的关系分

别为

$$y=3.2444\ln x-9.9387，r=0.9277$$
$$y=0.9341\ln x-2.7726，r=0.9352$$
$$y=1.4060\ln x-4.5394，r=0.8798$$

查相关系数显著性检验表 $r(5)_{0.01}=0.875$，可知稻季农田径流总氮、硝态氮和铵态氮的流失量与降雨量极显著相关。

稻季农田径流总磷、颗粒性总磷和正磷酸盐的流失量与降雨量的关系分别为

$$y=0.2327\ln x-0.7542，r=0.8634$$
$$y=0.1849\ln x-0.6134，r=0.8588$$
$$y=0.0628\ln x-0.2032，r=0.8649$$

查相关系数显著性检验表 $r(5)_{0.05}=0.755$，可知稻季农田径流总磷、颗粒性总磷和正磷酸盐流失量与降雨量显著相关。

由图 7-26 可见，稻季农田径流养分流失量基本随降雨量的增加而增加，其增加趋势是先急速增加后缓慢增加。

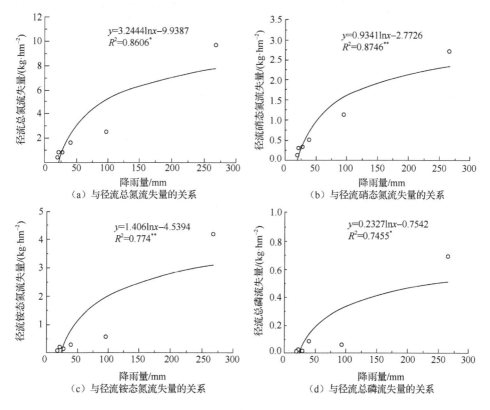

图 7-26　降雨量与稻季农田径流养分流失量的关系

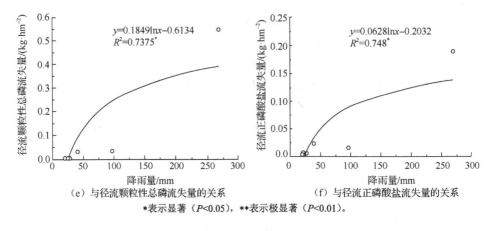

（e）与径流颗粒性总磷流失量的关系　　　（f）与径流正磷酸盐流失量的关系

*表示显著（$P<0.05$），**表示极显著（$P<0.01$）。

图 7-26（续）

3. 农田田面水养分含量与径流养分含量的关系

通过线性回归分析，得到稻季农田径流养分与不同深度土壤养分含量的线性关系模型。稻季农田田面水养分含量与径流养分含量之间均存在一定的相关性，均可用 $y=ax+b$（$n=6$）来表示，相关系数 r 均在 $0.9487\sim0.9946$，可知稻季农田田面水养分含量与径流养分含量均极显著相关。

由图 7-27 可见，稻季农田田面水养分含量对径流养分含量有影响，随着田面水养分含量的增加，径流中养分的含量也相应增加。

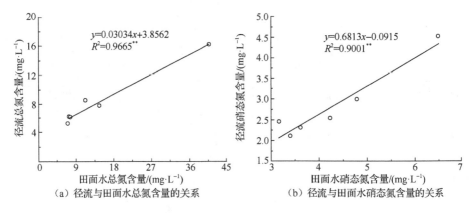

（a）径流与田面水总氮含量的关系　　　（b）径流与田面水硝态氮含量的关系

图 7-27　稻季农田径流养分与田面水养分含量的关系

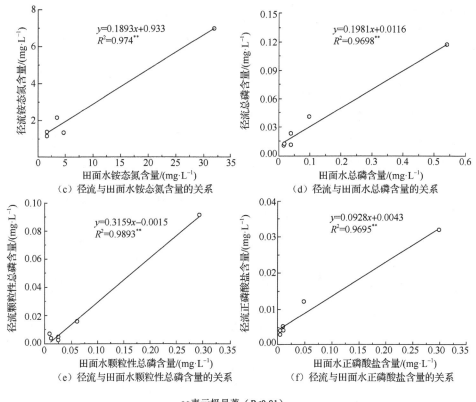

（c）径流与田面水铵态氮含量的关系　　　　（d）径流与田面水总磷含量的关系

（e）径流与田面水颗粒性总磷含量的关系　　　（f）径流与田面水正磷酸盐含量的关系

**表示极显著（$P<0.01$）。

图 7-27（续）

7.4.4　讨论

　　研究表明，在水稻生长期间，径流系数和径流量随着降雨量的增加而增加，这与小麦生长期间的规律一致。7 月 2 日的降雨量较大而径流系数较小，主要是因为这次降雨量较大，达到 268.6 mm，超过径流池的容量，以最大径流池容量计算径流系数使结果偏小。施泽升等[77]研究表明，控制稻田氮、磷损失的关键时期分别是施肥后 9 d 内和施肥后的两周内。本节研究表明，田面水养分浓度峰值出现的时间分别在 7 月 2 日、9 月 14 日和 10 月 25 日左右，其径流养分浓度也出现在施用基肥（7 月 1 日）、第一次（8 月 19 日）和第二次追肥（10 月 6 日）后的首次降雨过程中，说明地表径流中养分流失不仅与施肥水平和时间有关，还与施肥与径流发生间的时间间隔有关，因此施肥后的 3 周内是控制农田养分流失的关键时期，应避免该时间段内的农田排水活动。

　　径流流失是农田养分流失最直接的一种表现形式，也是引起湖泊水体富营养化的主要因素之一。本节研究表明，在水稻生长期间，径流水中氮素流失以铵态氮为主，特别是 7 月 2 日的降雨径流中铵态氮流失形态占总氮的 43.3%，这与陆敏等[78]的研究结果一致。这可能是因为稻田在淹水条件下，硝化作用受到抑制，反硝化作用较为活跃，导致铵态氮易流失。径流水中磷素流失以可溶性总磷为主，几次降雨中可溶性总磷占总磷的 41.3%～80.0%。这可能是由于后面几次降雨强度不大，对土壤表层的扰动较小。尽管径流水中可溶性总磷的浓度较低，但大部分径流水中总磷浓度均高于水体富营养化的临界水平（0.02 mg·L^{-1}）[79]，因此会对洪泽湖水体造成一定程度的污染。本节研究稻季农田径流总氮、总磷流失量分别为 15.93 kg·hm^{-2} 和 0.8948 kg·hm^{-2}，该研究结果在程文娟等[39]分析得出的滇池流域农田土壤氮磷流失量范围内（总氮：5.07～113.16 kg·hm^{-2}，总磷：0.15～10.14 kg·hm^{-2}），说明洪泽湖河湖交汇区麦稻农田与滇池流域地区农田氮磷流失具有一定程度的一致性；本节研究稻季径流总氮、总磷的流失量显著高于麦季，说明不同的耕作方式农田的养分流失量差异较大。与麦季不同的是，稻季农田田面水养分含量对径流养分含量具有明显的影响，这与张鸿睿[80]的研究结果一致。

7.5　麦稻两熟农田养分平衡及地下水水质分析

20 世纪 90 年代以来，洪泽湖地区农田氮磷含量一直处于盈余状态，远远超过当地作物正常生长所需的量[65,66]。在农田施用肥料过程中，肥料中的氮、磷等养分不仅可以通过降雨产生地表径流进入水体造成水体的富营养化，还可能通过下渗途径对地下水造成污染。因此，在农田养分盈余较高的情况下，养分流失的风险也就越大。本节通过对洪泽湖河湖交汇区麦稻两熟农田的肥料投入和养分盈余及地下水水质特征进行分析，为明确农田面源污染对洪泽湖水体富营养化和地下水污染的影响提供理论依据。

7.5.1　麦稻两熟农田养分平衡

1. 麦稻作物产量及养分含量

表 7-10 列出作物产量数据。由表 7-10 可见，麦、稻秸秆产量占生物产量的比例较小区籽粒产量高，分别为 55.8%和 50.8%；小麦、水稻的生物产量分别为12 641.6 kg·hm^{-2} 和 17 375.0 kg·hm^{-2}，小麦、水稻的经济产量分别为 5583.3 kg·hm^{-2} 和 8541.7 kg·hm^{-2}，收获指数分别为 0.44 和 0.49。

表 7-10　麦稻两熟农田作物产量数据

种植作物	重复	小区籽粒产量/kg	经济产量/(kg·hm^{-2})	小区秸秆产量/kg	秸秆产量/(kg·hm^{-2})
小麦	小区 1	21.5	5375.0	28.2	7050.0
	小区 2	22.1	5525.0	29.6	7400.0
	小区 3	23.4	5850.0	26.9	6725.0
	平均	22.4	5583.3	28.2	7058.3
	百分率/%	44.2		55.8	

续表

种植作物	重复	小区籽粒产量/kg	经济产量/(kg·hm^{-2})	小区秸秆产量/kg	秸秆产量/(kg·hm^{-2})
水稻	小区 1	34.7	8675.0	34.5	8625.0
	小区 2	32.2	8050.0	35.1	8775.0
	小区 3	35.6	8900.0	36.4	9100.0
	平均	34.2	8541.7	35.3	8833.3
	百分率/%	49.2		50.8	

表 7-11 列出作物养分含量数据。由表 7-11 可见，作物籽粒和秸秆的氮磷养分含量差别较大，籽粒的氮磷养分含量均大于秸秆，麦、稻籽粒平均氮含量分别为 20.41 g·kg^{-1} 和 19.03 g·kg^{-1}；而不同作物在不同部位的氮磷养分含量差异不大。

表 7-11　麦稻两熟农田作物养分含量数据　　　　　　（单位：g·kg^{-1}）

种植作物	重复	籽粒氮含量	籽粒磷含量	秸秆氮含量	秸秆磷含量
小麦	小区 1	22.38	5.70	3.29	1.70
	小区 2	21.56	5.62	3.29	1.62
	小区 3	17.29	5.57	3.14	1.75
	平均	20.41	5.63	3.24	1.69
水稻	小区 1	19.01	5.24	3.11	1.77
	小区 2	17.87	5.35	3.25	1.86
	小区 3	20.21	5.48	3.12	1.71
	平均	19.03	5.36	3.16	1.78

2. 麦稻两熟农田养分盈余

表 7-12 列出麦稻两熟农田吸收的氮磷养分含量与农田当季施肥量的关系。由表 7-12 可见，麦季农田氮、磷施肥量分别为 217.1 kg·hm^{-2} 和 112.5 kg·hm^{-2}，而稻季农田氮、磷施肥量分别为 251.9 kg·hm^{-2} 和 112.5 kg·hm^{-2}。在麦、稻植株中，均为籽粒吸收养分含量高，在小麦、水稻生长期从土壤吸收的氮素养分转化到籽粒中的量分别为 114.3 kg·hm^{-2} 和 162.7 kg·hm^{-2}，而在小麦、水稻生长期从土壤吸收的磷素养分转化到籽粒中的量分别为 31.5 kg·hm^{-2} 和 45.8 kg·hm^{-2}。小麦生长吸收氮、磷养分与当季氮、磷施肥量的比值分别为 0.63 和 0.39；水稻生长吸收氮、磷养分与当季氮、磷施肥量的比值分别为 0.76 和 0.55。

表 7-12　麦稻两熟农田吸收的氮磷养分含量与农田当季施肥量的关系

种植制度	养分名称	籽粒吸收养分含量/(kg·hm^{-2})	秸秆吸收养分含量/(kg·hm^{-2})	施肥量/(kg·hm^{-2})	作物吸收养分量与施肥量比值	籽粒吸收养分量与施肥量比值
小麦	氮	114.3	22.8	217.1	0.63	0.53
	磷	31.5	11.9	112.5	0.39	0.28

续表

种植制度	养分名称	籽粒吸收养分含量/(kg·hm⁻²)	秸秆吸收养分含量/(kg·hm⁻²)	施肥量/(kg·hm⁻²)	作物吸收养分量与施肥量比值	籽粒吸收养分量与施肥量比值
水稻	氮	162.7	27.9	251.9	0.76	0.65
	磷	45.8	5.7	112.5	0.55	0.41

表 7-13 列出麦稻两熟农田养分收支平衡的关系。由表 7-13 可见，麦、稻两熟农田肥料投入与输出之后，还有盈余。从养分的表观平衡观念来看，麦稻两熟农田生产后氮、磷养分剩余量分别为 109.32 kg·hm⁻² 和 119.16 kg·hm⁻²，其中，小麦氮磷养分剩余量分别为 63.95 kg·hm⁻² 和 69.05 kg·hm⁻²，而水稻氮磷养分剩余量分别为 45.37 kg·hm⁻² 和 50.11 kg·hm⁻²。由此可见，目前的农田氮磷养分管理中，磷素盈余量更大，麦、稻季农田磷素养分盈余率分别为 158.92% 和 80.32%，氮素盈余量相对较小，盈余率分别为 41.76% 和 21.97%。

表 7-13　麦稻两熟农田养分收支平衡的关系　　　（单位：mg·hm⁻²）

项目	养分（麦季）		养分（稻季）		合计（麦稻两熟）	
	氮	磷	氮	磷	氮	磷
农田施肥量	217.10	112.50	251.90	112.50	469.00	225.00
植株吸收量	137.10	43.40	190.60	61.50	327.70	104.90
农田养分流失量	16.05	0.05	15.93	0.89	31.98	0.94
农田养分剩余量	63.95	69.05	45.37	50.11	109.32	119.16
农田养分盈余量	80.00	69.10	61.30	51.00	141.30	120.10
农田养分盈余率/%	58.35	159.22	32.16	82.93	43.12	114.49

7.5.2　麦稻两熟农田地下水水质特征

1. 农田地下水水质分析

2016 年麦稻两熟农田地下水氮素浓度的变化如图 7-28 所示。由图 7-28 可见，小麦生长期农田地下水总氮、可溶性总氮、颗粒性总氮、硝态氮和铵态氮浓度的变化范围分别为 3.47～9.27 mg·L⁻¹、2.11～5.98 mg·L⁻¹、0.59～3.59 mg·L⁻¹、0.79～5.05 mg·L⁻¹ 和 0.42～0.69 mg·L⁻¹，平均浓度分别为 5.80 mg·L⁻¹、4.05 mg·L⁻¹、1.75 mg·L⁻¹、2.04 mg·L⁻¹ 和 0.60 mg·L⁻¹，其浓度均在 5 月下旬左右达到峰值。2016 年水稻生长期总氮、可溶性总氮、颗粒性总氮、硝态氮和铵态氮浓度的变化范围分别为 3.47～6.97 mg·L⁻¹、1.98～3.21 mg·L⁻¹、1.49～3.76 mg·L⁻¹、1.03～3.11 mg·L⁻¹ 和 0.56～0.71 mg·L⁻¹，平均浓度分别为 5.26 mg·L⁻¹、2.72 mg·L⁻¹、2.53 mg·L⁻¹、1.47 mg·L⁻¹ 和 0.61 mg·L⁻¹，其浓度均在 5 月下旬左右达到峰值。

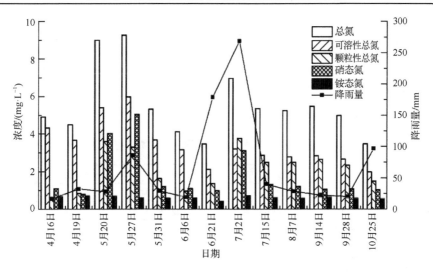

图 7-28　2016 年麦稻两熟农田地下水氮素浓度的变化

2016 年麦稻两熟农田地下水磷素浓度的变化如图 7-29 所示。由图 7-29 可见,
小麦生长期农田地下水总磷、可溶性总磷、颗粒性总磷和正磷酸盐浓度的变化范
围分别为 0.009～0.058 mg·L^{-1}、0.002～0.029 mg·L^{-1}、0.004～0.029 mg·L^{-1} 和
0.003～0.009 mg·L^{-1},平均浓度分别为 0.025 mg·L^{-1}、0.013 mg·L^{-1}、0.011 mg·L^{-1}
和 0.005 mg·L^{-1},其浓度均在 4 月中旬左右达到峰值。2016 年水稻生长期农田地
下水总磷、可溶性总磷、颗粒性总磷和正磷酸盐浓度的变化范围分别为 0.011～
0.090 mg·L^{-1}、0.005～0.055 mg·L^{-1}、0.004～0.035 mg·L^{-1} 和 0.003～0.039 mg·L^{-1},
平均浓度分别为 0.034 mg·L^{-1}、0.022 mg·L^{-1}、0.012 mg·L^{-1} 和 0.011 mg·L^{-1},其浓
度均在 7 月上旬左右达到峰值。

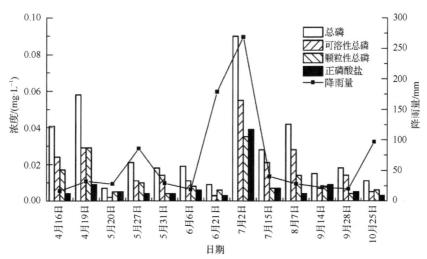

图 7-29　2016 年麦稻两熟农田地下水磷素浓度的变化

2. 农田地下水氮磷素含量与土壤/田面水和径流养分含量的关系

表 7-14 列出麦季农田地下水氮磷素含量与不同深度土壤养分含量的相关性。由表 7-14 可见，麦季农田不同深度土壤养分（硝态氮、铵态氮和速效磷）含量对相应的地下水氮磷素含量（硝态氮、铵态氮和总磷）没有明显的影响。

表 7-14　麦季农田地下水氮磷素含量与不同深度土壤相应养分含量的相关性

项目	土壤深度	回归方程	相关系数（r）	样品量（n）
土壤硝态氮（x）对地下水硝态氮（y）的回归	0～20 cm	$y = -0.027x + 3.1172$	0.39	7
	20～40 cm	$y = -0.022x + 2.3780$	0.11	7
土壤铵态氮（x）对地下水铵态氮（y）的回归	0～20 cm	$y = 0.0551x + 0.3929$	0.58	7
	20～40 cm	$y = 0.0512x + 0.5107$	0.32	7
土壤速效磷（x）对地下水总磷（y）的回归	0～20 cm	$y = 0.0008x - 0.0113$	0.58	7
	20～40 cm	$y = 0.0013x - 0.0070$	0.55	7

表 7-15 列出稻季农田地下水氮磷素含量与田面水含量的相关性。由表 7-15 可见，稻季地下水与田面水总氮含量间的相关系数为 0.81，相关达到显著水平；稻季地下水硝态氮、铵态氮、总磷、颗粒性总磷和正磷酸盐含量与田面水相应养分含量间存在一定的相关性，相关系数为 0.87～0.98，表明地下水氮磷素含量与田面水的相应养分含量呈极显著相关。

表 7-15　稻季农田地下水氮磷素含量与田面水相应养分含量的相关性

项目	回归方程	相关系数（r）	样品量（n）
田面水总氮（x）对地下水总氮（y）的回归	$y = 0.0694x + 4.2303$	0.81[*]	6
田面水硝态氮（x）对地下水硝态氮（y）的回归	$y = 0.5624x - 0.9387$	0.87[**]	6
田面水铵态氮（x）对地下水铵态氮（y）的回归	$y = 0.0044x + 0.5736$	0.93[**]	6
田面水总磷（x）对地下水总磷（y）的回归	$y = 0.1350x + 0.0170$	0.94[**]	6
田面水颗粒性总磷（x）对地下水颗粒性总磷（y）的回归	$y = 0.1004x + 0.0052$	0.95[**]	6
田面正磷酸盐（x）对地下水正磷酸盐（y）的回归	$y = 0.1160x + 0.0040$	0.98[**]	6

*表示显著（$P<0.05$），**表示极显著（$P<0.01$）。

表 7-16 列出麦季农田地下水氮磷素含量与径流相应养分含量的相关性。由表 7-16 可见，地下水与径流间的总氮、铵态氮和正磷酸盐含量均存在一定的相关性，相关系数在 0.71～0.81，表明地下水与径流间的总氮、铵态氮和正磷酸盐含量显著相关；地下水与径流间的总磷和颗粒性总磷含量的相关系数分别为 0.95 和 0.94，表明地下水与径流间的总磷和颗粒性总磷含量的相关性达到极显著水平；地下水与径流间的硝态氮含量没有明显的线性回归关系。

表 7-16　麦季农田地下水氮磷素含量与径流相应养分含量的相关性

项目	回归方程	相关系数(r)	样品量(n)
径流总氮（x）对地下水总氮（y）的回归	$y = 0.3156x + 2.2424$	0.81*	7
径流硝态氮（x）对地下水硝态氮（y）的回归	$y = 0.2953x + 0.1264$	0.68	7
径流铵态氮（x）对地下水铵态氮（y）的回归	$y = 0.2379x + 0.4838$	0.71*	7
径流总磷（x）对地下水总磷（y）的回归	$y = 0.4842x + 0.0069$	0.95**	7
径流颗粒性总磷（x）对地下水颗粒性总磷（y）的回归	$y = 0.3548x + 0.0036$	0.94**	7
径流正磷酸盐（x）对地下水正磷酸盐（y）的回归	$y = 0.2966x + 0.0025$	0.75*	7

*表示显著（$P<0.05$），**表示极显著（$P<0.01$）。

表 7-17 列出稻季农田地下水氮磷素含量与径流相应养分含量的相关性。由表 7-17 可见，稻季地下水与径流总氮含量间的相关系数为 0.87，相关达到显著水平；稻季地下水硝态氮、铵态氮、总磷、颗粒性总磷和正磷酸盐含量与径流相应养分含量间存在一定的相关性，相关系数在 0.90～0.96，表明地下水氮磷素含量与径流的相应养分含量的相关达到极显著水平。

表 7-17　稻季农田地下水氮磷素含量与径流相应养分含量的相关性

项目	回归方程	相关系数(r)	样品量(n)
径流总氮（x）对地下水总氮（y）的回归	$y = 0.2413x + 3.2435$	0.87*	6
径流硝态氮（x）对地下水硝态氮（y）的回归	$y = 0.8534x - 0.9424$	0.93**	6
径流铵态氮（x）对地下水铵态氮（y）的回归	$y = 0.0230x + 0.5522$	0.94**	6
径流总磷（x）对地下水总磷（y）的回归	$y = 0.6453x + 0.0105$	0.90**	6
径流颗粒性总磷（x）对地下水颗粒性总磷（y）的回归	$y = 0.3118x + 0.0058$	0.94**	6
径流磷酸盐（x）对地下水正磷酸盐（y）的回归	$y = 1.2134x - 0.0010$	0.96**	6

*表示显著（$P<0.05$），**表示极显著（$P<0.01$）。

7.5.3　讨论

朱兆良等[27]通过研究苏南太湖流域稻麦适宜施氮量，提出小麦和晚稻的适宜施氮量分别为 120 kg·hm^{-2} 和 102～195 kg·hm^{-2}，易玉林[81]和吴良泉等[82]提出小麦和晚稻的适宜施磷量分别为 96 kg·hm^{-2} 和 71 kg·hm^{-2}，而洪泽湖河湖交汇区的麦稻两熟农田的施氮量分别为 217.1 kg·hm^{-2} 和 251.9 kg·hm^{-2}，施磷量均为 112.5 kg·hm^{-2}，远高于专家提出的适宜施肥量。本节研究表明，麦季氮磷盈余量分别为 80.0 kg·hm^{-2} 和 69.10 kg·hm^{-2}，稻季氮磷盈余量分别为 61.30 kg·hm^{-2} 和 51.00 kg·hm^{-2}，显然麦季农田养分盈余量大于稻季农田，因此，可适当减少麦季农田的施肥量。鲁如坤[83]提出，农田氮素盈余量比例的标准，即盈余率大于 20% 时，具有环境风险，本节研究中麦、稻季农田氮素盈余率分别为 41.76% 和 21.97%，说明麦稻两熟农田氮素盈余具有环境风险，特别是麦季土壤的硝化和矿化潜力较强，土壤中剩余的氮素主要以硝态氮的形式累积，通过下渗对地下水造成污染的风险很大。

土壤中的养分可以通过淋溶等途径进入地下水环境污染地下水。本节研究表明，麦稻农田地下水硝态氮的浓度范围为 $0.79 \sim 5.05 \ mg \cdot L^{-1}$，平均浓度为 $1.78 \ mg \cdot L^{-1}$，总磷的浓度范围为 $0.009 \sim 0.090 \ mg \cdot L^{-1}$，平均浓度为 $0.029 \ mg \cdot L^{-1}$，均高于水体富营养化的阈值（硝态氮浓度为 $0.3 \ mg \cdot L^{-1}$，磷浓度为 $0.02 \ mg \cdot L^{-1}$），但硝态氮浓度均低于世界卫生组织（World Health Organization，WHO）规定的饮用水限定标准（$10 \ mg \cdot L^{-1}$）。根据王庆锁等[84]提出的地下水硝态氮污染的评价标准（$0 \sim 2.5 \ mg \cdot L^{-1}$ 为优质），目前洪泽湖河湖交汇区麦稻两熟农田地下水质量为优质等级。从以上分析可知，洪泽湖地区的农田面源污染对于水体富营养化具有一定的影响，但尚没有达到很严重的程度，需要引起重视。

7.6 小　结

1）在小麦生长期间，径流系数随着降雨量的增加而增加，径流系数的变化范围为 $0.32 \sim 0.63$（平均值为 0.45）；相邻两次降雨，前次降雨农田径流系数较小而下次降雨农田径流系数较大。降雨量与径流量之间存在极显著相关的线性关系，可以用 $y = 0.5477x - 1.8020$（$n = 6$）来表示，$r = 0.9855$（$P < 0.01$）。由该公式估算 3.3 mm 的降雨量是麦季农田产生径流的最小降雨量。麦季降雨前农田 $0 \sim 20 \ cm$ 土壤含水量越高，则该次降雨农田径流系数越大，$r = 0.7468$（$P < 0.05$）；降雨前 $20 \sim 40 \ cm$ 土壤含水量对麦季农田径流系数没有明显影响。在小麦生长期间，农田 $0 \sim 20 \ cm$ 土壤含水量比 $20 \sim 40 \ cm$ 土壤含水量高，且 $0 \sim 20 \ cm$ 土壤含水量的波动较 $20 \sim 40 \ cm$ 大；$0 \sim 20 \ cm$ 土壤降雨后含水量平均提高 8.5%，而 $20 \sim 40 \ cm$ 土壤雨后含水量平均提高 4.5%。麦季农田 $0 \sim 20 \ cm$、$20 \sim 40 \ cm$ 土壤养分含量均在小麦生长前期施肥后的一段时间内相对较高，随着小麦的生长逐渐下降，最后趋于稳定，且降雨后 $0 \sim 20 \ cm$ 土壤养分含量下降的幅度较 $20 \sim 40 \ cm$ 大，因此，小麦农田应该避免在雨前施肥。

2）在水稻生长期间，径流系数随着降雨量的增加而增加，径流系数的变化范围为 $0.22 \sim 0.51$，平均值为 0.41。降雨量与径流量之间存在线性关系，可以用 $y = 1.0604x - 4.44$（$n = 5$）来表示，$r = 0.9971$（$P < 0.01$），由该公式估算 4.2 mm 的降雨量是稻季农田产生径流的最小降雨量。在水稻生长期间，农田田面水养分含量都在施肥后的一段时间内相对较高，随着水稻的生长逐渐下降，最后趋于稳定。田面水总氮、总磷的平均浓度分别为 $11.60 \ mg \cdot L^{-1}$ 和 $0.081 \ mg \cdot L^{-1}$，其养分浓度的峰值均出现在施肥后的 3 周内。在这期间发生降雨，田面水养分含量下降的幅度较大，因此，应避免该时间段内的农田排水活动。

3）小麦生长期间的农田径流总氮、总磷的平均浓度分别为 11.26 mg·L^{-1} 和 0.037 mg·L^{-1}，流失量分别为 5.75 kg·hm^{-2} 和 0.0516 kg·hm^{-2}，氮素流失形态以硝态氮为主，而磷素以颗粒性总磷为主。降雨量对径流总氮、硝态氮、铵态氮、颗粒性总磷和正磷酸盐流失量有影响，均表现为随着降雨量的增加，养分流失量也增加，均可用 $y=a\ln x+b$（$n=7$）来表示，相关系数 r 在 0.707～0.834；而降雨量对径流总磷流失量的影响不明显。小麦田不同深度土壤铵态氮含量对径流铵态氮含量有影响，土壤铵态氮含量高时，径流铵态氮含量也高，相关系数 r 分别为 0.7935 和 0.7590。水稻生长期间，农田径流总氮、总磷的平均浓度分别为 8.34 mg·L^{-1} 和 0.037 mg·L^{-1}，低于小麦田；流失量分别为 15.93 kg·hm^{-2} 和 0.8948 kg·hm^{-2}，高于小麦田；氮素流失形态以铵态氮为主，而磷素以溶解性总磷为主。随着降雨量的增加，养分流失量也增加，均可用 $y=a\ln x+b$（$n=6$）来表示，相关系数 r 在 0.8588～0.9352。稻田田面水养分含量对径流养分含量有很大影响，相关系数 r 在 0.9487～0.9946。

4）小麦、水稻的收获指数分别为 0.44 和 0.49，储存在籽粒中的氮磷养分远远高于秸秆。小麦生长期间吸收氮磷养分与当季氮磷肥料投入量的比值分别为 0.63 和 0.39，水稻生长期间吸收氮磷养分与当季氮磷肥料投入量的比值分别为 0.76 和 0.55。目前的农田氮磷养分管理中，磷素盈余量较大，麦、稻季农田磷素养分盈余率分别为 159.22%和 82.93%，氮素盈余量相对较小，盈余率分别为 41.76%和 21.97%。因此，洪泽湖地区要适当减少化肥使用量，来控制农田面源污染。

5）麦季农田径流养分含量对地下水氮磷素含量有明显的影响，而稻季农田田面水和径流水养分含量均对地下水氮磷素含量有明显的影响。麦稻两熟农田地下水硝态氮的浓度范围为 0.79～5.05 mg·L^{-1}，平均浓度为 1.78 mg·L^{-1}，总磷的浓度范围为 0.009～0.090 mg·L^{-1}，平均浓度为 0.029 mg·L^{-1}，从硝态氮污染评价标准来看，目前地下水质量属于优质等级。

参 考 文 献

[1] 高俊峰, 蒋志刚, 窦鸿身, 等. 中国五大淡水湖保护与发展[M]. 北京: 科学出版社, 2012: 241.

[2] 葛绪广, 王国祥. 洪泽湖面临的生态环境问题及其成因[J]. 人民长江, 2008, 39(1): 28-30.

[3] 闻余华, 黄利亚, 罗俐雅. 洪泽湖水位变化特征分析[J]. 江苏水利, 2006, 1(3): 27-28.

[4] 李天淳. 江苏省主要供水水源水质现状分析[J]. 水资源保护, 1991(1): 57-61.

[5] 叶春, 李春华, 王博, 等. 洪泽湖健康水生态系统构建方案探讨[J]. 湖泊科学, 2011, 23(5): 725-730.

[6] 张飞, 孔伟. 洪泽湖周边地区农业面源污染负荷变化分析[J]. 农业环境与发展, 2012, 29(2): 65-68.

[7] 徐勇峰, 陈子鹏, 吴翼, 等. 环洪泽湖区域农业面源污染特征及控制对策[J]. 南京林业大学学报(自然科学版), 2016, 40(2): 1-8.

[8] MILLER G T. Living in the environment: an introduction to environmental science[M]. Belmont: Wadsworth Publishing Company, 1990.

[9] 苑韶峰, 吕军. 流域农业非点源污染研究概况[J]. 土壤通报, 2004, 35(4): 507-511.

[10] KRONVANG B, GRAESBOLL P, LARSEN S E, et al. Diffuse nutrient losses in Denmark[J]. Water Science and Technology, 1996, 33(4-5): 81-88.

[11] LENA B V. Nutrient preserving in riverine transitional strip[J]. Journal of Human Environment, 1994, 3(6): 342-347.

[12] HOLDEN J, HAYGARTH P M, MACDONALD J, et al. Agriculture's impacts on water quality [R]. The UK's Water Research Innovation Partnership, 2015.

[13] OENEMA O, VAN LIERE L, SCHOUMANS O. Effects of lowering nitrogen and phosphorus surpluses in agriculture on the quality of groundwater and surface water in the Netherlands[J]. Journal of Hydrology, 2005, 304(1): 289-301.

[14] 张维理, 武淑霞, 冀宏杰, 等. 中国农业面源污染形势估计及控制对策 I. 21 世纪初期中国农业面源污染的形势估计[J]. 中国农业科学, 2004, 37(7): 1008-1017.

[15] 马光. 环境与可持续发展导论[M]. 北京: 科学出版社, 2000.

[16] 陈勇, 冯永忠, 杨改河. 农业非点源污染研究进展[J]. 西北农林科技大学学报(自然科学版), 2010, 38(8): 173-181.

[17] 李巧, 周金龙, 贾瑞亮. 地下水农业面源污染研究现状与展望[J]. 地下水, 2011, 33(2): 73-76.

[18] 张维理, 田哲旭, 张宁, 等. 中国北方农用氮肥造成地下水硝酸盐污染的调查[J]. 植物营养与肥料学报, 1995, 1(2): 80-87.

[19] 刘宏斌. 施肥对北京市农田土壤硝态氮累积与地下水污染的影响[D]. 北京: 中国农业科学院, 2002.

[20] 马立珊, 汪祖强, 张水铭, 等. 苏南太湖水系农业面源污染及其控制对策研究[J]. 环境科学学报, 1997, 17(1): 39-41.

[21] 中国农业科学院土壤肥料研究所. 国家重大科技专项: 滇池流域面源污染控制技术研究——精准化平衡施肥技术专题研究报告[R]. 北京: 中国农业科学院, 2003.

[22] 陆徐荣, 王茂亭, 周爱国, 等. 淮河水污染对淮洪泽湖地区浅层地下水影响规律初探[J]. 地下水, 2007, 29(5): 64-68.

[23] 李萍萍, 刘继展. 太湖流域农业面源源头减排、清洁生产及产业结构调整研究[M]//王浩. 湖泊流域水环境污染治理的创新思路与关键对策研究. 北京: 科学出版社, 2010: 67-164.

[24] TENKORANG F, LOWENBERG-DEBOER J. Forecasting long-term global fertilizer demand[J]. Nutrient Cycling in Agroecosystems, 2008, 83(3): 233-247.

[25] JIANG D M, ZHOU Y F, LU G F. The roles of countrywomen in controlling non-point source pollution[J]. Chinese Journal of Population, Resources and Environment, 2006, 4(2): 28-32.

[26] 崔键, 马友华, 赵艳萍, 等. 农业面源污染的特性及防治对策[J]. 中国农学通报, 2006, 22(1): 335-340.

[27] 朱兆良, 孙波. 中国农业面源污染控制对策[M]. 北京: 中国环境科学出版社, 2006.

[28] 王森, 朱昌雄, 耿兵. 土壤氮磷流失途径的研究进展[J]. 中国农学通报, 2013, 29(33): 22-25.

[29] 马永生, 张淑英, 邓兰萍. 氮、磷在农田沟渠湿地系统中的迁移转化机理及其模型研究进展[J]. 甘肃科技, 2005, 21(2): 106-107.

[30] ISERMANN K. Share of agriculture in nitrogen and phosphorus emissions into the surface waters of Western Europe against the background of their eutrophication[J]. Fertilizer Research, 1990, 26(1-3): 253-269.

[31] SIMS J T, EDWARDS A C, SCHOUMANS O F, et al. Integrating soil phosphorus testing into environmentally based agricultural management practices[J]. Journal of Environmental Quality, 2000, 29(1): 60-71.

[32] 杨蓓蓓, 刘敏, 张丽佳, 等. 稻麦轮作农田系统中磷素流失研究[J]. 华东师范大学学报(自然科学版), 2009, 11(6): 56-63.

[33] 李恒鹏, 金洋, 李燕. 模拟降雨条件下农田地表径流与壤中流氮素流失比较[J]. 水土保持学报, 2008, 22(2): 6-9.

[34] 高扬, 朱波, 周培, 等. 紫色土坡地氮素和磷素非点源输出的人工模拟研究[J]. 农业环境科学学报, 2008, 27(4): 1371-1376.

[35] 王桂苓, 马友华, 孙兴旺, 等. 巢湖流域麦稻轮作农田径流氮磷流失研究[J]. 水土保持学报, 2010 (2): 6-10.

[36] 路青, 马友华, 胡善宝, 等. 安徽省沿淮大豆种植区氮磷流失特征研究[J]. 中国农学通报, 2015(12): 230-235.

[37] 张世贤. 三张图表说喜忧——中国面临的严峻挑战与机理[J]. 中国农村, 1996, 5: 6-9.

[38] 陈秋会, 席运官, 王磊, 等. 太湖地区稻麦轮作农田有机和常规种植模式下氮磷径流流失特征研究[J]. 农业环境科学学报, 2016, 35(8): 1550-1558.

[39] 程文娟, 史静, 夏运生, 等. 滇池流域农田土壤氮磷流失分析研究[J]. 水土保持学报, 2008, 22(5): 52-55.

[40] 徐谦. 我国化肥和农药非点源污染状况综述[J]. 农村生态环境, 1996, 12(2): 39-43.

[41] 高超, 朱继业, 朱建国, 等. 不同土地利用方式下的地表径流磷输出及其季节性分布特征[J]. 环境科学学报, 2005, 25(11): 1543-1549.

[42] POTE D H, DANIEL T C, NICHOLS D J, et al. Relationship between phosphorus levels in three ultisols and phosphorus concentrations in runoff[J]. Journal of Environmental Quality, 1999, 28(1): 170-175.

[43] KUMAR R, AMBASHT R S, SRIVASTAVA A, et al. Reduction of nitrogen losses through erosion by *Leonotis nepetaefolia* and *Sida acuta* in simulated rain intensities[J]. Ecological Engineering, 1997, 8(3): 233-239.

[44] 薛立, 薛晔, 郑卫国, 等. 佛山市湿地松林地表径流中可溶解性氮和磷的流失特征[J]. 水土保持通报, 2010, 30(1): 31-34.

[45] PRUSKI F F, NEARING M A. Climate-induced changes in erosion during the 21st century for eight US locations[J]. Water Resources Research, 2002, 38(12): 34-1-34-11.

[46] FIERER N G, GABET E J. Carbon and nitrogen losses by surface runoff following changes in vegetation[J]. Journal of Environmental Quality, 2002, 31(4): 1207-1213.

[47] 肖强, 张维理, 王秋兵, 等. 太湖流域麦田土壤氮素流失过程的模拟研究[J]. 植物营养与肥料学报, 2005, 11(6): 731-736.

[48] ZHANG M K, WANG L P, HE Z L. Spatial and temporal variation of nitrogen exported by runoff from sandy agricultural soils[J]. Journal of Environmental Sciences, 2007, 19(9): 1086-1092.

[49] HESKETH N, BROOKES P C. Development of an indicator for risk of phosphorus leaching[J]. Journal of Environmental Quality, 2000, 29(1): 105-110.

[50] 陈永高, 张瑞斌. 不同施肥模式对太湖流域农田土体氮磷流失与营养累积的影响[J]. 水土保持通报, 2016, 36(2): 115-119.

[51] 石丽红, 纪雄辉, 李洪顺, 等. 湖南双季稻田不同氮磷施用量的径流损失[J]. 中国农业气象, 2010 (4): 551-557.

[52] 刘俏, 张丽萍, 胡响明, 等. 红壤丘陵区经济林坡地氮磷流失特征[J]. 水土保持学报, 2014, 28(3): 185-190.

[53] SMITH D D, WISCHMEIER W H. Factors affecting sheet and rill erosion[J]. Transactions American Geophysical Union, 1957, 38(6): 889-896.

[54] 王丽, 王力, 王全九. 前期含水量对坡耕地产流产沙及氮磷流失的影响[J]. 农业环境科学学报, 2014, 33(11): 2171-2178.

[55] CHOW T L, REES H W. Effects of coarse-fragment content and size on soil erosion under simulated rainfall[J]. Canadian Journal of Soil Science, 1995, 75(2): 227-232.

[56] CASTILLO V M, MARTINEZ-MENA M, ALBALADEJO J. Runoff and soil loss response to vegetation removal in a semiarid environment[J]. Soil Science Society of America Journal, 1997, 61(4): 1116-1121.

[57] 王全九, 赵允旭, 刘艳丽, 等. 植被类型对黄土坡地产流产沙及氮磷流失的影响[J]. 农业工程学报, 2016, 32(14): 195-201.

[58] HAMSEN E M, DJURHUUS J. Nitrate leaching as influenced by soil tillage and catch crop[J]. Soil and Tillage Research, 1997, 41(3): 203-219.

[59] 林超文, 罗春燕, 庞良玉, 等. 不同耕作和覆盖方式对紫色丘陵区坡耕地水土及养分流失的影响[J]. 生态学报, 2010 (22): 6091-6101.

[60] 焦平金, 许迪, 王少丽, 等. 自然降雨条件下农田地表产流及氮磷流失规律研究[J]. 农业环境科学学报, 2010, 29(3): 534-540.

[61] 雷沛, 曾祉祥, 张洪, 等. 丹江口水库农业径流小区土壤氮磷流失特征[J]. 水土保持学报, 2016, 30(3): 44-48.

[62] 纪小敏, 闻亮, 张鸣, 等. 洪泽湖入湖污染物通量分析[J]. 江苏水利, 2014(7): 45-47.

[63] 李萍萍, 刘继展. 太湖流域农业结构多目标优化设计[J]. 农业工程学报, 2009 (10): 198-203.

[64] 刘庆淮. 江苏省洪泽县耕地地力评价研究[D]. 南京: 南京农业大学, 2009.

[65] 徐广辉, 居立海, 赵全久, 等. 洪泽县主要作物施肥动态及对策[J]. 中国土壤与肥料, 2006(6): 57-59.

[66] 吴红洪, 徐井风, 施吉飞, 等. 洪泽县肥料农化服务现状及前景展望[J]. 现代农业科技, 2010(6): 292-294.

[67] 刘宏斌, 邹国元, 范先鹏, 等. 农田面源污染监测方法与实践[M]. 北京: 科学出版社, 2015: 43-49.

[68] 李道峰, 田英, 刘昌明. GIS 支持下的黄河河源区降水径流要素变化分析[J]. 水土保持研究, 2004, 11(1): 144-155.

[69] HAMED Y, ALBERGEL J, PEPIN Y, et al. Comparison between rainfall simulator erosion and observed reservoir sedimentation in an erosion-sensitive semiarid catchment[J]. Catena, 2002, 50(1): 1-16.

[70] NEARING M A, JETTEN V, BAFFAUT C, et al. Modeling response of soil erosion and runoff to changes in precipitation and cover[J]. Catena, 2005, 61(2): 131-154.

[71] 刘战东, 高阳, 段爱旺, 等. 麦田降雨产流过程的影响因素[J]. 水土保持学报, 2012, 26(2): 38-44.

[72] PHILIP J R. The theory of infiltration: 5. The influence of the initial moisture content[J]. Soil Science, 1957, 84(4): 329-340.

[73] 贾洪文. 降雨与土壤养分流失关系分析[J]. 水土保持应用技术, 2007 (1): 21-23.

[74] 梁新强, 田光明, 李华, 等. 天然降雨条件下水稻田氮磷径流流失特征研究[J]. 水土保持学报, 2005, 19(1): 59-63.

[75] 席运官, 田伟, 李妍, 等. 太湖地区稻麦轮作系统氮、磷径流排放规律及流失系数[J]. 江苏农业学报, 2014, 30(3): 534-540.

[76] ZHAO X, ZHOU Y, MIN J, et al. Nitrogen runoff dominates water nitrogen pollution from rice-wheat rotation in the Taihu Lake region of China[J]. Agriculture, Ecosystems & Environment, 2012, 156: 1-11.

[77] 施泽升, 续勇波, 雷宝坤, 等. 洱海北部地区不同氮、磷处理对稻田田面水氮磷动态变化的影响[J]. 农业环境科学学报, 2013, 32(4): 838-846.

[78] 陆敏, 刘敏, 黄明蔚, 等. 大田条件下稻麦轮作土壤氮素流失研究[J]. 农业环境科学学报, 2006, 25(5): 1234-1239.

[79] PARRY R. Agricultural phosphorus and water quality: a US environmental protection agency perspective[J]. Journal of Environmental Quality, 1998, 27(2): 258-261.

[80] 张鸿睿. 稻田田面水氮磷动态及径流流失特征研究[D]. 南京: 南京农业大学, 2012.

[81] 易玉林. 氮、磷、钾肥在河南省小麦上的应用效果及推荐用量研究[J]. 河南农业科学, 2012, 41(7): 69-72.

[82] 吴良泉, 武良, 崔振岭, 等. 中国水稻区域氮磷钾肥推荐用量及肥料配方研究[J]. 中国农业大学学报, 2016 (9): 1-13.

[83] 鲁如坤. 土壤-植物营养学原理和施肥[M]. 北京: 化学工业出版社, 1998.

[84] 王庆锁, 孙东宝, 郝卫平, 等. 密云水库流域地下水硝态氮的分布及其影响因素[J]. 土壤学报, 2011, 48(1): 141-150.

第8章 杨树人工林地径流氮磷流失研究

8.1 概 述

种植业生产内部的土地利用类型分为农田（耕地）、林地、园地和牧草地等。毋庸置疑，这些土地利用类型之间在面源污染的发生方面存在很大差异。如第 7 章所述，国内外在农田氮磷流失方面已开展了大量的研究，在林地氮磷流失方面也做了一些研究。

在林地与其他土地利用类型的氮磷流失比较方面，吕唤春等[1]通过研究千岛湖流域降雨径流中总氮、总磷、可溶氮和可溶磷的浓度变化，探讨不同土地利用类型对氮素、磷素流失的影响，结果表明，红薯地和园地等人工耕种的坡地氮磷流失浓度最大，草地和林地等受人工影响少的土地利用类型氮磷流失浓度相对较少。不同土地利用类型下日降雨量与径流水中的总氮、可溶氮、总磷和可溶磷浓度均呈显著正相关。孙莉等[2]研究洱海流域土地利用对土壤养分的影响，土壤中总氮、有机质、总磷和速效磷的含量均呈农田>园地、林地>裸地的变化趋势，然而流域坝区土壤氮、磷流失总量分别为 686 t、241 t，主要贡献来自农田。吴东等[3]选择三峡库区典型退耕还林模式，包括园地（茶园）及林地（板栗）与原有坡耕地对照，观测并分析其土壤养分（氮磷）输出途径及数量情况，总氮年输出量依次为坡耕地（2444.27 g·hm^{-2}）>茶园地（998.70 g·hm^{-2}）>板栗林地（532.61 g·hm^{-2}）；总磷为坡耕地（1690.48 g·hm^{-2}）>茶园地（488.06 g·hm^{-2}）>板栗林地（129.00 g·hm^{-2}）；退耕后土壤养分氮磷年流失量（包括随泥沙和地表径流流失的量）减少。李俊然等[4]研究表明，在以单一土地利用类型为主控制的流域中，林地和草地控制的小流域的地表水水质明显好于以耕地为主的小流域；在不同土地利用类型（林地、草地和耕地等）的组合结构中，各项污染物浓度往往介于林地、草地或耕地为主控制的小流域之间；在其他条件相似时，随着小流域内林地和草地的增加，非点源污染降低，而随着耕地比例的升高，非点源污染有逐渐增大的趋势。阎伍玖等[5]在对巢湖流域的研究中也得到，农田区在适宜的地方应该增加一些草地和林地，这样既可增加景观多样性，又可减少农田中土壤养分的流失。张招招等[6]构建了甬江流域 2010～2014 年的 SWAT 水文水质模型，研究土地利用类型对面源磷污染的影响，结果表明，流域内林地、建设用地、耕地、园地产沙年均单位负荷分别为 10.09 t·hm^{-2}、0.90 t·hm^{-2}、44.68 t·hm^{-2}、13.29 t·hm^{-2}，总磷年均单位负荷分别为 1.42 kg·hm^{-2}、0.35 kg·hm^{-2}、9.81 kg·hm^{-2}、1.82 kg·hm^{-2}，都是耕地>园地>林地>建设用地。秦立等[7]研究表明，赤水河流域各支流土地利用结构是影响总氮、硝态氮输出浓度空间差异的主要因素，林地起显著的"汇"作用，耕地起显著的"源"作用。Peng 等[8]的研究表明，在喀斯特区域灌草的地表径流系数高于林地、耕地，在降雨条件下灌草区域因水土流失河水中的含氮量增加。因此，林地、水体对总氮、硝态氮输出起氮汇的作用，建设用地、未利用地、耕地、灌草对总氮、硝态氮输出起氮源的作用。Elledge 等[9]对亚热带澳大利亚地区从原始森林变化为农用地和牧场的土地系统进行超过 25 年的径流研究，其结论为：农田与牧场系统较之原始森林，径流中的氮有所减少，但径流中泥沙等沉积物的流失增多，磷荷载增加。总体上农田与牧场系统对下游水质产生更大的危害，对受纳海域的生态系统产生了破坏作用。

在影响林地氮磷流失的因素方面，一些学者提出降雨量、林地下垫面植被等是重要因素。褚建柯[10]在对毛竹林地的研究中发现，随着降雨强度的增加，径流中的铵态氮和总磷等养分的流失量增加，其中更多的速效磷随着泥沙通过径流排出，这反映了径流量对养分流失的影响，即较大的径流量会产生较多的氮磷流失。陈志良等[11]通过研究不同土地类型下暴雨对径流氮磷流失的影响得出，林地在暴雨条件下的径流氮磷流失明显低于其他土地利用类型，其中林地下垫面的植被可以对水土流失及氮磷等养分的流失起明显的防控作用。盛炜彤[12]在杉木人工林水土流失的研究中对径流量与养分流失的关系进行深入的研究，认为径流量主要取决于降水量、降水强度及地表覆盖状况。在同一降水条件下，不同径流小区之间地表径流量及径流系数有较大差别，这里的影响因素主要是土壤的结构与渗透性及地表的覆盖状况[13]。王荣嘉等[14,15]对麻栎林与荒草地的氮磷径流进行比较，结果表明林地壤中流占总产流的比例为 36.16%～46.93%，荒草地壤中流的比例为 18.58%，林地雨水下渗能力高于荒草地，其中麻栎-刺槐混交林雨水下渗能力最强。随着雨强的增大，林地壤中流的比例由 54.34%减小到 37.62%。麻栎林的全氮总流失浓度、地表径流全氮浓度、壤中流全氮浓度分别为 11.5 mg·L^{-1}、13.1 mg·L^{-1}、8.9 mg·L^{-1}，分别比荒草地低 19.0%、13.8%、8.2%。林地总磷总流失量比荒草地少 55.32%～77.43%，与荒草地相比，林地对磷素的调控效果更优。

在林地氮磷流失的途径和形态研究方面，吴东等[3]认为，园地、林地及原有坡耕地的硝态氮、铵态氮主要通过地表径流输出，所占总量比例分别为 91.4%和 92.2%；总氮和总磷主要通过泥沙输出，所占总量比例分别为 86.6%和 98.4%。通过退耕还林等措施，该地区地表径流及土壤侵蚀输出明显减少，土壤养分流失得到有效控制。陈志良等[11]认为，径流中氮、磷的流失形态分为可溶态和颗粒态，径流中氮磷流失是以颗粒态形式流失的，即氮磷是以泥沙结合形式流失的；径流中氮素主要是以可溶态氮流失的。张招招等[6]研究表明，林地、建设用地、耕地、园地各种土地利用类型产沙和总磷（R^2=0.83～0.880，$P<0.001$）之间的一元线性回归模型的预测能力均高于产流和总磷（R^2=0.63～0.68，$P<0.001$），说明面源磷

流失的主要载体为泥沙。秦立等[7]研究表明，总氮、硝态氮与林地的相关系数为 −0.673（$P<0.01$）、−0.652（$P<0.01$），林地对总氮、硝态氮输出起到显著的"氮汇"作用。铵态氮与林地的相关系数为 0.435（$P<0.05$），林地对铵态氮的输出起"氮源"作用。汪庆兵等[16]通过在毛竹林地设置径流小区进行水样采集，对 16 次径流事件的分析表明，养分的流失量与降雨量之间存在线性关系，养分的流失量随降雨量的增加而增加，且相关性显著。然而与一般研究认为旱地氮素损失的形态主要是硝态氮的结果[13,17,18]不同，他们对浙江省北部石水库集水区毛竹林地污染物不同年份污染特征进行分析发现，无机氮素的流失以铵态氮为主，铵态氮的平均浓度为硝态氮的 3.11 倍。

比较而言，我国重要土地利用类型人工林地的面源污染及氮磷流失特征方面的研究较少。林业是环洪泽湖地区的重要农业产业。据统计，环湖区域农作物种植面积 9862.20 km^2，占环湖区域总面积的 74.6%，实有林地面积为 2942.57 km^2，占环湖区域总面积的 22.3%[19]。杨树是杨柳科杨属植物的通称，为落叶乔木，其抗逆能力强，生长繁盛，成林速度快，是我国重要的速生丰产用材林树种[20]，也是环洪泽湖地区尤其是洪泽湖湿地高淤积滩地的主要造林树种。目前对环湖区域林地面源污染的研究，尤其是污染流失总量、不同污染物流失形态与浓度、不同污染物流失特征和规律的研究存在缺失。仅有叶祖鑫等[21]在洪泽湖支流进行研究，发现耕地相对林地和裸地而言更容易发生水土流失，造成泥沙和土壤中的磷素输出至水体；发现仅有耕地与颗粒态磷呈正相关的现象。因此林地产生面源污染程度及林地系统所产生的面源污染与农田系统的异同有待进一步深入研究。本章通过实地定点采样分析与数据监测，对洪泽湖地区杨树林的径流中氮磷流失特征及其对地下水质量的影响进行研究，以探讨杨树人工林在农业面源污染中的源或库的作用。

8.2 研究方法

8.2.1 试验田概况

在与第 7 章麦稻两熟农田相邻的区域，选取一块杨树人工林地为定位监测点。该试验林地位于洪泽湖滩涂中，紧邻洪泽湖水体。表 8-1 为监测点林地土壤基本性质，林地土壤 pH 整体呈弱碱性或碱性，氮、磷、有机质等养分含量处于较高水平。

表 8-1 监测点林地土壤基本性质

土层	pH	铵态氮含量/(mg·kg^{-1})	硝态氮含量/(mg·kg^{-1})	速效磷含量/(mg·kg^{-1})
0~20 cm	8.40	2.17	15.36	22.41
20~40 cm	8.77	2.32	5.78	11.24

试验采用径流池法测算地表径流的氮磷流失系数。在降雨径流事件发生以后，测量径流池中径流量。通过采集的径流水样，分析、检测径流中全磷、可溶性磷、全氮、硝态氮、铵态氮等指标，对降雨过程中造成的径流氮磷流失系数进行测算。

8.2.2　试验小区设计

与 7.2.2 农田径流监测试验设计一样，林地径流监测试验设置 3 个径流试验小区，进行 3 次重复试验。

1）试验径流小区为长方形，尺寸为 10 m×4 m，面积为 40 m^2。共设有 3 个径流小区，同时设置 3 个采样径流池，作为 3 次重复试验。

2）在径流小区的四周边界处，用土堆堆高以与周围地表及径流小区隔断，并使用塑料薄膜包裹土堆，以防止小区之间及小区与周边地表之间的径流、养分和水分的相互影响。土堆的尺寸为高 20 cm、宽 20 cm，沿边界线设置。土堆两侧使用 PVC 板隔开，PVC 板插入土中 15 cm，外露 20 cm。

3）保护行：在试验小区所处的试验区域外 2 m 范围内，设置保护行。

4）地下水监测井：在抽排池附近修建地下水井，规格为直径 30 cm，深 5 m，用于采集降雨前后地下水水质水样，观察降雨条件下地下水水质变化。

8.2.3　径流池设计

径流池的设计与第 7 章的农田径流池相似，不同的是农田因为要分别监测有水层和无水层情况而设有 3 个入水口，而林地只需要两个入水口。入水口 1 用于收集林地间产生的径流水；入水口 2 作为检查井，防止入水口发生堵塞，不使用时用盖子长期密封。

8.2.4　试验地管理

杨树人工林地试验采用当地常规的施肥方式，按照当地农民的施肥习惯操作。在苗木期对杨树进行必要的施肥，成林后少量施肥或不施肥。试验期内杨树人工林地未进行施肥。

径流小区内杨树的种植与管理，除了定期采样排水、收集径流和分析测试外，均与当地其他杨树人工林地采用相同的管理方式。

8.2.5　样品采集

1. 土样采集

1）基础土样采集：在试验区域采集 0～20 cm 土样、20～40 cm 土样各一份。共采集基础土样两个，将采集的土壤样品分别等分成两份，各 1 kg。一份制备成风干土样，用于检测速效磷指标；另外一份土样置于封口袋中冷冻保存作为新鲜土样，用于检测硝态氮、铵态氮、含水量等指标。

2）试验土样采集：该监测点从 2016 年 4 月监测开始到 1 个监测周期结束各小区采集雨前雨后表层土共 12 个，土壤样品分为两份，其中一份风干并根据不同指标要求进行粉碎磨细过筛处理，用于速效磷的测定；另一份用封口袋冷冻保存，用于硝态氮、铵态氮、含水量等的测定。

2. 径流水样采集

1）记录径流量：在每个径流池内安装一个刻度尺，在发生降雨事件之后，及时有效地测量径流池中径流的水面高度，通过水面高度与底面积的乘积计算径流量。在降雨量较集中的时段内，当径流池中水深达到 80%后，开始计算径流量。

2）径流水样采集：采样前，使用竹竿等工具将径流池中收集的径流水充分搅匀，然后用采样瓶在径流池中不同区域深度采样，经混合后完成取样。取样体积不小于 500 mL，且需要一份备用水样，做好编号，分装到两个采样瓶中。林地径流形成时开始采样，采集样品数为 7 个，分别是 1 个地下水水样，3 个试验小区的分析用水样与备用水样共 6 个。需要隔天处理的水样，放置于冰箱中冷藏保存。

3）径流池清洗：取完水样后，拧开每个径流池底排水凹槽处的盖子，抽排径流水；边抽排边搅拌径流水，将径流池清洗干净，以备下次径流的收集和计量。

在 12 个月的监测过程中该试验监测小区点采集径流水 9 次，共 63 个水样。

3. 降水和地下水水样采集

降水和地下水水样的采集方法同 7.2.2 节。

4. 样品检测方法

样品检测的指标和方法同 7.2.2 节。

8.3　杨树人工林地径流特征及其影响因素

杨树人工林地在降雨过程中经由径流流失的氮磷，是其氮磷流失的主要方式。本章通过对降雨量、降雨前土壤含水量对径流量和径流系数的影响分析，降雨量对土壤养分含量的影响分析，以及降雨量对径流中养分浓度和养分流失量的影响分析，揭示洪泽湖湿地杨树人工林地径流过程中氮磷养分流失规律。

8.3.1　降雨量对杨树人工林地径流量和径流系数的影响

监测期间降雨强度标准参照我国气象部门规定：12 h 内，降雨量不足 5.0 mm为小雨，降雨量在 5.0～14.9 mm 为中雨，降雨量在 15.0～29.9 mm 为大雨，降雨量超过 30.0 mm 为暴雨[22]。由此标准，本次试验监测到形成林地地表径流的降雨过程有 3 次大雨、6 次暴雨。

如表 8-2 所示，在本次研究的取样周期内，在林地试验小区形成有效的地表径流的降雨过程有 9 次。这 9 次形成林地地表径流的降雨过程的降雨量分别为 32.2 mm、27.8 mm、85.6 mm、29.0 mm、178.8 mm、268.6 mm、40.2 mm、28.2 mm 及 96.6 mm，相应降雨过程所产生的径流量为 0.128 m³、0.088 m³、0.786 m³、0.104 m³、1.738 m³、2.872 m³、0.170 m³、0.096 m³ 和 0.672 m³。

表 8-2　林地降雨量与径流量数据

降雨日期	降雨结束日期	降雨量/mm	水深/mm	径流量/m³	径流系数/%
4 月 19 日	4 月 21 日	32.2	64	0.128	10
5 月 20 日	5 月 23 日	27.8	44	0.088	8
5 月 27 日	5 月 28 日	85.6	393	0.786	23
5 月 31 日	6 月 1 日	29.0	52	0.104	9
6 月 21 日	6 月 21 日	178.8	869	1.738	24
7 月 2 日	7 月 8 日	268.6	1436	2.872	27
7 月 15 日	7 月 18 日	40.2	85	0.170	11
8 月 7 日	8 月 11 日	28.2	48	0.096	9
10 月 25 日	10 月 30 日	96.6	336	0.672	17

将表 8-2 中 9 次降雨量与径流量进行线性回归分析，得到图 8-1。从图 8-1 可以看出，林地降雨量与径流量之间的相关系数 $r=0.9970$（$P<0.01$），查相关系数显著表可知，$r(8)_{0.01}=0.7650$，降雨量与径流量极显著相关，径流量随降雨量的增大而增加。7 月 2 日降雨量达到监测期间峰值，为 268.6 mm，所对应径流量 2.872 m³ 也为监测期间最大值。与第 7 章的农田试验结果相比较，麦田、稻田产生径流的最小降雨量理论值分别为 4.2 mm 和 3.3 mm，而杨树林地产生径流的最小降雨量理论值为 22.8 mm，并且随着降雨量的增大，杨树林地径流量增幅远小于农田。本次研究的试验林地地表土壤裸露，下垫面虽然没有完好的植被覆盖，但杨树落叶与枯落物覆盖部分的林地下垫面在降雨过程中也具有阻碍径流的作用，这也是造成杨树林地径流量远远低于农田的原因。储双双等[23]曾对华南不同林地地表径流进行研究，也发现在降雨量较大的降雨过程中径流量的上升趋势会有所下降。他们分析认为：林地中的枯枝落叶越多，则截留的水量越大，较强的降雨过程会造成更多的枯落物覆盖在林地地表，对降水产生截留作用，一定程度上阻碍地表径流量的进一步增加，对地表径流量增加的过程造成滞后作用。李俊然等[4]的研究也有相似结果。

图 8-2 为降雨量与径流系数的关系，径流系数是径流量与降雨量的比值，监测过程中 9 次产生径流的降雨过程对应的径流系数分别为 10%、8%、23%、9%、25%、27%、11%、9%、17%。降雨量与径流系数之间的相关系数 $r=0.9018$（$P<0.01$），查相关系数显著表 $r(8)_{0.01}=0.7650$，可知降雨过程中的降雨量与径流系数间呈极显著相关关系。研究结果表明，洪泽湖地区杨树人工林地小区在降雨条件下形成径

流的径流系数随降雨量的增加而增大，降雨量越大，降雨过程形成的径流量越大，径流系数越高。这与马骥[24]在地表径流研究中得出降雨量、降雨强度和径流系数显著正相关的结论基本一致。

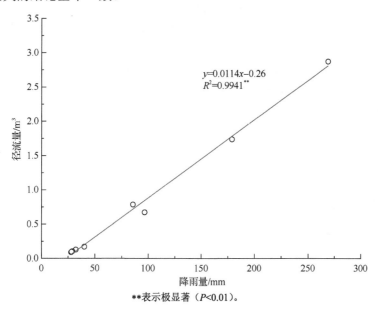

**表示极显著（$P<0.01$）。

图 8-1　降雨量与径流量的关系

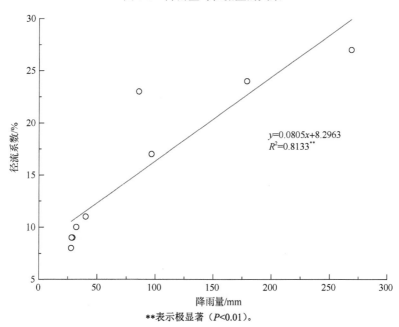

**表示极显著（$P<0.01$）。

图 8-2　降雨量与径流系数的关系

8.3.2　降雨前林地土壤含水量对径流系数的影响

图 8-3 为降雨前林地 0~20 cm 和 20~40 cm 土壤含水量与径流系数的变化关系。降雨前 0~20 cm 土壤含水量与径流系数之间的相关系数 $r=0.8287$（$P<0.01$），高于 $r(8)_{0.01}=0.7650$，说明雨前 0~20 cm 土壤含水量与径流系数呈极显著相关；降雨前 20~40 cm 土壤含水量与径流系数之间的相关系数 $r=0.1600$，低于 $r(8)_{0.05}=0.6320$，即雨前 20~40 cm 土壤含水量与径流系数无显著相关。以上分析说明，降雨前表层土壤含水量越高，径流系数越高；深层土壤含水量对径流系数没有明显的影响。

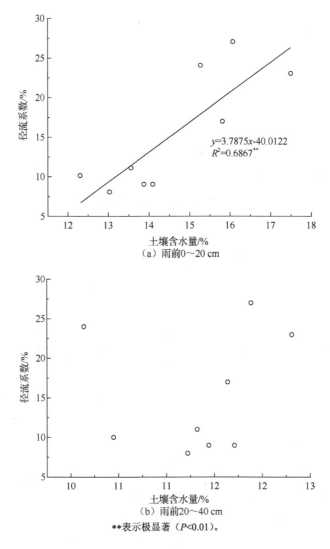

（a）雨前0~20 cm

（b）雨前20~40 cm

**表示极显著（$P<0.01$）。

图 8-3　0~20 cm 和 20~40 cm 土壤雨前含水量与径流系数的变化关系

8.4　杨树人工林地土壤含水量与养分含量的变化及其相关性分析

8.4.1　降雨量对林地 0～20 cm 与 20～40 cm 土壤含水量的影响

图 8-4 为林地 0～20 cm 和 20～40 cm 土壤含水量的变化。由图 8-4 可见，林地 0～20 cm 与 20～40 cm 两个深度土壤含水量相比，降雨前，林地 0～20 cm 土壤含水量均明显高于 20～40 cm；降雨后，各层土壤含水量均有增加，但 20～40 cm 增加更多，所以两层土壤含水量的差值基本消失。0～20 cm 土壤雨前含水量均值为 14.62%，雨后含水量均值为 18.25%，平均增加 3.63 个百分点；20～40 cm 土壤雨前含水量均值为 11.35%，雨后含水量均值为 19.13%，平均增加 7.78 个百分点，这样林地 20～40 cm 土壤含水量还略超过 0～20 cm。其中，降雨量越大，雨后 20～40 cm 土壤含水量越高。降雨量最小的 5 月 20 日与 8 月 7 日降雨过程中（降雨量分别为 27.8 mm 与 28.2 mm），对应 0～20 cm 土壤含水量增加值分别为 5.71% 和 4.84%，20～40 cm 土壤含水量增加值分别为 7.63% 和 7.26%，深层比表层分别提高 1.92 个百分点和 2.42 个百分点。但在降雨量最大的 6 月 21 日与 7 月 2 日降雨过程中（降雨量分别为 178.8 mm 与 268.6 mm），对应 0～20 cm 土壤含水量增加值分别为 6.34% 和 5.06%，20～40 cm 土壤含水量增加值分别为 11.93% 和 9.90%，土壤含水量增幅深层比表层分别提高 5.59 个百分点和 4.84 个百分点，增加幅度大大提高。这表明大雨过后，0～20 cm 深度与 20～40 cm 深度土壤均被降水充分浸湿。

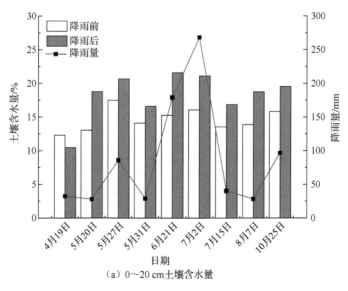

（a）0～20 cm 土壤含水量

图 8-4　林地 0～20 cm 和 20～40 cm 土壤含水量的变化

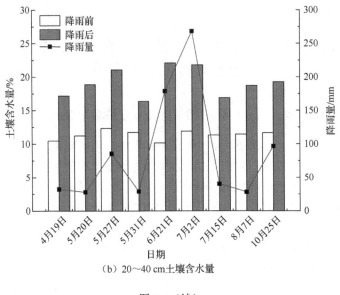

（b）20~40 cm土壤含水量

图 8-4（续）

　　与第7章的麦季农田相比,林地雨前和雨后0~20 cm 土壤含水量均小于麦田。从雨后含水量提高值来看,麦田雨后土壤水量较雨前平均提高 8.95%,而林地仅提高 4.05%,这可能与雨量小时杨树冠层上部持留一部分降雨有关。

8.4.2　杨树人工林地降雨前后土壤养分含量的变化

　　表 8-3 和表 8-4 是降雨前后不同深度土壤中的铵态氮、硝态氮和速效磷含量的变化情况。由表 8-3 可见,监测期间,降雨前0~20 cm 土壤中的养分含量为:铵态氮含量为 1.28~2.07 mg·kg^{-1},平均值为 1.63 mg·kg^{-1};硝态氮含量为 6.01~16.73 mg·kg^{-1},平均值为 9.67 mg·kg^{-1};速效磷含量为 0.42~1.94 mg·kg^{-1},平均值为 0.88 mg·kg^{-1}。降雨前 20~40 cm 土壤中的养分含量如下:铵态氮含量为1.02~1.68 mg·kg^{-1},平均值为 1.24 mg·kg^{-1};硝态氮含量为 1.41~10.97 mg·kg^{-1},平均值为 3.91 mg·kg^{-1};速效磷含量为 0.24~0.91 mg·kg^{-1},平均值为 0.48 mg·kg^{-1}。可以看出,无论在土壤表层还是在深层,各种养分随时间的变化幅度都较大,但无论是铵态氮、硝态氮还是速效磷,0~20 cm 表层土壤含量都比 20~40 cm 深层高。

表 8-3　杨树人工林地不同深度土壤养分含量（降雨前）　　（单位：mg·kg^{-1}）

日期	铵态氮含量		硝态氮含量		速效磷含量	
	0~20 cm	20~40 cm	0~20 cm	20~40 cm	0~20 cm	20~40 cm
4 月 19 日	1.44	1.12	16.73	2.57	1.71	0.91
5 月 20 日	1.34	1.02	14.57	10.97	1.94	0.26
5 月 27 日	2.07	1.50	6.44	2.33	0.59	0.61

续表

日期	铵态氮含量		硝态氮含量		速效磷含量	
	0～20 cm	20～40 cm	0～20 cm	20～40 cm	0～20 cm	20～40 cm
5月31日	1.89	1.15	9.52	1.41	0.49	0.34
6月21日	1.80	1.68	6.01	4.29	0.68	0.49
7月2日	1.64	1.23	10.08	3.96	0.79	0.73
7月15日	1.68	1.24	8.87	2.52	0.66	0.40
8月7日	1.28	1.11	8.16	5.21	0.60	0.24
10月25日	1.51	1.08	6.65	1.97	0.42	0.31
平均值	1.63	1.24	9.67	3.91	0.88	0.48

表 8-4　杨树人工林地不同深度土壤养分含量（降雨后）　　（单位：mg·kg⁻¹）

日期	铵态氮含量		硝态氮含量		速效磷含量	
	0～20 cm	20～40 cm	0～20 cm	20～40 cm	0～20 cm	20～40 cm
4月19日	1.23	0.90	13.06	2.24	1.45	0.76
5月20日	1.21	0.95	12.95	9.89	1.88	0.25
5月27日	1.73	1.20	4.93	1.87	0.46	0.46
5月31日	1.61	1.04	7.84	1.14	0.45	0.32
6月21日	1.42	1.30	4.41	3.32	0.46	0.36
7月2日	1.36	1.02	8.26	3.18	0.59	0.59
7月15日	1.44	1.06	7.51	1.92	0.62	0.38
8月7日	1.01	0.87	6.51	4.39	0.51	0.21
10月25日	1.18	0.88	4.77	1.01	0.32	0.23
平均值	1.35	1.02	7.80	3.22	0.75	0.40

降雨后无论是 0～20 cm 还是 20～40 cm 土壤，铵态氮、硝态氮和速效磷的含量都降低。由表 8-5 可见，降雨后 0～20 cm 土壤中，铵态氮含量均值由 1.63 mg·kg⁻¹ 下降到 1.35 mg·kg⁻¹，降幅为 17.2%；硝态氮含量均值由 9.67 mg·kg⁻¹ 下降为 7.80 mg·kg⁻¹，降幅为 19.3%；速效磷含量均值由 0.88 mg·kg⁻¹ 下降为 0.75 mg·kg⁻¹，降幅为 14.8%；各种养分的最大值和最小值也随之下降。降雨后 20～40 cm 土壤中，铵态氮含量均值由 1.24 mg·kg⁻¹ 下降为 1.02 mg·kg⁻¹，降幅为 17.7%；硝态氮含量均值由 3.91 mg·kg⁻¹ 下降为 3.22 mg·kg⁻¹，降幅为 17.6%；速效磷含量均值由 0.48 mg·kg⁻¹ 下降为 0.40 mg·kg⁻¹，下降幅度为 16.7%。以上分析表明，无论是 0～20 cm 土壤还是 20～40 cm 土壤，降雨后的各种养分含量都下降，降幅都在 20% 以下，其中硝态氮 0～20 cm 降幅较大，铵态氮两个深度降幅相近，而速效磷以 20～40 cm 降幅较大。降雨后土壤中养分含量下降的主要原因是养分随着径流有所流失。

表 8-5　　降雨前后林地不同深度土壤养分含量下降值　　（单位：mg·kg⁻¹）

日期	铵态氮含量		硝态氮含量		速效磷含量	
	0～20 cm	20～40 cm	0～20 cm	20～40 cm	0～20 cm	20～40 cm
4 月 19 日	0.21	0.22	3.67	0.33	0.26	0.15
5 月 20 日	0.13	0.07	1.62	1.08	0.06	0.01
5 月 27 日	0.34	0.30	1.51	0.46	0.13	0.15
5 月 31 日	0.28	0.11	1.68	0.27	0.04	0.02
6 月 21 日	0.38	0.38	1.60	0.97	0.22	0.13
7 月 2 日	0.28	0.21	1.82	0.78	0.20	0.14
7 月 15 日	0.24	0.18	1.36	0.60	0.04	0.02
8 月 7 日	0.27	0.24	1.65	0.82	0.09	0.03
10 月 25 日	0.33	0.20	1.88	0.96	0.10	0.08
平均值	0.27	0.21	1.87	0.70	0.13	0.08
平均降幅/%	17.2	17.7	19.3	17.6	14.8	16.7

8.4.3　降雨量与杨树人工林地土壤养分含量变化量之间的相关分析

对降雨量与杨树人工林地土壤养分降雨前后差值进行相关分析。从土壤氮素养分含量变化值与降雨量的相关分析来看：

0～20 cm 土壤铵态氮含量变化值与降雨量的相关系数 r=0.4903；

20～40 cm 土壤铵态氮含量变化值与降雨量的相关系数 r=0.4567；

0～20 cm 土壤硝态氮含量变化值与降雨量的相关系数 r=0.1476；

20～40 cm 土壤硝态氮含量变化值与降雨量的相关系数 r=0.3140。

相关系数均低于 $r(8)_{0.05}$=0.632，说明降雨量与不同深度土壤铵态氮及硝态氮含量变化值间无显著相关。

从土壤磷素养分含量变化值与降雨量的相关分析来看：

0～20 cm 土壤速效磷含量变化值与降雨量的相关系数 r=0.5347；

20～40 cm 土壤速效磷含量变化值与降雨量的相关系数 r=0.5977。

降雨量与降雨前后林地土壤中磷素养分含量变化值的相关性也不显著。

以上分析表明，不同降雨量均会造成雨后土壤中各氮磷养分含量的下降，但氮磷养分含量的下降幅度与降雨量之间没有显著的相关关系。

8.5　杨树人工林地径流养分流失特征

人工林地土壤养分流失的主要途径与农田一样，包括径流泥沙携带和径流水携带，流失的形态有可溶性养分和颗粒态养分等[3,10]。

8.5.1　杨树人工林地径流养分浓度及流失形态

图 8-5 和图 8-6 分别为杨树人工林地径流氮素、磷素浓度与降雨量的关系。

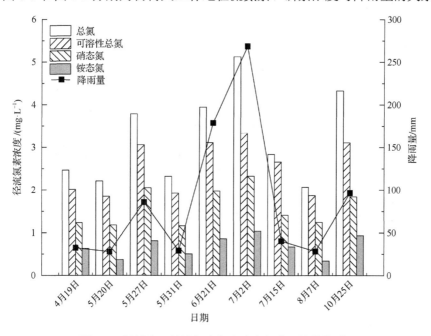

图 8-5　杨树人工林地径流氮素浓度与降雨量的关系

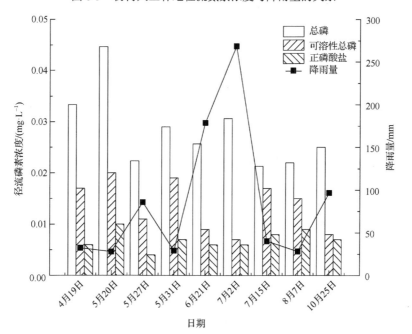

图 8-6　杨树人工林地径流磷素浓度与降雨量的关系

径流中总氮浓度为 2.07～5.13 mg·L^{-1}，平均浓度为 3.23 mg·L^{-1}；可溶性总氮浓度为 1.85～3.34 mg·L^{-1}，平均浓度为 2.55 mg·L^{-1}；铵态氮浓度为 0.34～1.04 mg·L^{-1}，平均浓度为 0.68 mg·L^{-1}；硝态氮浓度为 1.16～2.33 mg·L^{-1}，平均浓度为 1.60 mg·L^{-1}。径流中氮素的流失中，硝态氮浓度均值为铵态氮浓度均值的 2.35 倍，径流以硝态氮形式流失的氮素较多。

杨树人工林地总磷流失浓度为 0.021～0.045 mg·L^{-1}，平均流失浓度为 0.030 mg·L^{-1}；可溶性总磷流失浓度为 0.007～0.020 mg·L^{-1}，平均流失浓度为 0.014 mg·L^{-1}；正磷酸盐流失浓度为 0.004～0.010 mg·L^{-1}，平均流失浓度为 0.007 mg·L^{-1}。径流中磷素浓度远低于氮素浓度，杨树人工林地磷素输出负荷较小。

由表 8-6 可见，径流氮素流失中，可溶性总氮浓度平均占总氮浓度的 81.07%，颗粒性总氮浓度平均占总氮浓度的 18.93%，硝态氮浓度平均占总氮浓度的 50.74%，铵态氮浓度平均占总氮浓度的 21.04%。径流中氮素的主要流失形态是可溶态，径流中可溶态的氮素主要是以硝态氮的形式流失。不同降雨量下，氮素流失形态变化较小。

表 8-6　杨树人工林地径流氮素流失形态所占的比例　　　　　（单位：%）

日期	可溶性总氮/总氮	颗粒性总氮/总氮	硝态氮/总氮	铵态氮/总氮
4 月 19 日	81.6	18.4	50.0	25.6
5 月 20 日	83.7	16.3	53.4	16.7
5 月 27 日	80.9	19.1	54.2	21.4
5 月 31 日	83.2	16.8	50.9	22.0
6 月 21 日	78.9	21.1	50.3	21.8
7 月 2 日	65.0	35.0	45.6	20.2
7 月 15 日	93.9	6.1	49.8	23.6
8 月 7 日	90.6	9.4	60.1	16.5
10 月 25 日	71.8	28.2	42.6	21.6
平均值	81.07	18.93	50.74	21.04

由表 8-7 可见，径流磷素流失中，可溶性总磷浓度平均占总磷浓度的 49.86%，颗粒性总磷浓度平均占总磷浓度的 50.14%，正磷酸盐浓度平均占总磷浓度的 25.76%。降雨量不同时，径流中磷素的流失形态也不同。随着降雨量增加，磷素流失形态中，以颗粒态流失的磷更多。主要原因可能在于降雨量增大时，径流增大，土壤侵蚀现象增多，泥沙随着径流流出，径流中颗粒态磷素流失量增加[5,11,25-27]。

表 8-7 杨树人工林地径流磷素流失形态所占的比例 （单位：%）

日期	可溶性总磷/总磷	颗粒性总磷/总磷	正磷酸盐/总磷
4 月 19 日	51.5	48.5	18.0
5 月 20 日	44.4	55.6	22.4
5 月 27 日	50.0	50.0	17.9
5 月 31 日	65.5	34.5	24.1
6 月 21 日	34.6	65.4	23.4
7 月 2 日	22.8	77.2	19.6
7 月 15 日	79.7	20.3	37.5
8 月 7 日	68.2	31.8	40.9
10 月 25 日	32.0	68.0	28.0
平均值	49.86	50.14	25.76

8.5.2 降雨量与杨树人工林地径流养分浓度之间的相关分析

图 8-7 和图 8-8 为降雨量与杨树人工林地径流养分浓度之间的相关模型。降雨量与径流养分浓度的关系有以下 3 种类型。

1. 呈极显著正相关

由图 8-7 可知，杨树人工林地径流氮素浓度均与降雨量呈正相关，其中：
总氮浓度与降雨量的相关系数 $r=0.8958$（$P<0.01$）；
可溶性总氮浓度与降雨量的相关系数 $r=0.8050$（$P<0.01$）；
铵态氮浓度与降雨量的相关系数 $r=0.8129$（$P<0.01$）；
硝态氮浓度与降雨量的相关系数 $r=0.8903$（$P<0.01$）。
相关系数均高于 $r(8)_{0.01}=0.7650$，说明降雨量与径流中各种形态氮素浓度之间呈极显著相关关系，总氮、可溶性总氮、铵态氮和硝态氮在径流中的浓度均随着降雨量的增加而升高。

2. 没有相关性

由图 8-8 杨树人工林地径流磷素浓度与降雨量的相关性分析中可见：
总磷浓度与降雨量的相关系数 $r=0.0624$；
正磷酸盐浓度与降雨量的相关系数 $r=0.4569$。
林地径流中总磷与正磷酸盐浓度均与降雨量相关性不显著。降雨过程中，降雨量对径流中总磷及正磷酸盐的浓度没有明显的影响。

3. 呈显著负相关

由图 8-8 看出，随着降雨量的增加，径流可溶性总磷的浓度降低。降雨量与径流可溶性总磷浓度的相关系数 r=−0.8306（P<0.01），即径流中可溶性总磷浓度与降雨量之间呈极显著的负相关关系。这可能是由于随着降雨量的增加，更多的磷素以颗粒态流失，这一过程伴随着沙石中磷素随径流的输出过程，可溶性总磷的浓度下降。

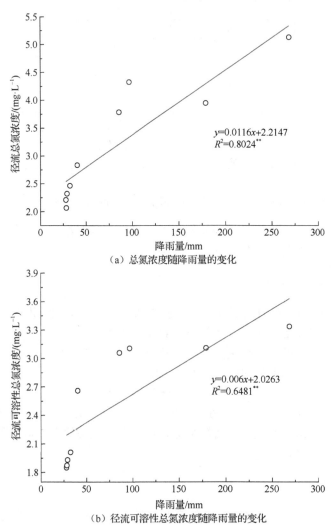

（a）总氮浓度随降雨量的变化

（b）径流可溶性总氮浓度随降雨量的变化

图 8-7　杨树人工林地径流氮素浓度随降雨量的变化

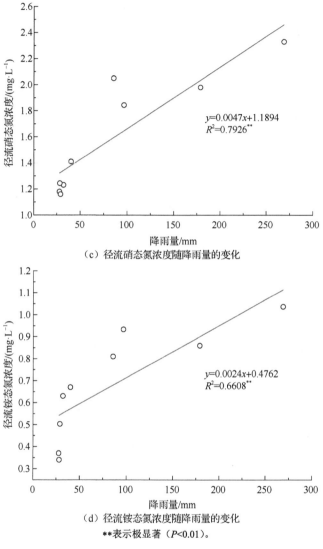

（c）径流硝态氮浓度随降雨量的变化

（d）径流铵态氮浓度随降雨量的变化

**表示极显著（$P<0.01$）。

图 8-7（续）

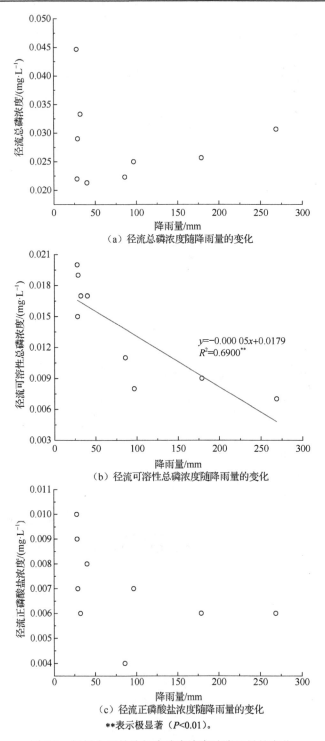

（a）径流总磷浓度随降雨量的变化

（b）径流可溶性磷浓度随降雨量的变化

（c）径流正磷酸盐浓度随降雨量的变化

**表示极显著（$P<0.01$）。

图 8-8　杨树人工林地径流磷素浓度随降雨量的变化

8.5.3　杨树人工林地土壤养分含量变化与径流养分浓度间的相关分析

图 8-9 和图 8-10 为杨树人工林地降雨前后土壤养分含量变化值与径流中相应养分浓度的相关性分析。

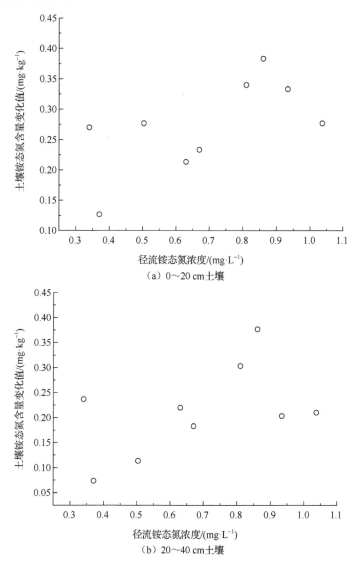

（a）0～20 cm 土壤

（b）20～40 cm 土壤

图 8-9　0～20 cm 和 20～40 cm 土壤铵态氮含量变化值与径流中铵态氮浓度的关系

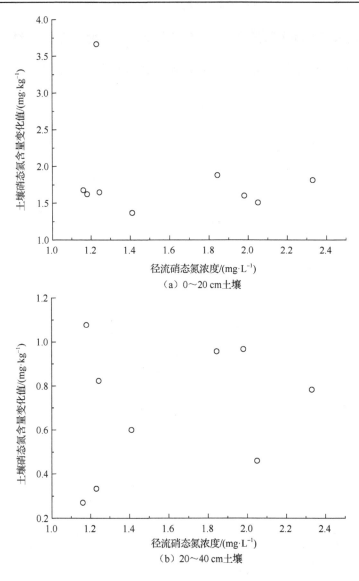

图 8-10　0～20 cm 和 20～40 cm 土壤硝态氮含量变化值与径流中硝态氮浓度的关系

　　从铵态氮（图 8-9）来看，林地 0～20 cm 土壤铵态氮含量变化值与径流铵态氮浓度之间相关系数 $r=0.6246$，低于 $r(8)_{0.05}=0.6320$，无显著相关关系；20～40 cm 土壤铵态氮含量变化值与径流铵态氮浓度之间相关系数 $r=0.5052$，低于 $r(8)_{0.05}=0.6320$，无显著相关关系。

　　从硝态氮（图 8-10）来看，林地 0～20 cm 土壤硝态氮含量变化值与径流硝态氮浓度之间相关系数 $r=0.2431$，低于 $r(8)_{0.05}=0.6320$，无显著相关关系；20～40 cm 土壤硝态氮含量变化值与径流硝态氮浓度之间相关系数 $r=0.2456$，低于 $r(8)_{0.05}=$

0.6320，无显著相关关系。

　　从以上分析可见，0～20 cm 土壤铵态氮、硝态氮含量变化值与径流中对应的氮素浓度无显著相关关系；同样 20～40 cm 土壤铵态氮、硝态氮含量变化值与径流中对应的氮素浓度无显著相关关系。这说明在所测降雨条件下，降雨没有对林地土壤氮素流失产生明显的影响。

8.5.4　降雨量对杨树人工林地径流养分流失量的影响

　　根据径流量和径流浓度，可以得到各次降雨后的各养分流失量。图 8-11 和图 8-12 为径流中各氮磷养分流失量与降雨量之间的回归关系。具体如下。

　　总氮流失量为 $0.049 \sim 3.683\ kg \cdot hm^{-2}$，与降雨量之间相关系数 $r=0.9866$（$P<0.01$）；

　　可溶性总氮流失量为 $0.041 \sim 2.396\ kg \cdot hm^{-2}$，与降雨量之间相关系数 $r=0.9959$（$P<0.01$）；

　　硝态氮流失量为 $0.026 \sim 1.673\ kg \cdot hm^{-2}$，与降雨量之间相关系数 $r=0.9904$（$P<0.01$）；

　　铵态氮流失量为 $0.008 \sim 0.744\ kg \cdot hm^{-2}$，与降雨量之间相关系数 $r=0.9916$（$P<0.01$）；

　　总磷流失量为 $0.001 \sim 0.022\ kg \cdot hm^{-2}$，与降雨量之间相关系数 $r=0.9874$（$P<0.01$）；

　　可溶性总磷流失量为 $0.0005 \sim 0.005\ kg \cdot hm^{-2}$，与降雨量之间相关系数 $r=0.9828$（$P<0.01$）；

　　正磷酸盐流失量为 $0.0001 \sim 0.004\ kg \cdot hm^{-2}$，与降雨量之间相关系数 $r=0.9828$（$P<0.01$）。

　　以上各养分流失量与降雨量的相关系数 r 都大于 $r(8)_{0.01}=0.7650$，各养分流失量与降雨量呈极显著的正相关关系。其中 7 月 2 日降雨量最大时总氮流失量为 $3.683\ kg \cdot hm^{-2}$，可溶性总氮流失量为 $2.396\ kg \cdot hm^{-2}$，硝态氮流失量为 $1.673\ kg \cdot hm^{-2}$，铵态氮流失量为 $0.744\ kg \cdot hm^{-2}$，总磷流失量为 $0.022\ kg \cdot hm^{-2}$，可溶性总磷流失量为 $0.005\ kg \cdot hm^{-2}$，正磷酸盐流失量为 $0.004\ kg \cdot hm^{-2}$。均达到监测周期内的流失量峰值，这更直接说明降雨量的增加导致径流中各养分流失量增加。

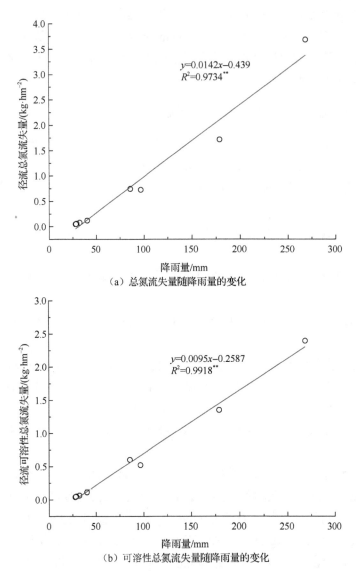

（a）总氮流失量随降雨量的变化

（b）可溶性总氮流失量随降雨量的变化

图 8-11　杨树人工林地径流氮素流失量随降雨量的变化

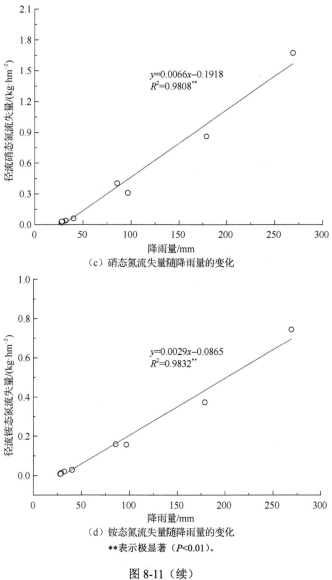

（c）硝态氮流失量随降雨量的变化

（d）铵态氮流失量随降雨量的变化

**表示极显著（$P<0.01$）。

图 8-11（续）

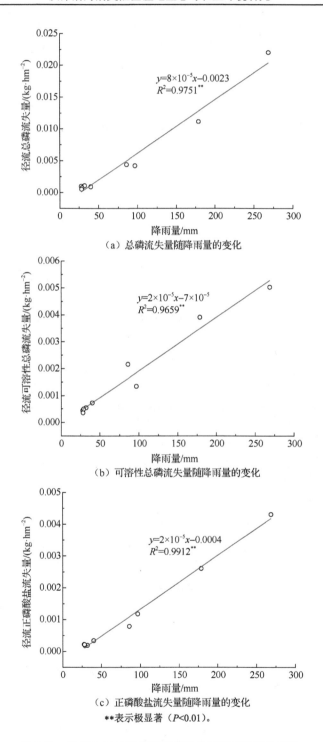

（a）总磷流失量随降雨量的变化

（b）可溶性总磷流失量随降雨量的变化

（c）正磷酸盐流失量随降雨量的变化

**表示极显著（$P<0.01$）。

图 8-12　杨树人工林地径流磷素流失量随降雨量的变化

8.6　杨树人工林地地下水水质特征

试验区杨树人工林地地下水总体水质较为稳定，其中总氮浓度为 2.13～4.11 mg·L^{-1}，可溶性总氮浓度为 1.26～2.82 mg·L^{-1}，铵态氮浓度为 0.35～0.75 mg·L^{-1}，硝态氮浓度为 0.66～0.95 mg·L^{-1}，总磷浓度为 0.009～0.022 mg·L^{-1}，可溶性总氮浓度为 0.004～0.009 mg·L^{-1}。

8.6.1　降雨量对杨树人工林地地下水水质的影响

表 8-8 和表 8-9 为降雨前后杨树人工林地地下水氮磷指标及降雨后的下降幅度。从氮素指标来看，雨前杨树人工林地地下水中总氮浓度为 4.79～6.85 mg·L^{-1}，平均浓度为 5.38 mg·L^{-1}，雨后为 2.13～4.11 mg·L^{-1}，平均浓度为 2.80 mg·L^{-1}，平均降幅为 47.95%；雨前可溶性总氮浓度为 2.09～4.86 mg·L^{-1}，平均浓度为 3.68 mg·L^{-1}，雨后为 1.26～2.82 mg·L^{-1}，平均浓度为 1.94 mg·L^{-1}，平均降幅为 47.37%；雨前铵态氮浓度为 0.48～1.12 mg·L^{-1}，平均浓度为 0.70 mg·L^{-1}，雨后为 0.21～0.75 mg·L^{-1}，平均浓度为 0.42 mg·L^{-1}，平均降幅为 40.03%；雨前硝态氮浓度为 0.71～1.32 mg·L^{-1}，平均浓度为 1.06 mg·L^{-1}，雨后为 0.48～0.95 mg·L^{-1}，平均浓度为 0.75 mg·L^{-1}，平均降幅为 29.13%。从磷素指标看，雨前总磷浓度为 0.011～0.043 mg·L^{-1}，平均浓度为 0.047 mg·L^{-1}，雨后浓度为 0.008～0.120 mg·L^{-1}，平均浓度为 0.024 mg·L^{-1}，平均降幅为 49.41%；雨前可溶性总磷浓度为 0.007～0.019 mg·L^{-1}，平均浓度为 0.012 mg·L^{-1}，雨后浓度为 0.004～0.009 mg·L^{-1}，平均浓度 0.006 mg·L^{-1}，平均降幅 48.57%；雨前正磷酸盐浓度为 0.004～0.010 mg·L^{-1}，平均浓度为 0.006 mg·L^{-1}，雨后为 0.002～0.005 mg·L^{-1}，平均浓度为 0.003 mg·L^{-1}，平均降幅为 45.61%。降雨后，地下水中各项氮磷指标浓度均有不同程度的下降。降雨后地下水中各氮磷指标浓度普遍低于降雨前，这主要是由于降雨过程稀释了地下水中的养分浓度。

表 8-8　降雨前杨树人工林地地下水氮磷养分浓度　　（单位：mg·L^{-1}）

日期	总氮	可溶性总氮	铵态氮	硝态氮	总磷	可溶性总磷	正磷酸盐
4 月 19 日	5.03	3.98	0.48	0.92	0.016	0.010	0.005
5 月 20 日	6.85	4.86	0.67	1.25	0.017	0.015	0.010
5 月 27 日	4.97	2.09	0.62	1.02	0.029	0.018	0.007
5 月 31 日	5.62	3.75	1.12	1.16	0.016	0.011	0.005
6 月 21 日	5.72	3.04	0.60	0.83	0.043	0.019	0.006
7 月 2 日	5.62	4.16	0.83	1.32	0.260	0.007	0.005

续表

日期	总氮	可溶性总氮	铵态氮	硝态氮	总磷	可溶性总磷	正磷酸盐
7月15日	4.79	3.81	0.58	0.71	0.018	0.008	0.007
8月7日	4.83	3.68	0.72	1.29	0.011	0.007	0.004
10月25日	4.95	3.77	0.65	1.01	0.015	0.010	0.008
平均值	5.38	3.68	0.70	1.06	0.047	0.012	0.006

表 8-9　降雨后杨树人工林地地下水氮磷养分浓度　　　（单位：$mg \cdot L^{-1}$）

日期	总氮	可溶性总氮	铵态氮	硝态氮	总磷	可溶性总磷	正磷酸盐
4月19日	2.61	2.08	0.35	0.68	0.009	0.004	0.005
5月20日	3.57	2.31	0.51	0.84	0.010	0.006	0.004
5月27日	2.13	1.35	0.43	0.73	0.017	0.007	0.004
5月31日	4.11	2.82	0.75	0.95	0.010	0.004	0.003
6月21日	2.17	1.26	0.38	0.66	0.022	0.009	0.002
7月2日	2.53	1.59	0.42	0.84	0.120	0.005	0.002
7月15日	2.74	2.06	0.21	0.48	0.009	0.006	0.004
8月7日	2.65	2.08	0.30	0.82	0.008	0.005	0.002
10月25日	2.67	1.89	0.41	0.74	0.010	0.008	0.005
平均值	2.80	1.94	0.42	0.75	0.024	0.006	0.003

进一步对地下水养分浓度与降雨量进行相关分析，发现以下结果。

地下水氮素浓度变化值与降雨量的关系中，总氮浓度变化值与降雨量的相关系数 $r=0.5767$；可溶性总氮浓度变化值与降雨量的相关系数 $r=0.3641$；硝态氮浓度变化值与降雨量的相关系数 $r=0.2010$；铵态氮浓度变化值与降雨量的相关系数 $r=0.2025$；均低于 $r(8)_{0.05}=0.6320$，说明地下水中各氮素降雨前后浓度变化值与降雨量之间都没有显著的相关关系。

地下水磷素浓度变化值与降雨量的关系中，总磷浓度变化值与降雨量的相关系数 $r=0.8584$（$P<0.01$），高于 $r(8)_{0.01}=0.765$，表现出极显著的相关关系；可溶性总磷浓度变化值与降雨量的相关系数 $r=0.0849$，正磷酸盐浓度变化值与降雨量的相关系数 $r=0.1794$，可溶性总磷浓度变化值和正磷酸盐浓度变化值均与降雨量之间无显著相关关系。

以上分析表明，地下水中除总磷浓度变化值随降雨量的增大而增加，降雨量的增加直接导致地下水中总磷浓度的提高外，地下水中其他各氮磷浓度的变化值均没有明显受降雨量的影响。

8.6.2　杨树人工林地土壤养分含量与地下水养分浓度间的相关性

图 8-13 和图 8-14 为林地土壤氮素含量与地下水氮素浓度变化值间关系。

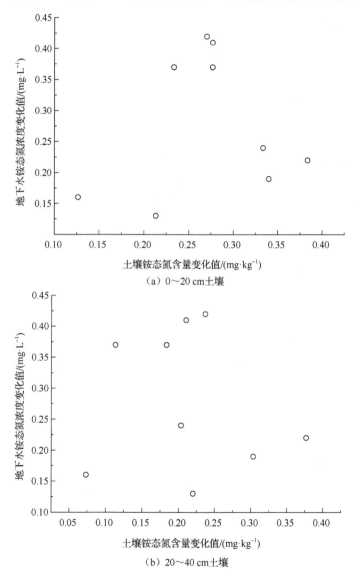

（a）0～20 cm 土壤

（b）20～40 cm 土壤

图 8-13　0～20 cm 和 20～40 cm 土壤铵态氮含量变化值与地下水铵态氮浓度变化值的关系

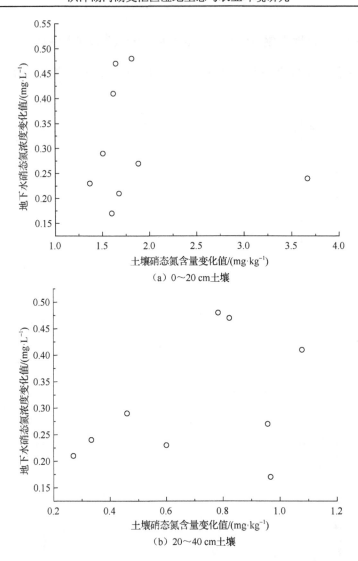

图 8-14　0～20 cm 和 20～40 cm 土壤硝态氮含量变化值与地下水硝态氮浓度变化值的关系

　　由图 8-13 可见,0～20 cm 土壤铵态氮含量变化值与地下水铵态氮浓度变化值之间的相关系数 $r=0.1476$;20～40 cm 土壤铵态氮含量变化值与地下水铵态氮浓度变化值之间的相关系数 $r=0.120$;以上两个相关系数都低于 $r(8)_{0.05}=0.632$,说明土壤铵态氮含量与地下水铵态氮浓度间无显著相关关系。

　　由图 8-14 可见,0～20 cm 土壤硝态氮含量变化值与地下水硝态氮浓度变化值之间的相关系数 $r=0.1407$;20～40 cm 土壤硝态氮含量变化值与地下水硝态氮浓度变化值之间的相关系数 $r=0.3816$。两个相关系数也都小于 $r(8)_{0.05}=0.632$,说明土壤硝态氮含量与地下水硝态氮浓度间也无显著相关关系。

从以上结果可见，杨树人工林地土壤氮素养分的变化与地下水氮素浓度变化之间没有显著的相关关系，即林地的土壤养分变化并没有对地下水中养分变化产生明显的影响。

8.6.3　杨树人工林地径流养分浓度与地下水养分浓度间的相关性

图 8-15 和图 8-16 为径流养分浓度与地下水养分浓度散点图。地下水养分与径流养分的关系如下。

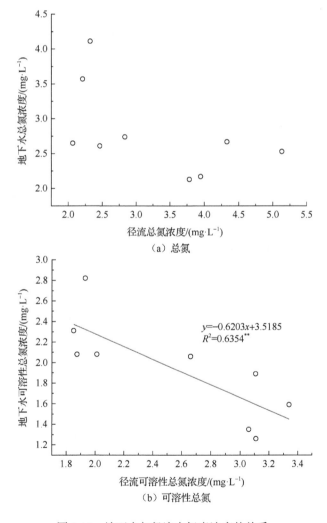

（a）总氮

$y=-0.6203x+3.5185$
$R^2=0.6354^{**}$

（b）可溶性总氮

图 8-15　地下水与径流中氮素浓度的关系

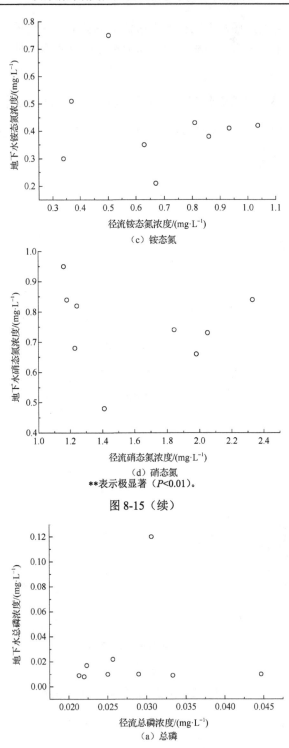

（c）铵态氮

（d）硝态氮

**表示极显著（*P*<0.01）。

图 8-15（续）

（a）总磷

图 8-16　地下水与径流磷素浓度的关系

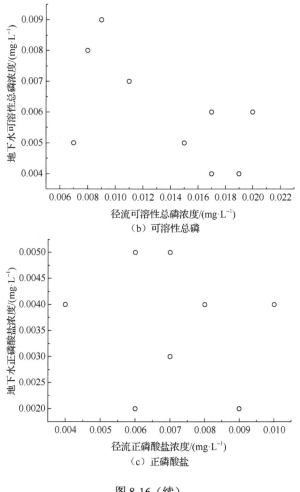

（b）可溶性总磷

（c）正磷酸盐

图 8-16（续）

径流可溶性总氮与地下水可溶性总氮浓度的相关系数 $r=0.7971$（$P<0.01$），高于 $r(8)_{0.01}=0.7650$，说明地下水与径流可溶性总氮浓度呈极显著相关。

径流与地下水总氮浓度的相关系数 $r=0.5523$；铵态氮浓度的相关系数 $r=0.1619$；硝态氮浓度的相关系数 $r=0.1095$；总磷浓度的相关系数 $r=0.0980$；可溶性总磷浓度的相关系数 $r=0.580$；正磷酸盐浓度的相关系数 $r=0.0557$；以上指标均低于 $r(8)_{0.05}=0.6320$，说明无显著相关关系。

以上分析表明，只有可溶性总氮在径流中浓度与在地下水中浓度呈极显著负相关，其余氮磷指标均无显著相关。造成这种现象的原因可能是，在降雨中，径流中可溶性总氮浓度随降雨量的增加而提高，而降雨量的增加使地下水中可溶性总氮浓度进一步稀释，造成地下水中可溶性总氮浓度的下降。

8.7　讨　　论

8.7.1　降雨量对林地和农田径流量的影响差异

降雨径流受降雨量、土壤类型、地形、植被和凋落物种类等因素的影响，径流量和降雨量的关系可以反映一定范围内自然地理因素和人为耕种方式对降雨后地表径流的综合影响[27,28]。与农田相比，林地具有更好的保护土壤、涵养水源的能力，因为林地中的枯枝落叶越多，截留的水量也越大，林地对降水产生截留作用，一定程度上减少了地表径流[29]。本节研究中，麦田、稻田产生径流的理论最小降雨量分别为 4.2 mm、3.3 mm，而杨树人工林地为 22.8 mm，林地比麦田和稻田截留水分的能力强。在相同降雨条件下，杨树林地的径流量远小于麦田和稻田径流量，或者无径流产生，随着降雨量的增大，杨树林地的径流量增幅也小于农田。

8.7.2　降雨量对林地和农田氮素流失的影响差异

农田研究表明，小麦生长期间，径流中氮流失的主要形态是硝态氮，占总氮流失的 49.3%~63.8%，而水稻生长期内，铵态氮是降雨径流中氮素流失的主要形态，且与降雨量存在显著相关。林地中土壤长期保持在旱地状态，氮素主要以硝态氮形式流失。其原因是林地条件下土壤以氧化环境为主，利于硝化作用的进行，氮素倾向于转化为硝酸盐氮和亚硝酸盐氮，这与大多数的研究结果一致。由于林地土壤结构较农田等土地利用类型更不易在降雨中遭受侵蚀，减少了水土流失。土壤侵蚀与水土流失是颗粒态氮流失的主要途径，人工林地中树木根系使林地土壤结构更加稳固，泥沙流失减少，伴随的颗粒态氮素也减少[30,31]。

8.7.3　降雨量对林地和农田磷流失的影响差异

地表径流引起的磷素流失是农田土壤磷流失不可忽视的因素[32]。农田径流中可溶性磷占总磷比例很少，颗粒性磷素所占比例最高达 80.0%。这是由于地表径流中磷素主要吸附于土壤表面，雨后较强的冲击动能扰动表层土壤，吸附于土壤表面的磷素随泥沙流失[33-35]。尽管本研究得到农田径流中可溶性总磷的浓度较低，但多次降雨径流中总磷浓度均高于水体富营养化的临界磷浓度水平（0.02 mg·L^{-1}），因此该区域农田种植会对洪泽湖水体造成一定程度的污染。本研究中林地磷素的总磷流失量为 0.001~0.022 kg·hm^{-2}，流失形态中可溶性总磷占比为 22.83%~79.69%，平均占比为 49.85%，颗粒态磷平均占比 50.15%，两者都随着降雨量的增加而增加，但在降雨量大时径流中颗粒态磷素流失含量增加更多。

8.7.4　林地与农田氮磷径流流失特征的比较

根据第 7 章的研究, 麦田和稻田的径流总氮、总磷流失量分别为 16.053 kg·hm^{-2}、4.799 kg·hm^{-2} 和 15.934 kg·hm^{-2}、0.895 kg·hm^{-2}, 而杨树林地氮磷流失量都比农田小得多, 全年总氮、可溶性总氮、硝态氮和铵态氮总流失量分别只有农田总流失量的 22.61%、23.79%、23.46%、24.59%, 总磷、可溶性总磷和正磷酸盐总流失量只有农田总流失量的 0.81%、0.77%、0.67%, 说明林地土壤中的面源污染远远低于农田。相关研究也表明, 林地土壤中的养分流失及径流中的氮磷含量也远低于对农业面源污染贡献较高的农田的氮磷养分流失量[36-40], 这与林地根系强大、施肥少, 树冠大且表面覆盖物多, 减少了径流流失有关。林地施肥较少且土壤长期处于稳定状态, 杨树根系及凋落物对于林地土壤有着很好的水土保持作用, 而其周边麦稻两熟农田系统施肥较多, 因而氮磷流失量大。处于淮河与洪泽湖河湖交汇区的人工杨树林林地与农田相比, 在当地环境的面源污染控制中, 能够更好地减少径流养分流失, 成为面源污染的 "汇", 发挥了一定的水环境净化作用。

8.8　小　　结

1) 降雨量是影响洪泽湖杨树人工林地径流量和径流系数的一个重要因素。林地产生的地表径流量随着降雨量的增加而增大, 相关系数 r=0.9970（P<0.01）, 降雨量与径流系数之间相关系数 r=0.9018（P<0.01）, 两者都呈极显著相关关系。降雨前 0～20 cm 土壤含水量与径流系数极显著相关, r=0.8287（P<0.01）; 降雨前 20～40 cm 土壤含水量与径流系数相关不显著, r=0.1600。

2) 杨树人工林地降雨前 0～20 cm 土壤含水量均值 14.62%, 降雨后为 18.25%, 平均增加 3.63 个百分点; 降雨前 20～40 cm 土壤含水量均值为 11.35%, 降雨后为 19.13%, 平均增加 7.78 个百分点。降雨后林地土壤氮磷养分含量有不同程度的降低。降雨前, 0～20 cm 土壤铵态氮含量均值为 1.63 mg·kg^{-1}, 硝态氮含量均值为 9.67 mg·kg^{-1}, 速效磷含量均值为 0.88 mg·kg^{-1}; 20～40 cm 土壤铵态氮含量均值为 1.24 mg·kg^{-1}, 硝态氮含量均值为 3.91 mg·kg^{-1}, 速效磷含量均值为 0.48 mg·kg^{-1}。降雨后 0～20 cm 土壤铵态氮、硝态氮和速效磷含量分别下降了 0.28 mg·kg^{-1}、1.87 mg·kg^{-1} 和 0.13 mg·kg^{-1}, 20～40 cm 土壤分别下降了 0.22 mg·kg^{-1}、0.69 mg·kg^{-1} 和 0.08 mg·kg^{-1}。

3) 杨树人工林地径流养分流失量随着降雨量的增加而增加。总氮、可溶性总氮、铵态氮、硝态氮、总磷、可溶性总磷、正磷酸盐流失量均与降雨量呈极显著相关关系。随径流流失的浓度中, 杨树人工林地径流中总氮的浓度为 2.07～5.13 mg·L^{-1}, 可溶性总氮的浓度为 1.85～3.34 mg·L^{-1}, 铵态氮的浓度为 0.34～

1.04 mg·L^{-1}，硝态氮的浓度为 1.16～2.33 mg·L^{-1}；总磷的浓度为 0.021～0.045 mg·L^{-1}，可溶性总磷的浓度为 0.007～0.020 mg·L^{-1}，正磷酸盐的浓度为 0.004～0.010 mg·L^{-1}。降雨量较小时，各种氮磷养分的流失形态主要是可溶态；降雨量增大时，总磷等养分随径流流失的形态主要是颗粒态。

4）杨树人工林地下水水质较为稳定，各氮磷养分浓度均在雨后有不同程度的降低。与农田径流养分浓度与地下水氮磷含量存在显著相关（$P<0.05$）不同，林地地下水与径流各种氮磷养分含量相关性较小，只有可溶性总氮在径流中的浓度与在地下水中的含量呈极显著相关，其他氮磷指标均无显著相关。

5）杨树人工林地的氮磷流失量远远低于稻麦两熟农田。其施肥量少而根系吸收的多，因此在对洪泽湖周围生态环境的影响中及在形成农业面源污染的过程中更多是作为污染的"汇"而不是主要的污染源。

参 考 文 献

[1] 吕唤春, 薛生国, 方志发, 等. 千岛湖流域不同土地利用方式对氮和磷流失的影响[J]. 中国地质, 2004, 31(S1): 112-117.

[2] 孙莉, 高思佳, 储昭升, 等. 土地利用方式对洱海流域坝区土壤氮磷有机质含量的影响[J]. 环境科学研究, 2016, 29(9): 1318-1324.

[3] 吴东, 黄志霖, 肖文发, 等. 三峡库区典型退耕还林模式土壤养分流失控制[J]. 环境科学, 2015, 36(10): 3825-3831.

[4] 李俊然, 陈利顶, 郭旭东, 等. 土地利用结构对非点源污染的影响[J]. 中国环境科学, 2000, 20(6): 506-510.

[5] 阎伍玖, 鲍祥. 巢湖流域农业活动与非点源污染的初步研究[J]. 水土保持学报, 2001, 15(4): 129-132.

[6] 张招招, 程军蕊, 毕军鹏, 等. 甬江流域土地利用方式对面源磷污染的影响:基于 SWAT 模型研究[J]. 农业环境科学学报, 2019, 38(3): 650-658.

[7] 秦立, 付宇文, 吴起鑫, 等. 赤水河流域土地利用结构对氮素输出的影响[J]. 长江流域资源与环境, 2019, 28(1): 175-183.

[8] PENG T, WANG S. Effects of land use, land cover and rainfall regimes on the surface runoff and soil loss on karst slopes in southwest China[J]. Catena, 2012, 90: 53-62.

[9] ELLEDGE C, THORNTON E, THORNTON C. Effect of changing land use from virgin brigalow (*Acacia harpophylla*) woodland to a crop or pasture system on sediment, nitrogen and phosphorus in runoff over 25 years in subtropical Australia[J]. Agriculture, Ecosystems & Environment, 2017, 239: 119-131.

[10] 褚建柯. 毛竹林地水、土、养分流失的人工降雨实验研究[D]. 杭州: 浙江大学, 2007.

[11] 陈志良, 程炯, 刘平, 等. 暴雨径流对流域不同土地利用土壤氮磷流失的影响[J]. 水土保持学报, 2008, 22(5): 30-33.

[12] 盛炜彤. 杉木人工林水土流失及养分损耗研究[J]. 林业科学研究, 2000, 13(6): 589-597.

[13] 盛炜彤. 杉木幼林水土流失及养分损耗的研究[J]. 林业科学, 1999, 35(S1): 84-90.

[14] 王荣嘉, 高鹏, 李成, 等. 模拟降雨下麻栎林地表径流和壤中流及氮素流失特征[J]. 生态学报, 2019, 39(8): 2732-2740.

[15] 王荣嘉, 高鹏, 李成, 等. 退耕林地麻栎刺槐林壤中流及其磷素流失特征[J]. 水土保持学报, 2019, 33(1): 9-13.

[16] 汪庆兵, 李泽波, 张建锋, 等. 浙北毛竹林地表径流氮磷流失特征[J]. 生态学杂志, 2014, 33(9):2471-2477.

[17] 焦平金, 许迪, 王少丽, 等. 自然降雨条件下农田地表产流及氮磷流失规律研究[J]. 农业环境科学学报, 2010, 29(3): 534-540.

[18] 雷沛, 曾祉祥, 张洪, 等. 丹江口水库农业径流小区土壤氮磷流失特征[J]. 水土保持学报, 2016, 30(3): 44-48.

[19] 徐勇峰, 陈子鹏, 吴翼, 等. 环洪泽湖区域农业面源污染特征及控制对策[J]. 南京林业大学学报(自然科学版), 2016, 40(2): 2-8.

[20] WU Q, LIU Y, FANG S, et al. Photosynthetic response of poplar leaves at different developmental phases to environmental factors[J]. Journal of Forestry Research, 2017, 28(5): 909-915.

[21] 叶祖鑫, 林晨, 安艳玲, 等. 土地利用驱动下洪泽湖支流流域非点源颗粒态磷流失时空变化特征[J]. 农业环境科学学报, 2017, 36(4): 734-742.

[22] 李英俊, 王克勤, 宋维峰, 等. 自然降雨条件下农田地表径流氮素流失特征研究[J]. 水土保持研究, 2010, 17(4): 19-22.

[23] 储双双, 刘颂颂, 韩博华, 等. 华南不同林地地表径流量及氮、磷流失特征[J]. 水土保持学报, 2013, 27(5): 99-104.

[24] 马骥. 基于不同植被配置的六盘山区土壤水分及地表径流研究[D]. 银川: 宁夏大学, 2016.

[25] 徐义保, 查轩, 黄少燕. 南方红壤丘陵区马尾松林地水土流失研究进展[J]. 亚热带水土保持, 2011, 23(4): 40-43.

[26] 李俊波, 华珞, 冯琰. 坡地土壤养分流失研究概况[J]. 土壤通报, 2005, 36(5): 753-759.

[27] HAMED Y, ALBERGEL J, PEPIN Y, et al. Comparison between rainfall simulator erosion and observed reservoir sedimentation in an erosion-sensitive semiarid catchment[J]. Catena, 2002, 50(1): 1-16.

[28] NEARING M A, JETTEN V, BAFFAUT C, et al. Modeling response of soil erosion and runoff to changes in precipitation and cover[J]. Catena, 2005, 61(2-3): 131-154.

[29] 周毅, 魏天兴, 解建强, 等. 黄土高原不同林地类型水土保持效益分析[J]. 水土保持学报, 2011, 25(3): 12-17.

[30] 张奇春, 王雪芹, 楼莉萍, 等. 毛竹林生态系统地表径流及其氮素流失形态研究[J]. 水土保持学报, 2010, 24(5): 23-26.

[31] 孙金华, 陈成, 齐兵强, 等. 太湖流域雪堰镇氮素流失规律及形态特性[J]. 水科学进展, 2013, 24(4): 529-536.

[32] 何晓玲, 郑子成, 李廷轩. 不同耕作方式对紫色土侵蚀及磷素流失的影响[J]. 中国农业科学, 2013, 6(12): 2492-2500.

[33] 梁新强, 田光明, 李华, 等. 天然降雨条件下水稻田氮磷径流流失特征研究[J]. 水土保持学报, 2005, 19(1): 59-63.

[34] 席运官, 田伟, 李妍, 等. 太湖地区稻麦轮作系统氮、磷径流排放规律及流失系数[J]. 江苏农业学报, 2014, 30 (3): 534-540.

[35] PARRYYR. Agricultural phosphorus and water quality: a US environmental protection agency perspective[J]. Journal of Environmental Quality, 1998, 27(2): 258-261.

[36] 李恒鹏, 金洋, 李燕. 模拟降雨条件下农田地表径流与壤中流氮素流失比较[J]. 水土保持学报, 2008, 22(2): 6-9.

[37] 高扬, 朱波, 周培, 等. 紫色土坡地氮素和磷素非点源输出的人工模拟研究[J]. 农业环境科学学报, 2008, 27(4): 1371-1376.

[38] 李恒鹏, 刘晓玫, 黄文钰. 太湖流域浙西区不同土地类型的面源污染产出[J]. 地理学报, 2004, 59(3): 401-408.

[39] 胡实, 谢小立, 王凯荣. 红壤坡地不同土地利用类型地表产流特征[J]. 生态与农村环境学报, 2007, 23(4): 24-28.

[40] 向速林, 陶术平, 王逢武. 不同土地利用类型降雨径流氮磷特征分析: 以赣江下游地区为例[J]. 人民长江, 2015, 46(16): 80-82.

第9章　养殖业的面源污染物特征及其风险评价

洪泽湖河湖交汇区的养殖业主要是在湖中围网进行水产养殖，在洪泽湖周边地区也有不少的畜禽养殖。养殖业对环境的影响除了养殖废水和粪便所含有的氮、磷等元素外，还包括近年来养殖业使用抗生素等药品所带来的新兴污染物。关于水产养殖在洪泽湖的地位、近年来的发展及其生态影响在上篇已经论述较多，本章主要对环洪泽湖区域的畜禽养殖业污染负荷进行估算和风险评价；同时对河湖交汇区共 14 个采样点的 4 种与水产养殖业及畜禽养殖业、种植业相关的新兴污染物进行检测分析和风险评价。

9.1　环洪泽湖地区畜禽养殖污染负荷估算及其风险评价

畜禽养殖业排放的大量污染物已成为农业面源污染的最重要来源，所导致的环境问题日益严重[1]。国家环境保护部 2010 年发布的《第一次全国污染源普查公报》显示，畜禽养殖业排放的化学需氧量、总氮和总磷分别占农业源排放总量的 96%、38% 和 56%；并且排放量呈现明显的年增长趋势[2,3]。大量畜禽粪便污染物的随意排放，可直接或间接对各类水体、土壤和大气造成污染，并对人类健康构成威胁[4-7]。根据中国农业科学院农业资源与农业区划研究所的初步测算，即使只有 10% 畜禽粪便由于堆放或溢满随场地径流进入水体，对流域水体氮富营养化的贡献率也可达到 10%，磷可达到 10%～20%[8]。对太湖流域的研究表明，畜禽养殖在农业面源污染中的比重为：化学需氧量为 34%，TN 为 36%，TP 为 46%[9]。因此，当前形势下针对不同区域开展畜禽养殖污染负荷及其环境风险的评估尤为必要。

由于洪泽湖河湖交汇区的畜禽养殖业比较分散，且与居民居住区距离近，无法进行径流中生活污水与畜禽养殖污水相区分的试验研究。此外，由于畜禽养殖业总规模较小，也无法进行统计分析。因此，关于畜禽粪便对洪泽湖环境的影响，本章采用对整个环洪泽湖地区进行统计分析的方法。环洪泽湖地区是江苏省重要的商品粮、畜禽和淡水产品生产基地，畜禽养殖业是当地农村经济发展的支柱产业之一。随着经济的发展和人民生活水平的提高，人们对畜禽产品的需求增大，使集约化畜禽养殖业发展迅速。环洪泽湖地区畜禽养殖场、养殖户数量大、分布广。据统计，2013 年环洪泽湖地区年出栏生猪 337.65 万头，家禽 9418.96 万羽，牛 6.54 万头，羊 54.19 万头；存栏生猪 184.34 万头，家禽 3329.17 万羽，牛 10.17 万头，羊 39.11 万头。据估算，该区域畜禽年产生粪尿共 626.63 万 t。在实际养殖过程中，规模化养殖场畜禽粪便的无害化处理率与资源化利用率较低，流失量大，其乱排乱放严重污染水体和土壤，因此，近年来畜禽养殖污染问题越来越突出。对环洪泽湖地区 4 种面源污染物的研究表明[8]，畜禽养殖业污染物的等标排放污染负荷总量已经超过农村生活和水产养殖。朱柳燕等[10]、高学双等[11]分别对淮安市和宿迁市的畜禽养殖污染现状进行了分析，认为畜禽养殖污染物的乱排乱放严重影响当地的环境质量。林涛等[12]对淮安市畜禽养殖业废弃物污染负荷生态承载力进行预警分析，结果表明：盱眙县、淮阴区和淮安区的畜禽产生的污染负荷较高，分别占全市污染产生量的 27.65%、23.69% 和 16.26%，其中淮阴区畜禽养殖业废弃物对环境构成严重污染威胁，其畜禽粪便污染物年均流失量分别为：铵态氮 0.11 万 t，总磷 0.11 万 t，总氮 0.28 万 t，化学需氧量 1.4 万 t。而在宿迁市，全市畜禽年产生粪尿共 889.51 万 t，其中以泗洪县和泗阳县畜禽养殖比例较大，排放的污染废弃物较多。目前，针对该地区畜禽粪便污染的总体状况虽有少量报道，但对该区域污染的来源与分布仍不明确，限制了对当地污染宏观上的准确调控与管理。

　　由于洪泽湖河湖交汇区的养殖业总量不大，样本量少，很难进行统计分析，因此本章以环洪泽湖地区的 10 个区（县）为例，分析 2013 年环湖地区的畜牧业养殖情况，并通过排泄系数法估算环湖地区各区（县）内畜禽养殖粪尿产生量及其中污染物含量、流失量和耕地畜禽粪便污染负荷量，对环湖地区各区（县）畜禽粪便产生的环境风险进行评价，以期为洪泽湖地区农业面源污染的防治和畜禽养殖业可持续发展提供参考。

9.1.1　研究方法

1. 研究区概况

　　环洪泽湖区域从行政区划上主要包括江苏省宿迁市下辖的宿城区、泗阳县、泗洪县，淮安市下辖的清河区、清浦区、淮阴区、淮安区、洪泽区（县）、金湖县、盱眙县（2016 年淮安市行政区域改制，清河区与清浦区并为清江浦区，洪泽县改为洪泽区。为结合以往研究，本章以下内容使用清河区、清浦区和洪泽区），辖区面积 13 211.80 km^2。该区域湖泊广布、河网纵横交错、湿地资源丰富，分布广袤，面积可达 2926.84 km^2，具有独特的自然景观和生态系统。据统计资料显示[13,14]，环湖地区的常住人口数为 490.59 万人，经济较为发达，该地区生产总值为 2337.13 亿元，其中第一产业、第二产业和第三产业所占比例分别为 11.8%、46.7% 和 41.5%，人均 GDP 约为 7310.76 美元。

2. 数据来源

　　牛、猪、羊和家禽是江苏省畜禽养殖的主要类群。由于部分区（县）缺乏对养殖数量较少的其他畜禽种类的相关统计,因此本章研究以这 4 种畜禽种类为重点研究对象计算各类参数。

环洪泽湖地区各区(县)畜禽养殖数量等数据资料来源于《宿迁统计年鉴 2014》和《淮安统计年鉴 2014》[13,14]。耕地面积等数据资料由环湖地区各区(县)的统计年鉴和农业委员会提供。

3. 估算及评价方法

(1) 当量猪及畜禽粪便产生量

本章研究采用当量猪计算法(将其他畜禽按一定的比例系数折合为猪的数量)对环湖地区各区(县)的养殖总量进行比较分析。其中,牛、羊、家禽换算成当量猪的比例系数分别为 13.55、1.26 和 0.06[15]。参考有关资料[16,17],将牛、猪、羊、家禽的存栏量看作当年相对稳定的饲养量,在不考虑饲养周期的前提下,结合洪泽湖地区畜禽的存栏量计算其畜禽粪便的产生量:畜禽粪便产生量=存栏量×日排泄系数($kg \cdot d^{-1}$)×365 d。其中,畜禽粪便日排泄系数采用国家环境保护总局公布的数据(表 9-1)[18]。

表 9-1　畜禽粪便日排泄系数　　　　　　　　(单位:$kg \cdot d^{-1}$)

畜禽种类	日排泄系数	
	粪	尿
牛	20.0	10.0
猪	2.0	3.3
羊	2.6	—
家禽	0.1	—

(2) 畜禽粪便污染物产生量及流失量

基于畜禽粪尿中有机质、氮、磷、钾含量基本保持稳定的特征[19],主要选择化学需氧量(chemical oxygen demand,COD)、铵态氮(NH_4^+-N)、总磷(TP)和总氮(TN)为畜禽粪便的主要污染物指标,结合洪泽湖地区畜禽粪便产生量分别计算其污染物产生量及流失量。各污染物的产生量为粪便产生量与相应污染物含量的乘积,其中各污染物含量采用国家环境保护总局公布的推荐值[18]。流失量为污染物的含量与其进入水体流失率的乘积,其中流失率参考国家环境保护总局公布及相关文献[20,21]研究采用的数据,具体如表 9-2 所示。

表 9-2　畜禽粪便中污染物的含量及进入水体流失率

排泄物种类	污染物含量/($kg \cdot t^{-1}$)				流失率/%			
	COD	NH_4^+-N	TP	TN	COD	NH_4^+-N	TP	TN
牛粪	31.00	1.71	1.18	4.37	6.16	2.22	5.50	5.68

续表

排泄物种类	污染物含量/(kg·t⁻¹)				流失率/%			
	COD	NH_4^+-N	TP	TN	COD	NH_4^+-N	TP	TN
牛尿	6.00	3.47	0.40	8.00	50.00	50.00	50.00	50.00
猪粪	52.00	3.08	3.41	5.88	5.58	3.04	5.25	5.34
猪尿	9.00	1.43	0.52	3.30	50.00	50.00	50.00	50.00
羊粪	4.63	0.80	2.60	7.50	5.50	4.10	5.20	5.30
家禽粪	45.70	2.80	5.80	10.40	8.59	4.15	8.42	8.47

（3）畜禽粪便猪粪当量及负荷量的计算方法

采用国家环境保护总局公布的畜禽粪便猪粪当量换算系数推荐值[18]，根据各类畜禽粪便含氮量，将其统一换算成猪粪当量，然后加和得到猪粪当量总量。统计环湖地区各区（县）的猪粪当量总量，然后以各区（县）有效耕地面积作为实际负载面积来计算该地区的畜禽粪便猪粪当量负荷[22]，计算公式为

$$q = Q/S = \sum XT/S \tag{9-1}$$

式中，q 为畜禽粪便以猪粪当量计的负荷量（t·hm⁻²）；Q 为各类畜禽粪尿猪粪当量总量（t）；S 为有效耕地面积（hm²）；X 为各类畜禽粪尿量（t）；T 为各类畜禽粪尿换算成猪粪当量的换算系数。

4. 畜禽粪便污染对环境影响的评价方法

环洪泽湖地区畜禽粪便主要以有机肥还田的方式进行处理，农田是禽畜粪便负载的主要场所，因此畜禽粪便耕地负荷值的大小可以直接反映该地区耕地消纳畜禽粪便的能力[23,24]。以 30 t·hm⁻²·a⁻¹ 作为有机肥最大承载量[19]，通过对环洪泽湖各区（县）耕地负荷风险指数的计算及参照沈根祥等[25]的预警值分级方法，来分析环洪泽湖地区各区（县）畜禽粪便对环境造成的压力及潜在影响。

9.1.2　畜禽养殖数量与粪便产生量

环洪泽湖区域 10 个区（县）2013 年具体的畜禽养殖数量如图 9-1 所示，全区域内牛、猪、羊和家禽的总存栏量分别为 10.17 万头、184.34 万头、39.11 万只和 3329.17 万羽。为方便不同地区和不同畜禽的养殖数量进行比较，均换算成当量猪总数来表示[22]，全区域内当量猪总数为 571.18 万头。各县区当量猪总数从高到低分别为泗洪县 112.37 万头、淮阴区 95.86 万头、泗阳县 87.86 万头、盱眙县 85.91 万头、淮安区 60.05 万头、宿城区 56.95 万头、洪泽区 41.31 万头、金湖县 17.38 万头、清浦区 12.69 万头、清河区 0.80 万头。可以看出，各区（县）间养殖数量分布差异较大，其中养殖数量（以当量猪计）最多的泗洪县的养殖数量约占环湖区域养殖数量的 20%，淮阴区、泗阳县和盱眙县的养殖数量也很大，为 15.0%～16.8%，而作为淮安市中心城区的清河区养殖数量极少，仅占 0.14%。

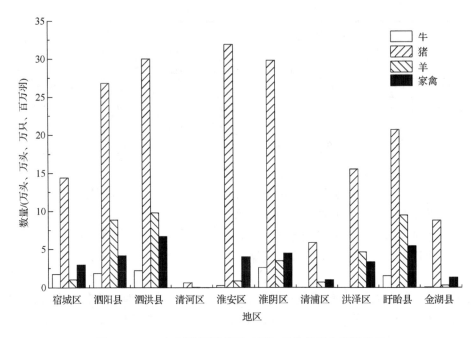

图 9-1　2013 年环洪泽湖各区（县）具体的畜禽养殖数量

2013 年环洪泽湖各区（县）具体的畜禽粪便产生量如图 9-2 所示。年畜禽粪便总产生量为 626.63 万 t，其中泗洪县产生量最大，为 115.92 万 t，约占总产生量

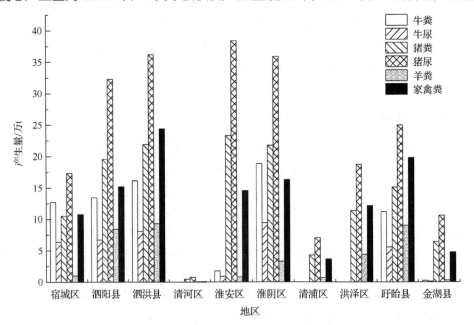

图 9-2　2013 年环洪泽湖各区（县）具体的畜禽粪便产生量

的 18.5%；其次由高到低分别为淮阴区、泗阳县、淮安区、盱眙县、宿城区、洪泽区、金湖县、清浦区和清河区，其畜禽粪便产生量约占总产生量的比例分别为 16.8%、15.3%、13.7%、12.7%、9.4%、7.4%、3.6%、2.5%和 0.2%。各类畜禽年产粪便从高到低依次为生猪 356.64 万 t、家禽 121.52 万 t、牛 111.36 万 t、羊 37.11 万 t。从总体来看，环湖地区畜禽粪便主要来源于生猪、家禽和牛。其中，生猪粪便产生量约占环湖地区年畜禽粪便总产生量的 56.9%，这主要与生猪的饲养量大且周期较长有关；而家禽、牛和羊粪便产生量则分别占畜禽粪便总产生量的 19.4%、17.8%和 5.9%。这说明：一方面，生猪养殖应列为现阶段整个环洪泽湖地区养殖废弃物排放监管和治理的重点；另一方面，也可通过合理规划和改善畜禽养殖结构，减少禽畜粪便的排放。

9.1.3 畜禽粪便污染物产生及流失量

2013 年环洪泽湖各区（县）畜禽粪便中主要污染物的含量及流失量如表 9-3 所示。2013 年环洪泽湖地区畜禽粪便产生污染物 COD、NH_4^+-N、TP 和 TN 的量依次为 172 460 t、13 577 t、14 782 t 和 36 877 t，总量为 237 696 t。不同区（县）间各污染物的产生量也存在差异，其中泗洪县污染物产生量最高，达到 44 078 t，原因是该县畜禽养殖业较为发达，规模化畜禽养殖场较多，养殖数量较大；而清河区污染物产生量最低，只有 455 t。对比 2013 年江苏省全省工业废水、生活污水 COD 和 NH_4^+-N 的排放量[26]，不难发现，环湖地区的畜禽粪便两种污染物的产生量已经近于全省工业废水的排放量，分别占全省生活污水 COD、NH_4^+-N 排放量的 30.9%和 15.3%。由此可见，畜禽养殖业产生的潜在污染不容忽视。2013 年环洪泽湖地区农用化肥施用量为 52.08 万 t[27]，表 9-3 显示，同期环湖地区畜禽粪便排放中含有 TN 36 877 t，这相当于 79 033 t 纯尿素 $[CO(NH_2)_2]$ 的含量；同时含有 TP 14 782 t，相当于 P_2O_5 33 872 t，即磷肥过磷酸钙 225 813～282 268 t。由此可见，畜禽粪便在产生污染的同时也是很重要的农业资源。因此，可以通过加强畜禽养殖废弃物的无害化处理及其养分的循环再利用来实现环洪泽湖地区畜禽养殖业的可持续发展。

表 9-3　2013 年环洪泽湖各区（县）畜禽粪便中主要污染物的含量及流失量　　（单位：t）

地区	COD		NH_4^+-N		TP		TN		合计	
	含量	流失量	含量	流失量	含量	流失量	含量	流失量	含量	流失量
宿城区	16 304	1942	1318	261	1274	139	3446	703	22 342	3045
泗阳县	24 970	3096	2019	391	2119	227	5549	1063	34 657	4777
泗洪县	31 697	3793	2504	456	2813	291	7064	1280	44 078	5820
清河区	340	50	27	6	25	3	63	15	455	74
淮安区	22 828	3035	1739	329	1881	216	4352	877	30 800	4457
淮阴区	28 533	3535	2314	467	2217	247	5978	1240	39 042	5489

地区	COD		NH$_4^+$-N		TP		TN		合计	
	含量	流失量	含量	流失量	含量	流失量	含量	流失量	含量	流失量
清浦区	4544	585	339	59	410	45	910	164	6203	853
洪泽区	13 332	1659	992	160	1302	134	2876	469	18 502	2422
盱眙县	23 362	2742	1833	320	2181	219	5379	920	32 755	4201
金湖县	6550	858	492	89	560	63	1260	243	8862	1253
合计	172 460	21 295	13 577	2538	14 782	1584	36 877	6974	237 696	32 391

环洪泽湖地区畜禽粪便污染物 COD、NH$_4^+$-N、TP 和 TN 的流失量分别为 21 295 t、2538 t、1584 t 和 6974 t，其中以 COD 和 TN 为主，分别占流失总量的 65.7%和 21.5%。这些流失的畜禽粪便污染物大部分会被间接排入河道，后进入水体。近年来，洪泽湖湖区 COD、TN 和 TP 超标[28]，并有加剧的趋势，很可能与畜禽养殖业排放的大量污染物有关。从环湖各区（县）来看（图 9-3），泗洪县畜禽粪便污染物流失量最大，为 5820 t，占流失总量的 18.0%；其次为淮阴区、泗阳县、淮安区、盱眙县、宿城区、洪泽区和金湖县，分别占流失总量的 16.9%、14.8%、13.8%、13.0%、9.4%、7.5%和 3.9%；而清浦区和清河区畜禽粪便污染物流失量很小，分别占流失总量的 2.6%和 0.2%。其中，泗洪县、淮阴区、泗阳县、盱眙县、宿城区和洪泽区这 6 个区（县）的污染物产生及流失量相对较大，这几个区（县）均直接与洪泽湖相连，畜禽养殖污染物更易直接污染洪泽湖水体。由图 9-3 可以看出，泗洪县畜禽粪便中 4 种污染物流失量占环湖地区流失总量的比

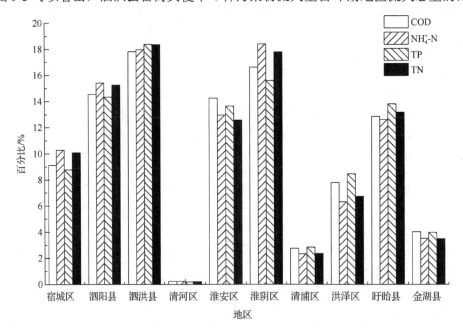

图 9-3　2013 年环湖各区（县）畜禽养殖污染物流失量的比例

例均较大，达到 17.8%～18.4%；淮阴区 NH_4^+-N 和 TN 两种污染物的流失比例也较大，基本与泗洪县相当。根据即使只有 10%畜禽粪便进入水体，其氮、磷富营养化贡献率可分别达 10%和 10%～20%的预测[29]估计，仅泗洪县和淮阴区畜禽粪便的流入，就可能导致洪泽湖氮、磷富营养化率大幅度提高的风险。可见，环洪泽湖地区畜禽养殖粪便的合理利用与管理，对洪泽湖水环境的保护至关重要。

9.1.4　畜禽粪便污染负荷及风险评价

环洪泽湖各区（县）畜禽粪便耕地负荷 q、风险指数 r 的结果如表 9-4 所示。由表 9-4 可见，2013 年环湖各区（县）畜禽粪便耕地负荷差异较大，为 6.40～16.07 $t·hm^{-2}$，平均为 12.21 $t·hm^{-2}$，远高于我国畜禽粪便平均耕地负荷 4.19 $t·hm^{-2}$[4]，同时也高于江苏省畜禽粪便平均耕地负荷 7.19 $t·hm^{-2}$[30]，但是低于淮安市畜禽粪便平均耕地负荷 15.29 $t·hm^{-2}$[11]；其中以淮阴区、洪泽区和宿城区的 q 值最高，均超过 15.0 $t·hm^{-2}$。各区（县）污染风险指数 r 为 0.21～0.54，其中，以淮阴区、洪泽区和宿城区的 r 值最高（>0.5），是目前环洪泽湖地区污染风险最大的区域。参照沈根祥等[25]的预警值分级方法，r 为 0.4～0.7 属Ⅱ级预警，$r<0.4$ 为Ⅰ级预警，可见环洪泽湖区的大部分区（县）均进入了Ⅱ级预警，即畜禽养殖对周围环境已产生威胁。虽然泗洪县畜禽养殖产生的粪便污染量最大，但由于该县耕地面积也较大，可以及时消纳和承受产生的污染负荷，因此其风险指数 r 较低，尚未对环境构成威胁。整体来看，环湖地区畜禽养殖业废弃物排放已对该区域环境造成了威胁，应引起各相关管理部门的重视，并制定洪泽湖水污染预防的具体措施；尤其淮阴区、洪泽区和宿城区应列为废弃物治理的重点。

表 9-4　2013 年环洪泽湖各区（县）畜禽粪便耕地负荷、风险指数及预警级别

地区	畜禽粪便猪粪当量/t	耕地面积/hm²	q 值/($t·hm^{-2}$)	风险指数/r	预警级别	对环境构成污染的威胁
宿城区	607 683	39 533	15.37	0.51	Ⅱ	稍有
泗阳县	977 142	71 000	13.76	0.46	Ⅱ	稍有
泗洪县	1 261 926	139 264	9.06	0.30	Ⅰ	无
清河区	10 947	876	12.50	0.42	Ⅱ	稍有
淮安区	789 269	68 086	11.59	0.39	Ⅰ	无
淮阴区	1 049 910	65 333	16.07	0.54	Ⅱ	稍有
清浦区	167 110	13 333	12.53	0.42	Ⅱ	稍有
洪泽区	528 984	33 324	15.87	0.53	Ⅱ	稍有
盱眙县	965 202	72 727	13.27	0.44	Ⅱ	稍有
金湖县	230 628	36 014	6.40	0.21	Ⅰ	无
合计	6 588 801	539 490	—	—	—	—
平均值	—	—	12.21	0.41	Ⅱ	稍有

畜禽粪便污染负荷的估算受畜禽养殖规模的影响。散户的少量畜禽粪便污染物可以通过土壤本身的自净能力转化为农业资源,而规模化养殖污染物如果没有经过资源化和无害化处理而直接排放,一般会由于排放量大、相对集中,而且缺乏相应的监管,周边往往没有足够的土地来及时消纳污染物,直接或间接对土壤和水体造成污染。由于缺乏环湖各区(县)规模化和分散养殖种类及数量的相关资料,本章研究仅探讨畜禽粪便耕地污染负荷的平均情况,这可能会导致其环境风险评价结果与实际情况存在一定偏差,今后有待进一步通过实地调研和考察获取相关资料进行深入研究。另外,统计数据的不确定性[31]及排泄系数的选择也会对畜禽粪便的估算产生一定的影响。如王方浩等[23]通过计算相关文献中畜禽粪便排泄系数的平均值折算出不同种类畜禽粪便年排放量,从而估算粪便产生量;刘晓利等[32]则根据每种畜禽粪便年排放量直接进行计算,两研究对于我国单位耕地面积的畜禽粪便污染物氮素污染负荷的计算结果相差约一倍。林涛等[11]采用排泄系数法估算淮安市畜禽粪便平均耕地负荷为 15.29 t·hm^{-2},而本章研究采用同样的方法得到环洪泽湖地区畜禽粪便平均耕地负荷为 12.21 t·hm^{-2},由此可见,选取不同排泄系数会对估算结果产生一定的影响。随着国家对面源污染的进一步控制及对畜禽粪便无害化和资源化的重视,针对不同区域开展畜禽粪便污染负荷及其环境风险的评估也将成为一个研究热点[33]。因此,今后需结合不同区域畜禽养殖特点如养殖场、耕地的分布特征和对接水体的自净能力等对畜禽粪便污染负荷及其风险进行科学的估算和评价。

9.2　河湖交汇区的新兴污染物特征及其风险评价

9.2.1　概述

新兴污染物指尚未有相关的环境管理政策法规或排放控制标准,但根据对其检出频率和潜在健康风险的评估,有可能被纳入管制对象的物质[34]。目前,人们关注较多的新兴污染物包括全氟化合物、内分泌干扰物、药品(特别是抗生素)、个人护理用品等。近年来,随着环境分析水平的提高,这些物质在我国的水环境中被频繁检出。尽管它们的检出浓度较低,但因其化学性质稳定,且易生物积累,具有潜在的生态和健康风险[35]。

在各种新兴污染物中,抗生素是备受关注的一类污染物。抗生素广泛用于人类医疗和畜禽水产养殖。Klein 等[36]研究发现,从 2000 到 2015 年,全球 76 个国家的抗生素使用量增加了 65%,主要源于中低收入国家对抗生素使用的增多。中国是最大的抗生素生产国和使用国,2013 年,我国抗生素使用量为 16.2 万 t,占全球抗生素使用量的近一半[37]。抗生素的大量使用导致其通过各种途径进入污水处理厂[38,39]、江河等地表水[40,41]和土壤[42,43]等环境介质中。抗生素被畜禽和鱼虾等水产品服用后，少部分可能残留在体内，直接通过食物链进入人体；大部分则通过粪便或尿液排出体外。畜禽粪便常用作有机肥施用于农田，使抗生素进入农田土壤，进而通过地表径流等方式进入地表水环境。用于水产养殖的抗生素更可直接进入水体。环境中的抗生素残留可能改变微生物的结构和功能，诱导抗性基因的扩散和传播，具有较高的生态健康风险[44-49]。

目前，关于环境中抗生素的污染特征的研究主要集中在水环境，水体已成为环境中抗生素较重要的归宿地之一，相关研究主要集中在抗生素的污染特征、迁移转化及其源解析等方面。2013 年，我国不同种类的抗生素的用量从大到小依次为大环内酯类、β 内酰胺类、喹诺酮类、四环素类和磺胺类[36]，除了 β 内酰胺类不稳定，非常容易水解[39]，在地表水中未检出外，其他类别的抗生素均被检出。磺胺类广泛用于畜禽和水产养殖。尽管其用量较小，但是由于其水溶性较高，且难以被土壤和沉积物吸附[39,50]，其在水中的检出浓度普遍较高，其中磺胺嘧啶和磺胺甲恶唑的检出频率和浓度都较高。在我国五大淡水湖泊中，鄱阳湖、洞庭湖、太湖和巢湖均有抗生素检出，而关于洪泽湖中抗生素污染特征的研究相对较少。太湖的抗生素污染相对较为严重，特别是四环素类抗生素的平均浓度可超过 100 ng·L^{-1}，其他种类的抗生素如磺胺类和喹诺酮类与巢湖的污染程度相当[51,52]。太湖和巢湖的抗生素污染程度要高于洞庭湖，鄱阳湖的污染程度最轻。一般情况下，抗生素在冬季（枯水期）的浓度要高于夏季（丰水期）。这一方面是因为丰水期过量的雨水对抗生素起到稀释作用，另一方面，夏季温度较高，光照强度较大，能够促进抗生素的光解和生物降解[53,54]。但也有的水域夏季抗生素的含量高于冬季，如太湖中夏季磺胺类、喹诺酮类和四环素类的平均浓度分别为 28.6 ng·L^{-1}、38.1 ng·L^{-1} 和 117 ng·L^{-1}，而冬季 3 类抗生素的平均浓度分别为 16.6 ng·L^{-1}、29.7 ng·L^{-1} 和 112 ng·L^{-1}[51]，这可能是由夏季这些抗生素的使用量增加造成的。

相对于水体中抗生素污染方面的研究，有关沉积物中抗生素的污染特征的研究相对较少。水体中的抗生素可通过分配作用进入沉积物，使沉积物成为抗生素的"储存库"。另外，在环境条件改变时，沉积物中的抗生素又可能重新释放进入水体。沉积物中检出的抗生素种类与水体一致。但是，不同种类抗生素的总体浓度水平与水体中不同。沉积物中磺胺类抗生素的检出浓度很低，而水体中磺胺类抗生素的检出浓度很高，这主要是因为磺胺类抗生素具有较高的水溶性，较难吸附在沉积物上。沉积物中喹诺酮类抗生素和四环素类抗生素的浓度相对较高，是主要的污染因子。这主要是因为喹诺酮类抗生素比较容易吸附在沉积物中，如 Li 等发现诺氟沙星、氧氟沙星、恩氟沙星在白洋淀沉积物中的分配系数分别为 9360 L·kg^{-1}、2280 L·kg^{-1} 和 362 L·kg^{-1}[55]。四环素类抗生素可通过阳离子架桥和阳离子交换作用吸附在土壤有机物上，如土霉素和四环素在固态介质（土壤或污泥）中的分配系数可达到 420~1020 L·kg^{-1} 和 1140~1620 L·kg^{-1}[56]。沉积物中大环内酯类抗生素处于中等污染的程度。

除抗生素外，农业生产中的除草剂阿特拉津，因具有较强的内分泌干扰性能，也是一种受关注的新兴污染物。阿特拉津是我国最常用的一种除草剂，2000 年，阿特拉津的总使用量为 2800 t，并且其使用量每年增长 20%。阿特拉津的广泛使用导致其在环境中被频繁检出，而且阿特拉津的水溶性较大，其可通过地表径流进入水体，具有持久性[57]。

淮河洪泽湖交汇区附近人口密度较大，养殖业是居民主要的经济来源。养殖业和农业生产过程中使用的抗生素和阿特拉津等必然会进入该区域环境中。因此，本章研究 14 种新兴污染物在该区域的污染特征。根据与养殖业和农业的相关性，下面将主要介绍与养殖业相关的磺胺甲恶唑、磺胺嘧啶、红霉素和与种植业相关的阿特拉津 4 种典型新兴污染物在此区域的污染特征和生态风险。

9.2.2　试验材料与方法

1. 试验试剂和仪器

试验中用到的试剂如表 9-5 所示，其中阿特拉津购于北京百灵威科技有限公司，其余试剂均购于 Sigma-Aldrich，纯度均≥98%。分别称取 10.0 mg 红霉素和阿特拉津，溶于乙腈中并定容到 50 mL，配成单一标准品；分别称取 10.0 mg 磺胺甲恶唑和磺胺嘧啶溶于 1：1 的乙腈和水中，并加入 20 μL 1mol·L^{-1} 的 NaOH 溶液以促进其溶解，定容到 50 mL，配成单一标准品；各标准品的浓度均为 200 mg·L^{-1}。标准品保存于 4℃的冰箱中，可使用 1 个月。

表 9-5　新兴污染物的分子结构和质谱参数

化合物名称	保留时间/min	结构式	分子式	分子量	母离子(m+H$^+$)	子离子	碎裂能量/CV
磺胺甲恶唑	8.42		C$_{10}$H$_{11}$N$_3$O$_3$S	253.278	254.0608	188.0814;156.0108	30
磺胺嘧啶	4.73		C$_{10}$H$_{10}$N$_4$O$_2$S	250.277	251.0603	156.0109	30

续表

化合物名称	保留时间/min	结构式	分子式	分子量	母离子(m+H⁺)	子离子	碎裂能量/CV
红霉素	11.48		$C_{37}H_{67}NO_{13}$	733.927	734.4685	—	—
阿特拉津	12.31		$C_8H_{14}ClN_5$	215.683	152.0707	110.0597	38

试验中用到的常规试剂包括：甲醇（色谱纯）和乙腈（色谱纯），购于美国天地公司；乙二胺四乙酸二钠（分析纯）、一水合柠檬酸（分析纯）、磷酸氢二钠（分析纯）和氢氧化钠（分析纯），均购于国药集团；试验用水为 Millipore 超纯水。

试验用的主要仪器包括 Ultimate 3000 高效液相色谱和 Thermo Scientific LTQ-Orbitrap XL 组合式高分辨质谱仪（Thermo Scientific，美国）、Millipore 超纯水器（Millipore，美国）、P60H 超声波清洗器（Elma，德国）、振荡器（zwy-240，上海）、电子天平（赛多利斯，德国）。

2. 样品采集

根据淮河洪泽湖交汇区的养殖区和居民区的布局，分别于 2016 年 11 月 30 日（为初冬季节，简称冬季）和 2017 年 3 月 30 日（为春季）在淮河养殖区及其上下游、老子山镇及其污水处理厂的上下游、洪泽湖养殖区及其周围布设 14 个采样点：S1 为淮河养殖区上游；S2 为淮河养殖区；S3 为淮河养殖区下游；S4 为淮河内河道；S5 为老子山镇取水口；S6 为老子山镇 1；S7 为老子山镇 2；S8 为老子山镇污水处理厂；S9 为老子山镇污水处理厂下游；S10 为内河道入湖口；S11 为洪泽湖 1；S12 为洪泽湖 2；S13 为洪泽湖养殖区；S14 为主河道入湖口。其中 S4 和 S10 采样点位于内河道上，S11、S12 和 S13 采样点位于湖区，其余采样点都在淮河主河道上。采样点的具体位置如图 9-4 所示。

水样采用不锈钢桶在水下 0.5 m 处采集后，转入棕色玻璃瓶中。沉积物采用沉积物采样器采集 0～10 cm 的沉积物，用锡箔纸包裹后装入自封袋中。样品采集后迅速运至实验室 4℃保存，待处理。

图 9-4　采样点位置图

3. 样品的前处理

（1）水样的前处理

水样采集后先经 0.45 μm 的滤膜进行过滤。取 500 mL 已过滤的水样，加入 2 mL 5% Na₂EDTA（防止新兴污染物因与水中二、三价阳离子结合而导致的萃取效率降低），然后过固相萃取柱进行萃取富集，流速保持在 5～10 mL·min⁻¹。萃取之前萃取柱依次用 5 mL 甲醇和 5 mL 超纯水（加入 5% Na₂EDTA）活化。水样萃取富集完成后，用 10 mL 超纯水清洗萃取柱，然后抽真空干燥 15 min。最后用 10 mL 甲醇（5 mL×2）进行洗脱。洗脱液置于样品管中氮吹至近干，重新溶解于 1 mL 的甲醇和水溶液中（体积比为 1∶1）。

（2）沉积物样品的前处理

沉积物样品冷冻干燥后研磨过 60 目筛备用。取 2 g 样品于离心管中，加入 20 mL 甲醇和 EDTA-McIlvaine 的混合液（体积比为 1∶1），超声 15 min，振荡 10 min，离心 15 min（7000 r·min⁻¹），收集上清液于棕色玻璃瓶中。重复上述过程两次，合并上清液于棕色玻璃瓶中。再用超纯水将上清液稀释至 600 mL，使甲醇的体积比小于 5%。之后按照水样的处理流程进行预处理。

4. 新兴污染物的测定方法

采用 Ultimate 3000 高效液相色谱 LTQ Orbitrap XL 组合式高分辨质谱联用仪来测定新兴污染物的浓度。采用一级全扫 + 二级碎裂的扫描模式，分辨率均为 30 000，除红霉素根据精确分子量，采用选择离子色谱峰面积进行定量外，其他新兴污染物根据母离子和子离子对来确证新兴污染物并进行定量，它们的碎裂能量如表 9-5 所示。

液相条件：色谱柱为 Agilent Poroshell 120，EC-C18 柱（2.1 mm×100 mm，2.7 μm）；流动相 A 为 1∶1（体积比）的甲醇和乙腈，流动相 B 为 0.01%甲酸水溶液；流速为 0.2 mL·min^{-1}；进样量为 10 μL；柱温为 30℃。

质谱条件：质量分析器为 FT Orbitrap；ESI 正离子模式扫描；质量范围（m/z）为 100～1000；离子源温度为 325℃，毛细管温度为 350℃；喷雾电压为 4.0 kV；管状透镜电压为 79 V；鞘气流速为 20 psi，辅助气流速为 5 psi。

5. 标准曲线的建立

采用 1∶1（体积比）的甲醇和水配制浓度分别为 0.5 μg·L^{-1}、1 μg·L^{-1}、2.5 μg·L^{-1}、5 μg·L^{-1}、10 μg·L^{-1}、25 μg·L^{-1}、50 μg·L^{-1} 的系列标准新兴污染物混标溶液，进行测定。以仪器检测信噪比 S/N=3 计算各化合物的检出限。以新兴污染物各组分的峰面积为纵坐标，以各组分的质量浓度为横坐标，绘制标准曲线，求得线性回归方程和决定系数，结果如表 9-6 所示，其决定系数均大于 0.99。4 种新兴污染物的检出范围为 0.05～0.5 μg·L^{-1}。由于经固相萃取富集后，水样浓缩了 500 倍，固相萃取-液质联用仪对 14 种新兴污染物的检出范围可低至 0.1～1 ng·L^{-1}。

表 9-6　4 种新兴污染物在 LTQ Orbitrap XL 分析的线性回归方程和线性范围

序号	新兴污染物	标准曲线	R^2	检出限/(μg·L^{-1})
1	磺胺甲恶唑	$y=773.01x+413.03$	0.9989	0.25
2	磺胺嘧啶	$y=830.21x+606.1$	0.9915	0.50
3	红霉素	$y=384\,016x-371\,318$	0.9996	0.05
4	阿特拉津	$y=14\,738x-4264$	0.9997	0.05

9.2.3　河湖交汇区新兴污染物污染特征

洪泽湖河湖交汇区附近村镇人口密集，同时湖区也是重要的水产养殖基地，围网养殖密度较大。周围水产和畜禽养殖业使用的抗生素及农业生产过程中使用的除草剂等，都可能造成该区域的新兴污染物污染，因此，有必要对该区域新兴污染物的污染特征和时空分布特征进行研究分析。

1. 淮河洪泽湖交汇区表层水体中 4 种新兴污染物的污染特征

表 9-7 列出初冬季节淮河洪泽湖交汇区水体中 4 种新兴污染物的浓度，其中红霉素未能检出。在检出的 3 种污染物中，磺胺嘧啶的浓度最高，为 7.118～13.132 ng·L^{-1}，且表现出从淮河上游至下游再到湖区不断升高的趋势，主河道的入湖口浓度达到最高值；然而淮河养殖区 S2 和洪泽湖养殖区 S13 两个采样点的浓度与周围点相比，S2 与 S1 和 S3 相比没有升高的趋势，而 S13 比 S12 有明显升高的趋势，可能是养殖用药产生的作用。磺胺甲恶唑的浓度为 0.541～3.135 ng·L^{-1}，

以淮河上游 S1 和淮河养殖区 S2 两个点浓度较低，在 S5 和 S10 两个点浓度较高，但两个养殖区 S2 和 S13 的浓度没有比周围采样点高的表现。磺胺类抗生素是人用和水产养殖两用抗生素，水体中的磺胺类抗生素一部分由淮河上游携带而来，而更多的来源于老子山及周边居民排放的生活污水，其中水产养殖也产生一定的影响，但不是主要的来源。两种磺胺类抗生素相比，磺胺嘧啶的检出浓度要高于磺胺甲恶唑，这可能与抗生素的使用习惯有关。阿特拉津是较常使用的内吸选择性苗前、苗后除草剂，也是一种重要的内分泌干扰物，其在水体中检出频率为100%，检出浓度为 $2.570 \sim 13.201$ ng·L^{-1}。水体中的阿特拉津可能主要来源于地表径流。除 S7 采样点外，其他采样点的检出浓度都高于河湖交汇区上游采样点 S1，这说明淮河上游农业生产与河湖交汇区本身农业生产除草剂的使用产生的阿特拉津发生了叠加效应，对水体环境具有较大的影响。

表 9-7　初冬季节采集水样中新兴污染物的浓度与标准偏差　　（单位：ng·L^{-1}）

采样点	磺胺嘧啶	磺胺甲恶唑	红霉素	阿特拉津
S1	7.171±0.019	0.541±0.025	n.d.	4.749±0.385
S2	7.125±0.006	0.594	n.d.	6.461±1.371
S3	7.134±0.028	2.139±0.340	n.d.	9.399±0.579
S4	7.170±0.041	2.148±0.573	n.d.	8.482±0.501
S5	7.261±0.025	3.135±1.249	n.d.	5.790±0.199
S6	7.373±0.009	1.316±0.017	n.d.	5.991±0.851
S7	7.118±0.035	1.581±0.158	n.d.	4.387±0.385
S8	7.132	1.154	n.d.	2.570
S9	8.132±0.014	1.976±0.023	n.d.	6.878±0.222
S10	9.132±0.023	3.130±0.197	n.d.	6.812
S11	10.132±0.029	2.680±0.102	n.d.	9.746±0.025
S12	11.132±0.001	1.710±0.116	n.d.	10.129±0.477
S13	12.132±0.168	1.470±0.372	n.d.	10.042±0.075
S14	13.132±0.093	1.955±0.005	n.d.	13.201±0.794

注：n.d.表示未能检出。

表 9-8 列出春季淮河洪泽湖交汇区水体中检出的新兴污染物的种类和浓度。与表 9-7 冬季的数据相比，除磺胺嘧啶的检出频率为 64.29%，检出浓度为 $0.058 \sim 0.840$ ng·L^{-1}，低于冬季水样中磺胺嘧啶的检出浓度外，其他 3 种新兴污染物的浓度都高于冬季数据。其中，磺胺甲恶唑的检出频率为 78.57%，检出浓度除 S11 点较高外，都在 $0.298 \sim 3.936$ ng·L^{-1}，与冬季取样测定值较接近，但离散性略高于冬季样品。磺胺嘧啶和磺胺甲恶唑在 S2 和 S13 两个养殖区的含量都是未检出或者含量很低，说明水产养殖在冬春季节并没有造成抗生素污染，这可能是因为刚过

冬季，不是水产养殖季节。红霉素在 13 个采样点中都有检出，检出浓度范围除淮河养殖区上下游的 S1 和 S3 分别为 4.116 ng·L^{-1} 和 1.644 ng·L^{-1} 外，其余采样点都在 2.378～3.751 ng·L^{-1}。红霉素是人和兽两用的药物，因此水体中的红霉素主要来源于淮河上游携带的和本地径流排放的生产和生活污水。由于河湖交汇区的畜禽养殖比较分散，并且与居民区距离近，检测到的红霉素中有多少比例来自养殖业用药尚无法估算。阿特拉津的检出浓度范围除 S13 较低外，其他 13 个采样点在 12.362～39.483 ng·L^{-1}，高于冬季阿特拉津的浓度。这可能是因为阿特拉津除草剂一般是苗前使用，3 月底是当地春作物生长和植树造林的重要时节，除草剂使用量高。磺胺甲恶唑、红霉素、阿特拉津均在 S11 处检出浓度最高，这可能是因为 S11 是污水处理厂排水的下游和淮河入洪泽湖口的交界处，污染物在此汇聚。

表 9-8　春季采集水样中新兴污染物的浓度与标准偏差　　　（单位：ng·L^{-1}）

采样点	磺胺嘧啶	磺胺甲恶唑	红霉素	阿特拉津
S1		3.048	4.116	28.720
S2	—	1.389±0.216	2.378	18.659±3.104
S3	0.058±0.082	3.525±0.462	1.644	24.389±0.641
S4	0.361±0.199	0.680	2.983±0.406	24.631±1.619
S5	0.116	0.298	3.440±0.617	24.045±5.358
S6	0.361±0.199	2.542±0.283	3.067±0.126	27.100±2.053
S7	0.348	2.268±1.708	3.059±0.604	33.860±0.461
S8	—		3.563±0.103	12.362±0.339
S9	0.454	0.515±0.004	3.750±0.922	31.672±1.666
S10	0.299±0.127	2.603±1.710	2.420±0.209	28.321±7.539
S11	0.840	9.238±1.833	3.751±0.330	39.483±0.451
S12	—		2.772±0.059	14.868±0.385
S13	—		2.394±0.082	4.241±0.361
S14	0.803±0.027	3.836±0.690		24.237±1.339

2. 淮河洪泽湖交汇区沉积物中新兴污染物的污染特征

表 9-9 列出初冬季节淮河洪泽湖交汇区沉积物中检出的新兴污染物的种类和含量。磺胺嘧啶在沉积物中的检出频率为 35.1%，检出为 1.774～1.947 µg·kg^{-1}；磺胺甲恶唑的检出频率为 100%，除 S4 和 S6 采样点的检出较高外，其余 12 个点的检出范围为 0.130～0.555 µg·kg^{-1}；阿特拉津的检出频率为 100%，检出为 0.271～1.621 µg·kg^{-1}。与水体一样，这一季沉积物中红霉素没有检出。

表 9-9　初冬季节采集沉积物中新兴污染物的含量与标准偏差　（单位：µg·kg⁻¹）

采样点	磺胺嘧啶	磺胺甲噁唑	红霉素	阿特拉津
S1	1.813±0.017	0.172±0.009	n.d.	0.38±0.096
S2	—	0.145±0.015	n.d.	0.271±0.091
S3	1.82±0.043	0.555±0.056	n.d.	0.404±0.137
S4	1.778	5.300±0.728	n.d.	0.685±0.230
S5	1.774	0.212±0.031	n.d.	1.138±0.232
S6	—	2.437±0.323	n.d.	0.309±0.050
S7	1.947	0.150	n.d.	0.306
S8	—	0.146	n.d.	1.252±0.131
S9	—	0.184±0.059	n.d.	1.621±0.240
S10		0.170±0.007	n.d.	0.555±0.063
S11		0.220±0.117	n.d.	0.818±0.072
S12	—	0.130	n.d.	0.388±0.021
S13		0.144±0.003	n.d.	0.359±0.012
S14		0.177±0.027	n.d.	0.307±0.010

注：n.d.表示未能检出。

　　表 9-10 列出春季河湖交汇区沉积物中检出的新兴污染物的种类和含量。磺胺嘧啶仅在 S6 和 S12 中检出，检出含量分别为 0.132 µg·kg⁻¹ 和 0.561 µg·kg⁻¹；磺胺甲噁唑的检出频率为 42.86%，检出含量为 0.644～3.152 µg·kg⁻¹；人畜两用抗生素红霉素的检出频率为 100%，检出含量为 0.531～0.942 µg·kg⁻¹；阿特拉津的检出频率为 100%，检出含量为 0.293～0.800 µg·kg⁻¹。沉积物中 4 种新兴污染物与冬季相比，磺胺嘧啶的含量低于冬季，而磺胺甲噁唑的含量高于冬季；红霉素在各采样点都有检出，但是含量较低；阿特拉津的含量差异较小，但各采样点之间的离散性较小。

表 9-10　春季采集沉积物中新兴污染物的含量与标准偏差　（单位：µg·kg⁻¹）

采样点	磺胺嘧啶	磺胺甲噁唑	红霉素	阿特拉津
S1	—		0.614	0.293±0.415
S2		0.874±0.063	0.560	0.440±0.118
S3	—		0.628±0.061	0.526±0.057
S4			0.559	0.514±0.021
S5			0.728	0.468
S6	0.132	—	0.719±0.211	0.576±0.118
S7	—	0.644±0.226	0.706±0.195	0.474±0.044
S8			0.681	0.360±0.024

续表

采样点	磺胺嘧啶	磺胺甲恶唑	红霉素	阿特拉津
S9	—		0.531	0.420±0.015
S10	—		0.564	0.418±0.038
S11	—	2.602±0.070	0.942±0.475	0.800±0.354
S12	0.561±0.699	3.152±1.661	0.640±0.087	0.479±0.035
S13	—	1.779±0.008	0.559	0.499±0.094
S14	—	0.868±0.207	0.680	0.476±0.023

沉积物中检出的新兴污染物与水体中相比较，两者的检出率有无和高低有一定的规律性。水体中检出的新兴污染物几乎都可以吸附于沉积物中，这说明沉积物可作为新兴污染物的储存库。两者较大的差别在于水体中新兴污染物不同季节之间的差异可能更大。这是因为沉积物中的新兴污染物可能是多年积累留下来的，可以反映抗生素的历史污染情况。所以沉积物中污染物的变化比水体中的缓慢。同时，沉积物中的新兴污染物浓度可能跟其性质有关，而沉积物是否是水体中新兴污染物的一个内源污染源尚不能确定。

3. 4 种目标新兴污染物的生态风险分析

新兴污染物在环境介质中的浓度是痕量级的，相对浓度较低，但是部分新兴污染物在环境介质中较难降解，且随着人类活动不断地在不同的环境介质中迁移、转化和累积，长期可对周边环境生物产生急性或慢性毒性效应，从而引发生态风险。淮河洪泽湖交汇区潜在新兴污染物污染源较多，如居民生活污水、水产养殖、畜禽养殖和农药除草剂的使用等，都是新兴污染物的潜在污染源，因而造成水体和沉积物中多种新兴污染物都有检出。那么现有的新兴污染物浓度究竟是否会对这一区域及周边的生物产生急性或慢性毒性效应，进而引发生态风险呢？下面对此进行分析。

根据欧盟环境风险评价技术指导文件，通常采用风险熵值法[58,59]［式（9-2）］对污染物的生态风险进行评估，即根据污染物的环境检测浓度（MEC）与预测无效应浓度（PNEC，指在现有的认知下不会对环境中微生物或生态系统产生不利效应的最大药物浓度）的比值计算熵值，通过熵值大小的比对来判断该类污染物的生态风险。

$$RQ = \frac{MEC}{PNEC} \tag{9-2}$$

式中，MEC 为污染物的环境检测浓度，可以采用实际监测值或是由模型估算出的环境浓度值；PNEC 为预测无效应浓度，通常根据毒性试验获得或毒性数据（如半数效应浓度 EC_{50} 或半数致死浓度 LC_{50}）除以安全系数计算得到。污染物的生态风险取决于 RQ 值大小，具体可分为 3 个等级：当 RQ≥1 时，为高风险；当 RQ<1

时，为中等风险；当 RQ<0.1 时，为低风险。

目前文献还没有报道抗生素对陆生生物的毒理数据，因此沉积物中的 PNEC（PNEC$_{沉积物}$）是根据水体中的 PNEC（PNEC$_水$）的值估算得到的：

$$PNEC_{沉积物}=PNEC_水×K_d \tag{9-3}$$

式中，K_d 为目标新兴污染物的固体-水分配系数。

根据文献报道的 PNEC，或根据文献报道的新兴污染物的生态毒性数据，选择最敏感的受试生物和最低的生态毒性数据除以安全系数 1000，计算得到水体介质中的预测无效应浓度 PNEC$_水$和沉积物中的预测无效应浓度 PNEC$_{沉积物}$（表 9-11）。根据 PNEC 和新兴污染物的实测环境浓度，计算得到 4 种新兴污染物在水体和沉积物中的 RQ 值，如表 9-11 所示。

表 9-11　4 种新兴污染物在环境介质中的预测无效应浓度（PNEC）及熵值（RQ）

新兴污染物	水体			沉积物		
	PNEC$_水$/(ng·L^{-1})	RQ（冬）	RQ（春）	PNEC$_{沉积物}$/(μg·kg^{-1})	RQ（冬）	RQ（春）
磺胺嘧啶	$1×10^4$	0.007～0.0131	0.0006～0.0008	300	0.006	0～0.002
磺胺甲恶唑	27	0.020～0.116	0.011～0.146	16.2	0.008～0.327	0.041～0.195
红霉素	$2×10^3$	0	0.001～0.002	60	0	0.009～0.016
阿特拉津	49	0.052～0.269	0.087～0.806	1.47	0.104～1.103	0.199～0.641

磺胺嘧啶在水体和沉积物的熵值都小于 0.1，表明该区域内的磺胺嘧啶具有较低的生态风险。磺胺甲恶唑在水体中和沉积物中的熵值下限<0.1，而上限都为 0.1≤RQ<1，表明磺胺甲恶唑具有低到中等的生态风险。红霉素在冬季未检出，在春季水体中和沉积物中的熵值都小于 0.1，处于低风险。相比较而言，阿特拉津在 4 种新兴污染物中的风险熵值最高，其在水体中的下限<0.1，而上限是 0.1≤RQ<1，表明水体中阿特拉津的生态风险处在低风险与中等风险之间；而在沉积物中，其下限和上限都为 0.1≤RQ<1，个别点甚至达到了 RQ≥1，表明沉积物中阿特拉津的生态风险总体表现为中等，但在某些情况下有可能表现为高生态风险，因此在农林种植业生产上需要引起足够的注意，减少阿特拉津除草剂的使用量，尤其要避免过量使用。

环境中的新兴污染物浓度都在痕量级别，对测定仪器的精度有很高的要求；在风险评估方面，新兴污染物的环境归趋还不十分明确，而且新兴污染物生态毒性数据也不完善，因此新兴污染物的生态风险评估可能不很准确。未来还需要做更多的工作来进一步探讨洪泽湖河湖交汇区的新兴污染物的生态风险。

9.3 小 结

1）环洪泽湖地区年畜禽粪尿产生量总共 626.63 万 t，其中生猪养殖年粪尿产生量占环湖地区总产生量的 50%以上，其次为家禽、牛和羊，分别占总产生量的 19.4%、17.8%和 5.9%。生猪养殖应列为整个环洪泽湖地区养殖废弃物排放监管和治理的重点。环洪泽湖各区县畜禽养殖产生的 4 种污染物中，COD 和 TN 的流失量较高，分别占流失总量的 65.7%和 21.5%；而 NH_4^+-N 和 TP 分别占流失总量的 7.8%和 4.9%。各区县污染物的流失状况差异较大，泗洪县和淮阴区污染物的流失总量最大，占各区县流失总量的 18.0%~16.9%；而清浦区和清河区的污染物流失量最小，仅占流失总量的 2.6%和 0.2%。环湖地区耕地畜禽粪便负荷量 q 平均为 12.21 $t \cdot hm^{-2}$，污染风险指数 r 平均为 0.41，总体预警为 Ⅱ 级，表明现阶段畜禽粪便的排放已对该区整体环境构成威胁，会直接或间接对农业土壤和洪泽湖水体环境造成污染，应引起重视；各区（县）中以淮阴区、洪泽区和宿城区的污染风险指数更高，应列为畜禽养殖废弃物治理和污染预防的重点。此外，畜禽粪便在合理处置情况下可以变成农业生产资料，因此加强畜禽养殖废弃物的无害化处理，实现养分的循环再利用势在必行。

2）基于固相萃取富集-高效液相色谱 LTQ Orbitrap XL 质谱联用仪测定河湖交汇区 14 个采样点中的磺胺嘧啶、磺胺甲恶唑、红霉素和阿特拉津 4 种新兴污染物的污染特征。在冬季的水体和沉积物中，检出磺胺嘧啶、磺胺甲恶唑和阿特拉津 3 种新兴污染物，而在春季的水体和沉积物中 4 种新兴污染物都有检出。磺胺嘧啶和磺胺甲恶唑是水产养殖与人共用的抗生素。通过比较淮河和洪泽湖两个养殖区与周围采样点的两种抗生素浓度可知，冬季水产养殖季节给湖区水体两种抗生素的含量带来一定的影响，而春季非养殖季节并没有给这两种抗生素带来任何影响。红霉素是畜禽与人共用的抗生素，由于该区域养殖规模较分散且与居住区邻近，难以区分养殖业在其中所起的作用。与我国主要地表水环境相比，淮河洪泽湖区域的抗生素污染程度较轻，生态风险也较低。而对于阿特拉津这种农林业生产中所用的除草剂来说，检出浓度相对较高，生态风险也较高。

参 考 文 献

[1] 孔源, 韩鲁佳. 我国畜牧业粪便废弃物的污染及其治理对策的探讨[J]. 中国农业大学学报, 2002, 7(6): 92-96.

[2] 仇焕广, 井月, 廖绍攀, 等. 我国畜禽污染现状与治理政策的有效性分析[J]. 中国环境科学, 2013, 33(12): 2268-2273.

[3] FISCHER G, ERMOLIEVA T, ERMOLIEV Y, et al. Livestock production planning under environmental risks and uncertainties[J]. Journal of Systems Science and Systems Engineering, 2006, 15(4): 399-418.

[4] 高定, 陈同斌, 刘斌, 等. 我国畜禽养殖业粪便污染风险与控制策略[J]. 地理研究, 2006, 25(2): 311-319.

[5] EVANS R O, WESTERMAN P W, OVERCASH M R. Subsurface drainage water quality from land application of swine lagoon effluent[J]. Transactions of the American Society of Agricultural Engineers, 1984, 27(2): 473-480.

[6] MARTINEZ J, DABERT P, BARRINGTON S, et al. Livestock waste treatment systems for environmental quality, food safety, and sustainability[J]. Bioresource Technology, 2009, 100(22): 5527-5536.

[7] KAMEOKA T. Methane fermentation system for swine wastewater treatment[J]. Japanese Journal of Zoo Technical Science, 2003, 2(2): 3-9.

[8] 张飞, 孔伟. 洪泽湖周边地区农业面源污染负荷变化分析[J]. 农业环境与发展, 2012, 29(2): 65-68.

[9] 李萍萍, 刘继展. 太湖流域农业面源源头减排、清洁生产及产业结构调整研究, 王浩主编: 湖泊流域水环境污染治理的创新思路与关键对策研究[M]. 北京: 科学出版社, 2010, 67-164.

[10] 朱柳燕, 蒋锁俊, 颜军, 等. 淮安市畜禽养殖业环境污染现状与治理对策[J]. 中国畜牧兽医文摘, 2014, 30(12): 12-14.

[11] 高学双, 祁石刚. 宿迁市农业面源污染现状及防治对策[J]. 现代农业科技, 2015(6): 211-212.

[12] 林涛, 马喜君. 淮安市畜禽养殖业废弃物污染负荷生态承载力预警分析[J]. 环境科学与管理, 2010, 35(12): 109-112.

[13] 宿迁市统计局, 国家统计局宿迁调查队. 宿迁统计年鉴[G]. 北京: 中国统计出版社, 2014.

[14] 淮安市统计局, 国家统计局淮安调查队. 淮安统计年鉴[G]. 北京: 中国统计出版社, 2014.

[15] 杨飞, 杨世琦, 诸云强, 等. 中国近30年畜禽养殖量及其耕地氮污染负荷分析[J]. 农业工程学报, 2013, 29(5): 1-11.

[16] 张绪美, 董元华, 王辉, 等. 中国畜禽养殖结构及其粪便 N 污染负荷特征分析[J]. 环境科学, 2007, 28(6): 1311-1318.

[17] 宋大平, 庄大方, 陈巍. 安徽省畜禽粪便污染耕地、水体现状及其风险评价[J]. 环境科学, 2012, 33(1): 110-116.

[18] 国家环境保护总局自然生态保护司. 全国规模化畜禽养殖业污染情况调查及防治对策[M]. 北京: 中国环境科学出版社, 2002.

[19] 彭里, 王定勇. 重庆市畜禽粪便年排放量的估算研究[J]. 农业工程学报, 2004, 20(1): 288-292.

[20] 熊慧欣, 赵秀兰, 徐轶群. 规模化畜禽养殖污染的防治[J]. 家畜生态, 2004, 25(4): 249-251.

[21] 景栋林, 陈希萍, 于辉, 等. 佛山市畜禽粪便排放量与农田负荷量分析[J]. 生态与农村环境学报, 2012, 28(1): 108-111.

[22] 冯倩, 许小华, 刘聚涛, 等. 鄱阳湖生态经济区畜禽养殖污染负荷分析[J]. 生态与农村环境学报, 2014, 30(2): 162-166.

[23] 王方浩, 马文奇, 窦争霞, 等. 中国畜禽粪便产生量估算及环境效应[J]. 中国环境科学, 2006, 26(5): 614-617.

[24] 张绪美, 董元华, 王辉, 等. 江苏省畜禽粪便污染现状及其风险评价[J]. 中国土壤与肥料, 2007(4): 12-15.

[25] 沈根祥, 汪雅谷, 袁大伟. 上海市郊农田畜禽粪便负荷量及其警报与分级[J]. 上海农业学报, 1994, 10(1): 6-11.

[26] 陈蒙蒙. 2013年江苏省环境状况公报[J]. 江苏省人民政府公报, 2013(17): 27-39.

[27] 徐勇峰, 陈子鹏, 吴翼, 等. 环洪泽湖区域农业面源污染特征及控制对策[J]. 南京林业大学学报(自然科学版),2016, 40(2): 1-8.

[28] 崔彩霞, 花卫华, 袁广旺, 等. 洪泽湖水质现状评价与趋势分析[J]. 中国资源综合利用, 2013, 31(10): 44-47.

[29] 张维理, 武淑霞, 冀宏杰, 等. 中国农业面源污染形势估计及控制对策 I. 21世纪初期中国农业面源污染的形势估计[J]. 中国农业科学, 2004, 37(7): 1008-1017.

[30] 姚升, 王光宇. 基于分区视角的畜禽养殖粪便农田负荷量估算及预警分析[J]. 华中农业大学学报(社会科学版), 2016(1): 72-84.

[31] YAMAJI K, OHARA T, AKIMOTO H. A country-specific, high-resolution emission inventory for methane from livestock in Asia in 2000[J]. Atmospheric Environment, 2003, 37(31): 4393-4406.

[32] 刘晓利, 许俊香, 王方浩, 等. 我国畜禽粪便中氮素养分资源及其分布状况[J]. 河北农业大学学报, 2006, 28(5): 27-32.

[33] 张建杰, 郭彩霞, 覃伟, 等. 山西省畜禽业发展及粪尿养分时空变异[J]. 应用生态学报, 2016, 27(1): 207-214.

[34] PETROVIC M, GONZALEZ S, BARCELO D. Analysis and removal of emerging contaminants in wastewater and drinking water[J]. TrAC Trends in Analytical Chemistry, 2003, 22(10): 685-696.

[35] 文湘华, 申博. 新兴污染物水环境保护标准及其实用型去除技术[J]. 环境科学学报, 2018, 38(3): 847-857.

[36] KLEIN E Y, VAN BOECKEL T P, MARTINEZ E M, et al. Global increase and geographic convergence in antibiotic consumption between 2000 and 2015[J]. Proceedings of the National Academy of Sciences, 2018, 115(15): E3463-E3470.

[37] ZHANG Q Q, YING G G, PAN C G, et al. Comprehensive evaluation of antibiotics emission and fate in the river basins of China: source analysis, multimedia modeling, and linkage to bacterial resistance[J]. Environmental Science & Technology, 2015, 49(11): 6772-6782.

[38] ZHANG H, LIU P, FENG Y, et al. Fate of antibiotics during wastewater treatment and antibiotic distribution in the effluent-receiving waters of the Yellow Sea, northern China[J]. Marine Pollution Bulletin, 2013, 73(1): 282-290.

[39] GAO L, SHI Y, LI W, et al. Occurrence of antibiotics in eight sewage treatment plants in Beijing, China[J]. Chemosphere, 2012, 86(6): 665-671.

[40] LIU X, LU S, GUO W, et al. Antibiotics in the aquatic environments: a review of lakes, China[J]. Science of the Total Environment, 2018, 627: 1195-1208.

[41] SUN J, LUO Q, WANG D, et al. Occurrences of pharmaceuticals in drinking water sources of major river watersheds, China[J]. Ecotoxicology and Environmental Safety, 2015, 117: 132-140.

[42] TASHO R P, CHO J Y. Veterinary antibiotics in animal waste, its distribution in soil and uptake by plants: a review[J]. Science of the Total Environment, 2016, 563: 366-376.

[43] GAO L, SHI Y, LI W, et al. Occurrence and distribution of antibiotics in urban soil in Beijing and Shanghai, China[J]. Environmental Science and Pollution Research, 2015, 22(15): 11360-11371.

[44] GUO J, BOXALL A, SELBY K. Do pharmaceuticals pose a threat to primary producers?[J]. Critical Reviews in Environmental Science and Technology, 2015, 45(23): 2565-2610.

[45] 王作铭, 陈军, 陈静, 等. 地表水中抗生素复合残留对水生生物的毒性及其生态风险评价[J]. 生态毒理学报, 2018, 13(4): 149-160.

[46] ZHAO J L, LIU Y S, LIU W R, et al. Tissue-specific bioaccumulation of human and veterinary antibiotics in bile, plasma, liver and muscle tissues of wild fish from a highly urbanized region[J]. Environmental Pollution, 2015, 198: 15-24.

[47] LI X W, XIE Y F, LI C L, et al. Investigation of residual fluoroquinolones in a soil-vegetable system in an intensive vegetable cultivation area in Northern China[J]. Science of the Total Environment, 2014, 468: 258-264.

[48] ASHBOLT N J, AMEZQUITA A, BACKHAUS T, et al. Human health risk assessment (HHRA) for environmental development and transfer of antibiotic resistance[J]. Environmental Health Perspectives, 2013, 121(9): 993-1001.

[49] 高俊红, 王兆炜, 张涵瑜, 等. 兰州市污水处理厂中典型抗生素的污染特征研究[J]. 环境科学学报, 2016, 36(10): 3765-3773.

[50] GAO L, SHI Y, LI W, et al. Occurrence, distribution and bioaccumulation of antibiotics in the Haihe River in China[J]. Journal of Environmental Monitoring, 2012, 14(4): 1247-1254.

[51] HU X L, BAO Y F, HU J J, et al. Occurrence of 25 pharmaceuticals in Taihu Lake and their removal from two urban drinking water treatment plants and a constructed wetland[J]. Environmental Science and Pollution Research, 2017, 24(17): 14889-14902.

[52] TANG J, SHI T, WU X, et al. The occurrence and distribution of antibiotics in Lake Chaohu, China: seasonal variation, potential source and risk assessment[J]. Chemosphere, 2015, 122: 154-161.

[53] LI S, SHI W, LI H, et al. Antibiotics in water and sediments of rivers and coastal area of Zhuhai City, Pearl River estuary, South China[J]. Science of the Total Environment, 2018, 636: 1009-1019.

[54] LI S, SHI W, YOU M, et al. Antibiotics in water and sediments of Danjiangkou Reservoir, China: spatiotemporal distribution and indicator screening [J]. Environmental Pollution, 2019, 246: 435-442.

[55] BEAUSSE J. Selected drugs in solid matrices: a review of environmental determination, occurrence and properties of principal substances[J]. TrAC Trends in Analytical Chemistry, 2004, 23(10-11): 753-761.

[56] LI W, SHI Y, GAO L, et al. Occurrence of antibiotics in water, sediments, aquatic plants, and animals from Baiyangdian Lake in North China[J]. Chemosphere, 2012, 89(11): 1307-1315.

[57] DOU R, SUN J, DENG F, et al. Contamination of pyrethroids and atrazine in greenhouse and open-field agricultural soils in China[J]. Science of The Total Environment, 2019, 701: 134916.

[58] 张盼伟, 周怀东, 赵高峰, 等. 北京城区水体中 PPCPs 的分布特征及潜在风险[J]. 环境科学, 2017, 38(5): 1853-1861.

[59] EC (European Commission). European commission technical guidance document on risk assessment in support of commission directive 93/67/EEC on risk assessment for new notified substances and commission regulation (EC) No. 1488/94 on risk assessment for existing substance, Part II [R]. Ispra, Italy: EC (European Commission), 2003: 100-103.

第 10 章 洪泽湖河湖交汇区的
重金属污染特征及风险评价

10.1 概 述

河湖交汇区是河流与湖泊的交汇点，是河流上游污染物迁移转化的归宿地与蓄积库，是生态环境相对特殊而脆弱的地区[1]。重金属污染物经过一系列复杂的物理化学过程，能够对区域底栖生物及沿岸湿地生态系统造成急性或慢性毒害作用；同时，吸附在沉积物中的污染物经过不断的吸附解析过程造成二次污染，成为下游潜在的污染源[2]。洪泽湖河湖交汇区水文、土壤环境复杂，也是洪泽湖最重要的生物资源库和环境缓冲带。本章研究分析洪泽湖河湖交汇区的重金属污染状况、分布规律和来源，并利用地累积指数法与潜在生态风险指数法相结合，综合评价该区域重金属的污染程度和生态风险。

10.1.1 沉积物重金属污染状况

国外对沉积物重金属的研究始于 20 世纪 50 年代，内容主要包括沉积物重金属的吸附及络合方式、总量及分布规律、迁移转化、生物有效性及生态风险等[3-5]。对六大欧亚北极河流沉积物重金属污染的分析研究发现，俄罗斯叶尼塞河 Cu 和 Cd 的污染较为严重，较其他河流浓度高[6]。由于受附近工矿业尾水污染，西班牙韦尔瓦河沉积物中 Fe 的含量最高达 50 g·kg^{-1}，且鱼类体内 Pb 和 Cd 的富集程度相对较高[7]。德国 Lahn 河沉积物中重金属元素 Cu、Pb、Cd 和 Zn 等的平均含量普遍比背景值高[8]。北海 Elbe 河上游段沉积物中重金属 Hg、Cd 和 Zn 富集严重[9]。匈牙利 Danube 河悬浮物与沉积物中各重金属含量均较低，仅在少部分区域和一些支流处积聚显著[10]。美国 Cedar 河流域与 Ortega 河流域沉积物重金属 Cu、Pb、Cd、Zn 空间变异性较大[11]。

国内对沉积物重金属的研究始于 20 世纪 70 年代，主要研究河流包括黄河、长江、珠江、湘江及淮河等地区，重点是分析测定重金属的种类、含量、分布及来源等。研究发现，黄河不同河段沉积物重金属含量差异显著，表现为清水河段重金属 Zn、Cd、Cu、Pb 的含量平均值较低，而包头段从上游至下游含量逐渐升高，尤其在排污口附近，出现异常高值[12,13]。从 1983 到 2002 年，珠江口污染日益加重，导致表层沉积物中 Zn、Pb、Cu、Cd 含量升高[14]。胶州湾潮间带不同区域沉积物中重金属富集程度与各区域重金属污染源类型有关[15]。淮河干流泥沙中重金属 Cu、Zn、Pb、Cr、Cd、Hg、As 含量平均值分别为 29.9 mg·kg^{-1}、79.2 mg·kg^{-1}、29.5 mg·kg^{-1}、63.7 mg·kg^{-1}、0.29 mg·kg^{-1}、0.08 mg·kg^{-1}、12.6 mg·kg^{-1}，其中 Cd 和 Hg 的浓度较高，污染较为严重[16]。长江流域表层沉积物中 Cr、Cu、Pb、Zn、Cd 和 As 的含量平均值都超过背景值[17]。研究较多的湖泊有太湖、鄱阳湖、洞庭湖、滇池和洪泽湖。秦延文等[18]对太湖的研究发现，Cd、Pb、Cu 和 Zn 均存在一定的富集，4 种重金属元素的生态风险等级为低等级，其中 Cd 是主要生态风险贡献因子。武恒赟等[19]对鄱阳湖的研究发现，Hg、As、Cu、Pb、Cr 和 Zn 的富集程度很高，综合生态风险等级为中等，其中主要的生态风险贡献因子为 Cu、Hg 和 Pb。张光贵等[20]对洞庭湖的研究发现，表层沉积物中 Cd 的生态风险等级最高，其次是 Hg，主要污染来源为入湖河流及周边金属矿产的开采。

关于洪泽湖沉积物的重金属含量及分布，近年来已有一些研究。陈雷等[21]、何华春等[22]的研究表明，20 世纪 90 年代以前，洪泽湖沉积物中重金属含量保持在一个稳定水平，但 1990 年以后，Hg、Cr、Pb、Cd、Cu 和 Zn 均呈逐渐增加的趋势，尤其是 Cd 的增加幅度引人注目。同时，洪泽湖的水质也在逐渐恶化。研究表明，2003 年洪泽湖水质符合地表水环境质量三级标准，但 2004 年就开始超过这一标准[23]。2011～2012 年，洪泽湖表层沉积物中 Cd 的平均含量为 2.1～4.3 mg·kg^{-1}[24,25]，远远高于江苏省土壤背景值，已达严重污染程度[26]。此外，在 Cd 污染的同时，洪泽湖沉积物 As 污染也日益突出。李莹杰等[27]的测定结果显示，洪泽湖表层沉积物中 As 富集程度较高，其浓度为江苏省土壤背景值的 1.74～3.85 倍，污染程度在江苏省浅水湖泊中达到较为严重的程度。关于洪泽湖不同区域的重金属分布特征也有过一些研究，但是不同研究之间得到的结果差异很大[23-28]。

10.1.2　重金属污染评价方法

重金属污染评价方法主要包括地累积指数法、潜在生态风险指数法、沉积物富集系数法、水体沉积物重金属质量基准法、脸谱图法、回归过量分析法等。

地累积指数法及沉积物富集系数法是根据重金属的总含量进行评价的方法，只可以一般性地了解重金属的污染程度，无法有效地评价重金属的迁移转化特性和潜在生态危害[29,30]。潜在生态风险指数法是根据沉积物中重金属的浓度评价水域中重金属的潜在生态危害的方法，具有简便、快速且较为准确等特点；不足之处在于，其毒性加权系数的确定存在主观性，未能考虑可能存在的拮抗作用，并且评价指标无法充分体现水体理化性质（pH、Eh、碱度及配位体等）对毒性的影响等，需要与地累积指数法相互补充和借鉴[31]。水体沉积物重金属质量基准法相对简单，易于定量化和模型化，通过结合重金属赋存形态进行分析，能够很好地反映沉积物来源和背景差异；但该方法建立在 3 个基本经验假设基础上，在实际过程中会带来不确定性和误差[32]。回归过量分析法的缺陷在于，它仅能得出重金属污染的相对程度，而不能确定污染级别，不能反映生物可利用性；脸图谱法可在平面上做多变量样本图以表示样本间的关系和特征，但该方法必须结合其他评价方法才能取得较为满意的效果，且作图复杂，主观确定因素太多[33]。

在对以上重金属污染评价方法的对比研究中发现，不同风险评估的评价结果存在一定程度的一致性[34]，但有时存在较大差异，甚至相互矛盾[35]。如对太湖梅梁湾西部入湖河口区域表层沉积物的 3 种重金属污染状况评价后发现，地累积指数表明 Cd 存在轻度到偏重度累积，而潜在生态风险指数表明 Cd 有中度到很严重的潜在生态风险；同时，平均沉积物质量基准系数表明只有 Cu、Ni 对生物有很大风险。也有研究者提出改进的评价方法。如鉴于传统潜在生态风险指数法存在的不确定性，提出改进的随机生态风险评价模型[36]，以及改进的地累积指数法[37]。

尽管如此，基于不同风险评价方法的研究结果表明，我国主要湖泊沉积物中的重金属达到一定的污染程度。例如，洞庭湖沉积物重金属具有较高的综合潜在生态风险指数，达到较高风险[38]；巢湖沉积物重金属中 Hg 和 Cd 具有较高的地累积指数，达到中等污染水平[39]；鄱阳湖沉积物重金属的综合潜在生态风险指数达到中等生态危害[40]，太湖沉积物中的重金属 Cd 和 Hg 处于中等潜在生态风险[34]。

对于洪泽湖沉积物中重金属污染，目前主要采用地累积指数法[24]和潜在生态风险指数法[28]两种方法进行评价，样点覆盖全湖区主要入水、出水和敞水区，结果表明，沉积物重金属 Cd 的污染程度达到中污染程度，生态风险程度达到较重风险程度，重金属污染可能存在的主要风险区域为敞水区及出湖河口附近风险区、北部湖湾风险区及西部湖湾风险区[24]。洪泽湖河湖交汇区是水文活动复杂多变的特殊区域，表层沉积物中重金属累积受上游水环境的显著影响，研究该区域沉积物重金属污染状况、来源及潜在风险对减轻整个湖区重金属污染的潜在风险具有特殊意义，但目前未见这一特殊区域的有关报道。

10.2　研　究　方　法

10.2.1　采样点布设

为研究河道分支等级对污染物分布的影响、不同土地利用方式对污染物分布的影响及土壤中污染物含量对相邻河道沉积物中污染物含量的影响，本章研究沿着内河道，从上游至下游，在养殖塘、农田、芦苇滩、杨树林和柳树林 5 个不同土地利用方式的土壤（为区别于河道沉积物，这里养殖塘和芦苇滩的沉积物作为土壤看待），以及对应的附近河道处的沉积物共设 10 个采样点（图 10-1），编号分别为：S1 为养殖塘附近河道沉积物；S1′为养殖塘土壤；S2 为农田附近河道沉积物；S2′为农田土壤；S3 为芦苇滩附近河道沉积物；S3′为芦苇滩土壤；S4 为杨树林附近河道沉积物；S4′为杨树林土壤；S5 为柳树林附近河道沉积物；S5′为柳树林土壤。沿水流方向每个采样点，均采集 10 个样品作为重复，相邻样品点位间距20 m 左右。

图 10-1　河湖交汇区采样点分布

河湖交汇区土壤及沉积物理化指标如表 10-1 所示。

表 10-1　河湖交汇区土壤及沉积物理化指标

采样点	有机质/(g·kg⁻¹)	pH
S1	26.0±10.0	8.07±0.32
S2	50.7±3.1	8.45±0.09
S3	49.3±12.5	8.06±0.04
S4	45.7±14.3	8.27±0.12
S5	36.4±6.9	8.37±0.06
S1′	38.4±8.6	8.03±0.14
S2′	103.6±16.9	8.09±0.24
S3′	17.7±2.2	8.36±0.13
S4′	29.5±4.1	8.39±0.12
S5′	31.6±11.8	8.28±0.18

10.2.2　样品采集与预处理

利用柱状沉积物采样器（型号 AMS）进行沉积物和土壤样品采集，采样深度为 0～20 cm。样品采集后，先滤去沉积物中的水分、沙石、动植物残骸等，再装入自封袋，贴上标签，放入 4℃保温箱中带回实验室。土壤及沉积物样品置于通风处，自然风干后，去除杂质，经玛瑙研钵研磨后过 100 目筛，置于自封袋中 4℃冷藏，待重金属检测。

分析项目：Cd、Cr、Cu、Zn、Pb、As、Hg、Mn 共 8 种重金属。

测定方法：8 种重金属元素总量测定采用 HCl-HNO₃-HF-HClO₄消化，然后利用电感耦合等离子质谱仪（ICP-MS）测定 Cd、Cr、Cu、As、Hg 和 Pb，利用电感耦合等离子体原子发射光谱仪（ICP-AES）测定 Zn 和 Mn[41]。

方法质量控制：所有指标的测定每次试验设置 3 组平行样进行精密度监控；每次试验做一次空白对照；随机抽取 20%的样品进行重复性检验。

10.2.3　重金属溯源方法

源解析是一种对污染物来源进行定性或定量分析研究的方法，目前已被广泛应用于大气颗粒物[42]、土壤[43]、水体[44]污染物来源解析中。源解析数学模型总体上分两种：一种是以污染源为对象的扩散模型，另一种是以污染区域为对象的受体模型[45]。受体模型是目前研究最多、应用最广泛的模型。该模型不受污染源排放条件、气象、地形等因素的限制，不需要源强，不用追踪颗粒物的迁移过程，避开了扩散模型所遇到的困难。

本章根据受体模型的原理，通过分析污染物之间的理化特征，确定对受体有贡献的污染源及污染贡献率。利用相关分析和主成分分析法对重金属污染的来源进行分析[46]。

10.2.4　重金属污染和潜在生态风险评价方法

1. 重金属地累积指数法

地累积指数法是由德国海德堡大学 Muller 提出的[42]。该方法不仅考虑人为污染因素、环境地球化学背景值，还考虑自然成岩作用可能会引起背景值变动的因素，给出很直观的重金属污染级别，是一种研究重金属污染的定量指标，被广泛用于现代重金属污染的评价中。

地累积指数的计算方法如下：

$$I_{geo}^n = \log_2(c_n / kB_n) \qquad (10\text{-}1)$$

式中，I_{geo}^n 为重金属 n 的地累积指数；c_n 为沉积物中重金属 n 的含量；B_n 为重金属的环境背景值，本章研究采用江苏省地区的重金属环境背景值[47]（表 10-2）；k 为常数，一般取 1.5。

表 10-2　重金属毒性系数和环境背景值

重金属	Cd	Cr	Cu	Zn	Pb	As	Hg	Mn
环境背景值/ (mg·kg⁻¹)	0.151	76	26	73	26.8	9.4	0.082	629
重金属毒性 系数/(g·kg⁻¹)	30	2	5	1	5	10	40	1

根据地累积指数 I_{geo} 的大小，将重金属元素的污染程度分为 7 个等级，即 0～6 级（表 10-3）。

表 10-3　重金属污染等级与 I_{geo} 的关系

I_{geo}	≤0	0～1	1～2	2～3	3～4	4～5	>5
级数	0	1	2	3	4	5	6
污染程度	无	无—中	中	中—强	强	强—极强	极强

2. 重金属潜在生态风险指数法

潜在生态风险指数法综合考虑重金属的毒性、在沉积物中普遍的迁移转化规律，评价区域对重金属污染的敏感性，以及重金属区域背景值的差异，可以综合反映重金属的潜在生态影响[48]。计算方法如下。

1）单项重金属污染指数：

$$C_f^i = C^i / C_n^i \qquad (10\text{-}2)$$

式中，C_f^i 为重金属 i 的污染指数；C^i 为重金属 i 的实测浓度；C_n^i 为重金属 i 的环境背景值（表 10-2）。

2）单项重金属 i 的潜在生态风险指数：

$$E_r^i = T_r^i \cdot C_f^i \qquad (10\text{-}3)$$

式中，E_r^i 为单项重金属 i 的潜在生态风险指数；T_r^i 为重金属毒性系数（表 10-2）。

3）综合潜在生态风险指数 RI 为单项重金属潜在生态风险指数之和

$$RI = \sum E_r^i \qquad (10\text{-}4)$$

重金属单项和综合潜在生态风险指数与分级标准如表 10-4 所示。

表 10-4　重金属单项和综合潜在生态风险指数与分级标准

E_r^i	单项潜在生态风险等级	RI	综合潜在生态风险等级
$E_r^i < 40$	低	RI<135	低
$40 \leqslant E_r^i < 80$	中	$135 \leqslant RI < 265$	中等
$80 \leqslant E_r^i < 160$	较重	$265 \leqslant RI < 525$	重
$160 \leqslant E_r^i < 320$	重	$RI \geqslant 525$	严重
$E_r^i \geqslant 320$	严重	—	—

10.3　土壤及沉积物中重金属的分异特征

10.3.1　不同土地利用方式土壤重金属的分异特征

研究得到 5 个采样点土壤中的重金属含量分别为：Cd 为 0.12～0.28 mg·kg^{-1}，平均值为 0.2 mg·kg^{-1}；As 为 42.6～53.5 mg·kg^{-1}，平均值为 46 mg·kg^{-1}；Mn 为 419～473 mg·kg^{-1}，平均为 442 mg·kg^{-1}；Hg 为 0.008～0.018 mg·kg^{-1}，平均值为 0.013 mg·kg^{-1}。此外，Cu 为 18.5～38.1 mg·kg^{-1}、Cr 为 31.5～73.4 mg·kg^{-1}、Pb 为 12.6～24.9 mg·kg^{-1}、Zn 为 62～118 mg·kg^{-1}。其中，As 的平均含量超出江苏省土壤背景值，超出国家土壤环境质量三级标准；Cd、Zn 的平均含量也超出江苏省土壤背景值；Cu 的平均含量与江苏省土壤背景值基本持平；而 Mn、Hg、Cr、Pb 的含量均低于江苏省土壤背景值。

图 10-2 为河湖交汇区各土壤采样点重金属平均含量及分布。相比较而言，As 和 Mn 的分布较为均匀，不同土地利用方式土壤间含量差异性相对较小；结合其环境背景值，表明研究区域内人为活动对环境造成持续性 As 污染，且全区域强弱相近；而 Mn 受人为活动的影响较小，且未受到污染。Cd、Cr、Cu、Pb 和 Zn 在农田土壤的含量与其他土壤采样点含量间存在显著性差异，农田含量显著高于其他采样点。造成这一现象可能是由于水稻生长季节化肥农药的施用使农田土壤重金属的含量显著升高。此外，柳树林土壤重金属含量要比杨树林和芦苇地高，其中 Cd、Pb 和 Mn 的差异较为显著，这可能是由于柳树根系对重金属元素具有较好的吸附能力[49,50]。

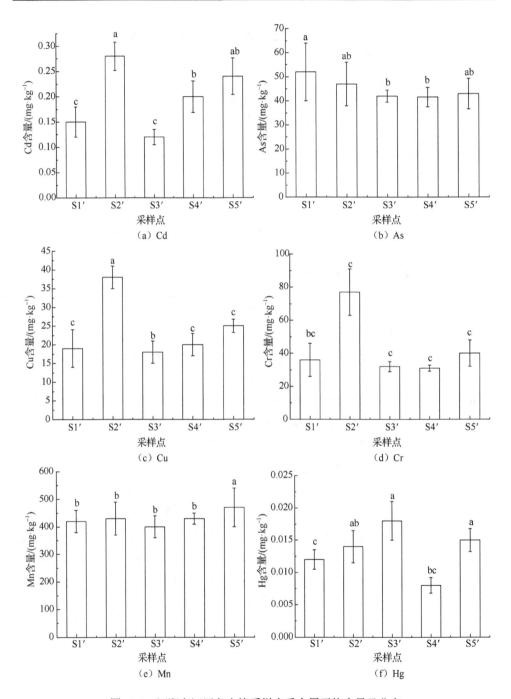

图 10-2　河湖交汇区各土壤采样点重金属平均含量及分布

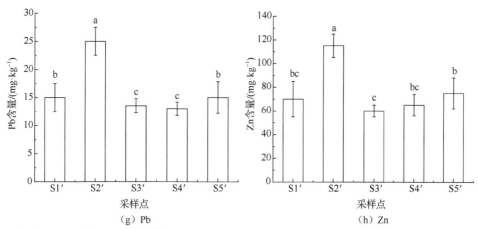

S1′为养殖塘；S2′为农田；S3′为芦苇滩；S4′为杨树林；S5′为柳树林；不同小写字母表示差异显著（$P<0.05$）。

图 10-2（续）

表 10-5 列出研究区域农田重金属与其他区域的比较及背景值。可以看出，河湖交汇区农田土壤重金属 As 的含量在各研究区域内属于最高，Cr 的含量也较其他农田高，Zn 的含量仅次于河南某工厂附近农田，而其他重金属元素污染状况都较低。除 As 外的各种重金属元素含量都低于中国土壤质量三级标准。

表 10-5　河湖交汇区农田重金属与其他区域的比较及背景值　（单位：mg·kg⁻¹）

	As	Cd	Cr	Cu	Hg	Mn	Pb	Zn	文献
洪泽湖河湖交汇区	47.4	0.30	73.4	38.1	0.014	436	24.9	118	本章研究
河南某工厂附近农田	21.3	4.25	60.1	46.1	0.430	—	376	124.5	[51]
丹江水库区农田	12.6	1.04	45.1	24.7	—	557	28.7	73.7	[52]
北京东南郊农田	4.7	0.16	61.8	23.1	0.066	—	19.5	59.6	[53]
中国水系沉积物均值	9.1	0.14	58.0	21.0	0.042	682	25.0	68.0	[54]
中国土壤质量三级标准	30	1.0	400	400	1.5	—	500	500	[55]
全球最高背景值	15.0	1.00	90.0	50.0	0.250	—	70.0	175.0	[24]

10.3.2　不同土地利用方式附近河道沉积物中重金属的分异特征

图 10-3 为河湖交汇区各沉积物采样点重金属平均含量及分布。由图 10-3 可见，河湖交汇区沉积物中各重金属元素平均含量为 Mn（601±81）mg·kg⁻¹、Zn（68.8±14.4）mg·kg⁻¹、Cr（38.9±7.0）mg·kg⁻¹、Cu（21.6±5.6）mg·kg⁻¹、As（17.4±19.0）mg·kg⁻¹、Pb（15.8±1.9）mg·kg⁻¹、Cd（0.19±0.05）mg·kg⁻¹、Hg（0.016±0.002）mg·kg⁻¹。各采样点重金属总含量的顺序为 S2（898 mg·kg⁻¹）>S3（838 mg·kg⁻¹）>S4（802 mg·kg⁻¹）> S5（674 mg·kg⁻¹）> S1（609 mg·kg⁻¹）。

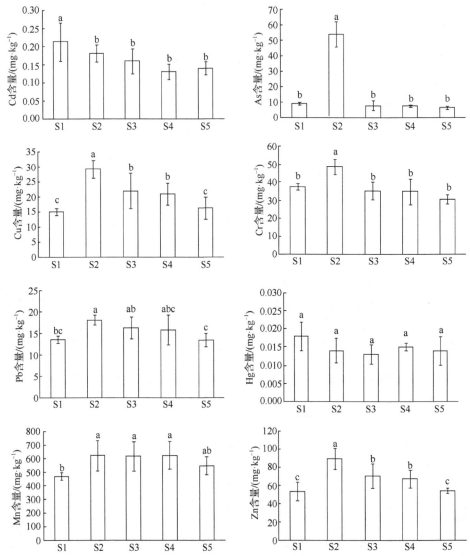

S1 为养殖塘附近河道；S2 为农田附近河道；S3 为芦滩附近河道；S4 为杨树林附近河道；S5 为柳树林附近河道；
不同小写字母表示差异显著（$P<0.05$）。

图 10-3　河湖交汇区各沉积物采样点重金属平均含量及分布

As 元素最高含量出现在 S2 农田附近河道采样点，最低值出现在 S5 柳树林附近河道采样点，也是最下游的入湖口，其中 S2 采样点与其他采样点间存在显著差异，而其他采样点间无显著差异。出现这种情况可能是由于 S2 采样点与水稻田邻近，水交换较为频繁，径流将农田中的重金属元素带入河道，导致河道沉积物重金属 As 元素含量异常；同时可能由于沉积物粒径、有机质含量、pH 等因素导致

As 元素在 S2 采样点富集而没有向下游转移，具体原因仍需进一步研究。此外，As 元素平均含量从上游河道至下游支流河道呈下降趋势。Cr 元素分布情况与 As 相似，均是在 S2 采样点出现最大值。

Cd 元素最高含量出现在 S1 即上游河道采样点，含量为 0.30 mg·kg^{-1}，与其他采样点间差异显著。该数值远低于文献[24]、[25]中"2011～2012 年，洪泽湖表层沉积物中 Cd 的平均含量为 2.1～4.3 mg·kg^{-1}"的数据，表明近年来的治理效果已开始显现。Cd 含量最低值出现在 S4 采样点沉积物，为 0.14 mg·kg^{-1}，表明从上游河道至下游分支河道含量呈下降趋势。

Cu、Pb 和 Zn 的分布规律相似，均是在 S2 采样点出现最大值（其中 Cu 和 Zn 与其余各采样点间含量均存在显著差异），然后逐渐降低；最高含量分别为 30.3 mg·kg^{-1}、18.2 mg·kg^{-1}、92 mg·kg^{-1}；最低含量分别为 15.0 mg·kg^{-1}（S1）、13.4 mg·kg^{-1}（S5）、53 mg·kg^{-1}（S1）。

Hg 和 Mn 元素与其他元素的分布规律均不相似。在各级支流河道沉积物中分布较为均匀，最高值分别出现在 S1 和 S4，为 0.020 mg·kg^{-1} 和 624 mg·kg^{-1}，最低值出现在 S3 和 S1，为 0.013 mg·kg^{-1} 和 468 mg·kg^{-1}。其中，各采样点间 Hg 元素含量无显著差异；除 S1 采样点外 Mn 元素含量也无显著差异。这说明区域沉积物中 Hg 和 Mn 元素的含量受人为活动影响及土地利用方式影响都较小。

综上所述，洪泽湖河湖交汇区河道沉积物重金属 As、Cr、Cu、Pb 和 Zn 含量受农业面源污染影响较大；区域主要污染贡献采样点为 S2；除此以外，其他采样点重金属污染状况较轻。水平分布特征上，除 Hg 和 Mn 元素外，均一定程度表现出从上游河道至下游分支河道含量逐渐减少的趋势。

10.4　重金属溯源分析

10.4.1　Pearson 相关分析

表 10-6 为河湖交汇区重金属元素含量间的相关系数。由表 10-6 可见，沉积物中 Cu、Mn、Pb 和 Zn 两两间呈极显著相关（$P<0.01$），As 和 Cr 间呈极显著相关，As 和 Cu、Zn，以及 Cr 和 Cu、Pb、Zn 间呈显著相关（$P<0.05$）。这些元素多在 S2 采样点出现最大值，然后呈减小趋势，说明这些重金属元素的来源具有一定的共性，可能来自淮河上游污染输入、区域农业面源污染及区域水上交通运输等。Cd 和 Hg 显著相关，但与其他重金属元素相关性较差，而二者含量均从 S1 到 S5 采样点呈现下降趋势。有研究表明，淮河干流中 Cd 的平均含量为 0.29 mg·kg^{-1}，是背景值的近 2 倍，Hg 的平均含量为 0.08 mg·kg^{-1}，接近背景值[16]，由此推断这两种元素的主要来源是上游的污染输入。

表 10-6　河湖交汇区重金属元素含量间的相关系数

	As	Cd	Cr	Cu	Hg	Mn	Pb	Zn
As	1	0.203	0.923**	0.726*	−0.313	0.305	0.616	0.754*
Cd	0.307	1	0.418	0.010	0.684*	−0.265	0.072	0.004
Cr	0.416	0.830**	1	0.718*	−0.030	0.342	0.684*	0.754*
Cu	0.406	0.902**	0.973**	1	−0.410	0.843**	0.966**	0.994**
Hg	0.276	−0.007	0.259	0.185	1	−0.419	−0.253	−0.406
Mn	−0.204	0.154	−0.099	0.065	−0.067	1	0.859**	0.816**
Pb	0.507	0.841**	0.990**	0.959**	0.218	−0.166	1	0.965**
Zn	0.435	0.901**	0.983**	0.978**	0.127	−0.091	0.987**	1

注: 右上角为沉积物, 左下角为土壤。
*表示显著 ($P<0.05$), **表示极显著 ($P<0.01$)。

　　土壤中的 Cd、Cr、Cu、Pb 和 Zn 共 5 种重金属元素两两间均存在极显著相关 ($P<0.01$), 受人为活动影响较大, 5 种元素均在农田土壤中出现最高值。有资料表明, 生产磷肥的矿石中 Cd 的含量为 $5\sim100$ mg·kg^{-1}, 其最终大部分或全部会进入化肥[56], 同时磷肥中 Cr 含量一般为 $30\sim3000$ mg·kg^{-1}[57]。而 Cu 和 Zn 则被广泛应用于农药的生产[58]。过量使用化肥和农药会造成土壤重金属的富集。然而据统计, 环洪泽湖区域平均化肥和农药施用量为 528 kg·hm^{-2} 和 10.7 kg·hm^{-2}, 分别是全国平均水平 (359 kg·hm^{-2}、7.5 kg·hm^{-2}) 的 1.47 倍和 1.43 倍[59,60], 这可能是导致农田土壤中重金属元素高于周边采样点的原因。

10.4.2　主成分分析

　　通过对洪泽湖河湖交汇区土壤及沉积物中各重金属元素含量进行主成分分析, 发现 8 种重金属元素所代表的信息可以用 3 种主成分来体现 (表 10-7)。3 种主成分的累积贡献率为 89.060%。因此, 对前 3 个主成分的分析, 基本上能够实现对数据所代表的大部分信息的分析。

表 10-7　河湖交汇区重金属含量主成分分析结果

项目	第一主成分	第二主成分	第三主成分
As	0.049	−0.35	−0.264
Cd	0.152	0.328	−0.323
Cr	0.217	0.108	−0.082
Cu	0.227	−0.124	0.176
Hg	0.051	0.707	−0.106
Mn	0.083	−0.067	0.746
Pb	0.234	0.056	0.113
Zn	0.216	−0.153	0.092
方差贡献	4.509	1.586	1.029
贡献率/%	56.364	19.829	12.867
累积贡献/%	56.364	76.193	89.060

结合图 10-4 可知，第一主成分贡献率为 56.364%，Cd、Cu、Pb、Cr 和 Zn 均有较高正载荷。Cu 和 As 在自然环境中含量极少，主要以矿物的形式存在[22]；而化肥中含有一定量的 Cu、Cd、Pb 和 Zn[61,62]；此外，Cu 和 Zn 用于农药的生产[63]。因此，第一主成分可能代表的是农业源，这中间既有淮河上游产生的农业面源污染，又有本地农业生产中产生的面源污染。

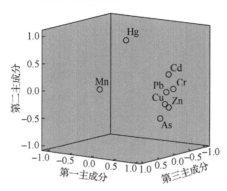

图 10-4　河湖交汇区各重金属元素的因子载荷

第二主成分贡献率为 19.829%，Cd 和 Hg 有较高正载荷，且主要支配 Hg 元素的含量。Hg 元素在河湖交汇区土壤和沉积物中的含量分布十分均匀，且低于背景值，同时 Hg 元素与其他重金属元素均无相关性。因此，第二主成分代表的是自然源。

第三主成分贡献率为 12.867%，Cu、Mn 和 Pb 均有正载荷，且主要支配 Mn 元素含量的来源。有研究表明，淮河蚌埠段工业排污严重，沉积物中 Mn 的含量较高，河湖交汇区 Mn 的含量来自淮河输入[16]。因此，第三主成分代表的是淮河污染输入。

综上，本章研究采样区域内重金属元素 As、Cd、Cu、Pb、Cr 和 Zn 受农业影响较大，其中 Cu 和 Pb 同时受淮河污染输入影响；Hg 元素主要来源为自然源；Mn 主要来自淮河污染输入。

10.5　重金属污染程度评价

河湖交汇区重金属地累积指数及污染程度评价结果列于表 10-8。由表 10-8 可见，河湖交汇区沉积物重金属污染程度依次为 As>Cd>Zn>Cu>Mn>Pb>Cr>Hg。其中 As 的平均污染等级为 1，即无—中污染程度，主要污染贡献采样点为 S2（中等污染程度），其他采样点均为无污染；其他重金属元素的污染等级均为 0，即无污染。因此，河湖交汇区河道整体重金属污染情况较轻，只是农田附近河道在水稻生长季节 As 的污染程度会显著增加。

表10-8 河湖交汇区重金属地累积指数及污染程度评价结果

采样点	As		Cd		Cr		Cu		Hg		Pb		Zn		Mn	
	I_{geo}	分级	I_{geo}	分级	I_{geo}	分级	I_{geo}	分级	I_{geo}	分级	I_{geo}	分级	I_{geo}	分级	I_{geo}	分级
S1	-0.63	0	-0.09	0	-1.60	0	-1.38	0	-2.28	0	-1.57	0	-1.03	0	-0.91	0
S2	1.94	2	-0.32	0	-1.23	0	-0.42	0	-2.82	0	-1.15	0	-0.30	0	-0.50	0
S3	-0.84	0	-0.50	0	-1.69	0	-0.83	0	-3.24	0	-1.30	0	-0.63	0	-0.51	0
S4	-0.92	0	-0.80	0	-1.71	0	-0.90	0	-3.04	0	-1.35	0	-0.70	0	-0.49	0
S5	-1.13	0	-0.69	0	-1.91	0	-1.26	0	-3.14	0	-1.58	0	-1.02	0	-0.68	0
平均	0.27	1	-0.46	0	-1.61	0	-0.92	0	-2.86	0	-1.38	0	-0.71	0	-0.61	0
S1'	1.96	2	-0.69	0	-1.62	0	-0.99	0	-4.33	0	-1.35	0	-0.60	0	-1.01	0
S2'	1.85	2	0.28	1	-0.57	0	-0.04	0	-3.16	0	-0.70	0	0.10	1	-1.02	0
S3'	1.58	2	-0.81	0	-1.80	0	-1.07	0	-2.88	0	-1.61	0	-0.79	0	-1.08	0
S4'	1.58	2	-0.12	0	-1.86	0	-0.95	0	-3.88	0	-1.64	0	-0.65	0	-0.99	0
S5'	1.69	2	0.09	1	-1.48	0	-0.67	0	-2.98	0	-1.40	0	-0.52	0	-0.83	0
平均	1.74	2	-0.19	0	-1.38	0	-0.69	0	-3.34	0	-1.30	0	-0.46	0	-0.99	0

河湖交汇区土壤中各重金属元素的污染程度顺序与沉积物相同。As 是土壤中主要污染物，区域地累积指数等级为 2，即中等污染，地累积指数值最大的是养殖塘 1.96，其次是农田 1.85，这表明区域水产养殖和农业生产是 As 污染的两个重要来源。此外，Cd 元素在 S2′（农田）和 S5′（柳树林）采样点污染程度达到无—中污染等级，其他重金属元素在各采样点均无污染。

10.6　重金属潜在生态风险评价

各采样点重金属单项潜在生态风险指数、综合潜在生态风险指数及风险等级如表 10-9 所示。由表 10-9 可见，沉积物中各采样点的综合潜在生态风险等级均为低等级，各重金属元素的平均单项潜在生态风险指数大小顺序为 Cd>As>Hg>Cu>Pb>Cr>Zn>Mn，且均为低风险等级。但是，S2 采样点 As 的单项潜在生态风险指数为 57.54、S1 采样点 Cd 的单项潜在生态风险指数为 42.22，均为中等生态风险等级。

表 10-9　各采样点重金属单项潜在生态风险指数、综合潜在生态风险指数及风险等级

采样点	E_r^i								RI	风险等级
	As	Cd	Cr	Cu	Hg	Pb	Zn	Mn		
S1	9.68	42.22	0.99	2.88	12.32	2.52	0.73	0.80	72.14	低
S2	57.54	35.93	1.28	5.61	8.50	3.37	1.22	1.06	114.50	低
S3	8.40	31.79	0.93	4.22	6.34	3.04	0.97	1.05	56.74	低
S4	7.95	25.83	0.92	4.02	7.32	2.94	0.92	1.07	50.97	低
S5	6.84	27.81	0.80	3.13	6.83	2.50	0.74	0.93	49.58	低
平均	18.08	32.72	0.98	3.97	8.26	2.87	0.92	0.98	68.79	低
S1′	58.51	27.81	0.97	3.79	2.98	2.95	0.99	0.74	98.74	低
S2′	54.20	54.64	2.02	7.30	6.72	4.61	1.61	0.71	131.81	低
S3′	44.84	25.63	0.86	3.57	8.17	2.46	0.87	0.75	87.15	低
S4′	44.84	41.32	0.83	3.88	4.07	2.41	0.95	0.84	99.14	低
S5′	48.40	47.98	1.07	4.70	7.61	2.84	1.04	0.98	114.62	低
平均	50.16	39.48	1.15	4.65	5.91	3.05	1.09	0.80	106.29	低

土壤中各采样点的综合潜在生态风险等级均为低等级，但 S2′（农田）采样点 RI 为 131.81，接近中等综合潜在生态风险指数值 135。各重金属元素的平均单项潜在生态风险指数大小顺序为 As>Cd>Hg>Cu>Pb>Cr>Zn>Mn。As 在各采样点的单项潜在生态风险等级均为中等，其中风险指数最高的为 S1′（养殖塘），其次为 S2′（农田），与地累积指数评价结果一致。Cd 在 3 个采样点的单项潜在生态风险达到中等，各采样点平均值也接近中等等级。此外，其他重金属元素的单项潜在

生态风险均为低等。

综上可以看出，区域主要潜在生态风险贡献因子是 As，其次是 Cd，二者对综合潜在生态风险指数 RI 贡献率之和为 66%～87%。因此，As 和 Cd 含量的控制应作为区域重金属污染防控的主要方向和措施。

10.7 小 结

洪泽湖河湖交汇区无论在土壤还是沉积物中的 Cr、Cu、Pb、Zn、Hg 和 Mn 平均含量都低于或接近江苏省土壤背景值，远远低于中国土壤环境质量三级标准。土壤中 As 的平均含量为 46 mg·kg^{-1}，超过中国土壤环境质量三级标准；土壤中 Cd 的平均含量为 0.2 mg·kg^{-1}，超过江苏省土壤背景值，但低于中国土壤环境质量三级标准值。沉积物中的 As 含量除 S2 样点较高以外，其他 4 个样点的含量均低于我国水系沉积物均值，沉积物中 Cd 的平均含量与我国水系沉积物均值基本相当。

就不同土地利用方式而言，农田土壤中 Cd、Cu、Cr、Pb 和 Zn 的含量显著高于其他土地利用方式（$P<0.05$）；As、Hg 和 Mn 分布较为均一。不同河道采样点比较，从上游河道至下游支流河道，沉积物中 As、Cr、Cu、Pb、Zn 的含量呈下降趋势，但是农田附近河道 S2 沉积物中 As、Cr、Cu、Pb、Zn 含量显著高于其下游河道（$P<0.05$），不同河道沉积物中 Hg 和 Mn 的分布较为均一。

溯源分析结果表明，河湖交汇区 As、Cd、Cu、Pb、Cr 和 Zn 主要来自农业面源污染（占 56.3%），其中 Cu 和 Pb 同时受淮河污染输入影响（12.9%）；Hg 元素主要来源为自然源；Mn 主要来自淮河污染输入。

地累积指数法和潜在生态风险指数法评价结果表明，区域污染等级较高的重金属元素是 As 和 Cd，并且二者也是区域主要生态风险贡献因子。其他重金属元素的单项潜在生态风险均为低等。

参 考 文 献

[1] 王苹, 孙野青, 贾宏亮, 等. 辽宁省大凌河口沉积物重金属污染及生态风险评价[J]. 海洋环境科学, 2013, 32(1): 28-32.

[2] 安立会, 郑丙辉, 张雷, 等. 渤海湾河口沉积物重金属污染及潜在生态风险评价[J]. 中国环境科学, 2010, 30(5): 666-670.

[3] DAR M A. Distribution patterns of some heavy metals in the surface sediment fractions at Northern Safaga Bay, Red Sea, Egypt[J]. Arabian Journal of Geosciences, 2014,7(1): 55-67.

[4] DAVIDSON C M, THOMAS R P, MCVEY S E, et al. Evaluation of a sequential extraction procedure for the spedation of heavy metals in sediments[J]. Analytica Chimica Acta, 1994, 291(3): 277-286.

[5] KRISHNAKUMAR P, LAKSHUMANAN C, JONATHAN M P, et al. Trace metal in beach sediments of Velanganni Coast, South India: application of autoc lave leach method[J]. Arabian Journal of Geosciences, 2013, 7(7): 1-11.

[6] GUAY C K H, ZHULIDOV A V, ROBARTS R D, et al. Measurements of Cd, Cu, Pb and Zn in the lower reaches of major Eurasianarctic rivers using trace metal clean techniques[J]. Environmental Pollution, 2010, 158: 624-630.

[7] MESA J, MATEOS-NARANJO E, CAVIEDES M A, et al. Scouting contaminated estuaries: heavy metal resistant and plant growth promoting rhizobacteria in the native metal rhizoaccumulator Spartina maritima[J]. Marine Pollution Bulletin, 2015, 90(1-2): 150-159.

[8] MARTIN C W. Heavy metal storage in near channel sediments of the Lahn River, Gemiany[J]. Geomorphology, 2004, 61(3-4): 275-285.

[9] CALMANO W, AHLF W, FOSTNER U. Sediment quality assessment: chemical and biological approaches[J]. Environmental Science, 1996: 1-35.

[10] WOITKE R, WELLMITZ J, HELM D, et al. Analysis and assessment of heavy metal pollution in suspended solids and sediments of the river Danube[J]. Chemosphere, 2003, 51(8): 633-642.

[11] OUYANG Y, HIGMAN J, THOMPSON J, et al. Characterization and spatial distribution of heavy metals in sediment from Cedar and Ortega rivers subbasin[J]. Journal of Contaminant Hydrology, 2002, 54(1): 19-35.

[12] 何江, 王新伟, 李朝生, 等. 黄河包头段水-沉积物系统中重金属的污染特征[J]. 环境科学学报, 2003(23): 53-57.

[13] 杨宏伟, 焦小宝, 郭博书. 黄河(清水河段)表层沉积物中 8 种重金属的存在形式[J]. 环境化学, 2002(3): 309-310.

[14] 王增焕, 林钦, 李纯厚, 等. 珠江口表层沉积物铜铅锌镉的分布与评价[J]. 环境科学研究, 2004(4) : 5-9.

[15] 郭军娜. 胶州湾潮间带沉积物重金属分布研究与污染评价[D]. 青岛: 中国海洋大学, 2003.

[16] 罗斌, 刘玲, 张金良, 等. 淮河干流沉积物中重金属含量及分布特征[J]. 环境与健康杂志, 2010, 27(12): 1122-1127.

[17] 沈敏, 于红霞, 邓西海. 长江下游沉积物中重金属污染现状与特征[J]. 环境监测管理与技术, 2006, 18(5): 15-18.

[18] 秦延文, 张雷, 郑丙辉, 等. 太湖表层沉积物重金属赋存形态分析及污染特征[J]. 环境科学, 2012, 33(12): 4291-4299.

[19] 武恒赟, 罗勇, 张起明, 等. 鄱阳湖沉积物重金属空间分布及潜在生态风险评价[J]. 中国环境监测, 2014, 30(6): 114-119.

[20] 张光贵, 田琪, 郭晶. 洞庭湖表层沉积物重金属生态风险及其变化趋势研究[J]. 生态毒理学报, 2015, 10(3): 184-191.

[21] 陈雷, 张文斌, 余辉, 等. 洪泽湖输沙淤积、底泥理化特性及重金属污染变化特征分析[J]. 中国农学通报, 2009, 25(12): 219-226.

[22] 何华春, 许叶华, 杨競红, 等. 洪泽湖流域沉积物重金属元素的环境记录分析[J]. 第四纪研究, 2007, 27(5): 766-774.

[23] 张文斌. 洪泽湖沉积物中营养盐和重金属分布特征、评价及其演化规律研究[D]. 吉林: 吉林建筑工程学院, 2010.

[24] 余晖, 张文斌, 于建平. 洪泽湖表层沉积物重金属分布特征及其风险评价[J]. 环境科学, 2011, 32(2): 437-444.

[25] 李玉斌, 冯流, 刘征涛, 等. 中国主要淡水湖泊沉积物中重金属生态风险研究[J]. 环境科学与技术, 2012, 35(2): 200-205.

[26] 刘嘉妮, 廖柏寒. 洪泽湖沉积物中重金属的污染测定及评价[J]. 绿色科技, 2011(11): 94-96.

[27] 李莹杰, 张列宇, 吴易雯, 等. 江苏省浅水湖泊表层沉积物重金属 GIS 空间分布及生态风险评价[J]. 环境科学, 2016, 37(4) : 1321-1329.

[28] 周德山, 张晴, 宋向明, 等. 洪泽湖表层沉积物中重金属的分布特征及潜在生态危害[J]. 淮海工学院学报(自然科学版), 2012, 21(2): 39-43.

[29] 滕彦国, 倪师军, 庹先国, 等. 攀枝花地区河流沉积物的重金属污染研究[J]. 长江流域资源与环境, 2003, 12(6): 569-573.

[30] 刘文新, 栾兆坤, 汤鸿霄. 乐安江沉积物中金属污染的潜在生态风险评价[J]. 生态学报, 1999, 19(2): 206-211.

[31] 范拴喜, 甘卓亭, 李美娟, 等. 土壤重金属污染评价方法进展[J]. 中国农学通报, 2010, 26(17): 310-315.

[32] 郭笑笑, 刘丛强, 朱兆洲, 等. 土壤重金属污染评价方法[J]. 生态学杂志, 2011, 30(5): 889-896.

[33] 张鑫, 周涛发, 杨西飞, 等. 河流沉积物重金属污染评价方法比较研究[J]. 合肥工业大学学报(自然科学版), 2005, 28(11): 1419-1423.

[34] 张杰, 郭西亚, 曾野, 等.太湖流域河流沉积物重金属分布及污染评估[J]. 环境科学, 2019, 40(5): 2202-2210.

[35] 孟翠, 侯艳红, 郑磊. 太湖梅梁湾湖口表层沉积物中氮磷、重金属的风险评价[J]. 山东农业大学学报(自然科学版), 2019, 50(2): 297-303.

[36] 闫峰, 王雨潇, 袁志颖, 等. 沉积物重金属的随机生态风险评价模型[J]. 南昌大学学报(工科版), 2019, 41(3): 205-208.

[37] 刘子赫, 孟瑞红, 代辉祥, 等. 基于改进地累积指数法的沉积物重金属污染评价[J]. 农业环境科学学报, 2019, 38(9): 2157-2164.

[38] 连花, 郭晶, 黄代中, 等. 洞庭湖表层沉积物中重金属变化趋势及风险评估[J]. 环境科学研究, 2019, 32(1): 126-134.

[39] 刘刚, 蒋晨韵, 李小龙, 等. 巢湖沉积物重金属浓度分布及风险指数[J]. 环境科学与技术, 2018, 41(S1): 376-380.

[40] 胡春华, 李鸣, 夏颖. 鄱阳湖表层沉积物重金属污染特征及潜在生态风险评价[J]. 江西师范大学学报(自然科学版), 2011, 35(4): 427-430.

[41] 蒋豫, 刘新, 高俊峰, 等. 江苏省浅水湖泊表层沉积物中重金属污染特征及其风险评价[J]. 长江流域资源与环境, 2015, 24(7): 1157-1162.

[42] MULLER G. Index of geoaccumulation in sediments of the Rhine River[J]. Geojournal, 1969(2): 108-118.

[43] 丁喜桂, 叶思源, 高宗军. 近海沉积物重金属污染评价方法[J]. 海洋地质动态, 2005, 21(8): 31-36.

[44] 冯慕华, 龙江平, 喻龙, 等. 辽东湾东部浅水区沉积物中重金属潜在生态评价[J]. 海洋科学, 2003, 27(3): 52-56.

[45] LIU A X, LANG Y H, XUE L D, et al. Ecological risk analysis of polycyclic aromatic hydrocarbons (PAHs) in surface sediments from Laizhou Bay[J]. Environmental monitoring and assessment, 2009, 159(1-4): 429-436.

[46] 李艳双, 曾珍香, 张闽, 等. 主成分分析法在多指标综合评价方法中的应用[J]. 河北工业大学学报, 1999, 28(1): 94-97.

[47] 廖启林, 刘聪 许艳. 江苏省土壤元素地球化学基准值, 中国地质, 2011, 38(5): 1363-1378.

[48] BUDZINSKI H, JONES I, BELLOCQ J, et al. Evaluation of sediment contamination by polycyclic aromatic hydrocarbons in the Gironde estuary[J]. Marine Chemistry, 1997, 58(1-2): 85-97.

[49] 汤春芳. 旱柳和狭叶吞蒲对重金属吸收及其活性炭吸附的比较研究[D]. 长沙: 中南林业科技大学, 2015.

[50] 刘永庆. 柳树根细胞壁镉吸附及根系镉吸收动力学研究[D]. 杭州: 浙江大学, 2011.

[51] 李庆波, 赵小学, 李红萍, 等. 气型污染农田土壤中重金属含量与潜在生态风险评价[J]. 郑州大学学报(医学版), 2016, 51(6): 718-722.

[52] 韩培培, 谢伶, 干剑, 等. 丹江水库新增淹没区农田土壤重金属源解析[J]. 中国环境科学, 2016, 36(8): 2437-2443 .

[53] 吴琼, 赵同科, 邹国元, 等. 北京东南郊农田土壤重金属含量与环境质量评价[J]. 中国土壤与肥料, 2016(1): 7-12.

[54] 徐雪, 王利军, 卢新卫, 等. 西安市护城河沉积物重金属形态污染及潜在生态风险[J]. 干旱区研究, 2015, 21(6): 1255-1262.

[55] 王喆, 谭科艳, 陈燕芳, 等. 南方某工业区大气总悬浮颗粒物重金属来源解析及其对土壤环境质量的影响[J]. 岩矿测试, 2016(1): 82-89

[56] 环境保护部自然生态保护司. 土壤污染与人体健康[M]. 北京: 中国环境出版社, 2013.

[57] LUO L, MA Y B, ZHANG S Z, et al. An inventory of trace element inputs to agricultural soils in China[J]. Journal of Environmental Management, 2009, 90(8): 2524-2530.

[58] NOVOTY V, CHESTER G. Handbook of non-point source pollution and management[M]. New York: Van Nostrand Reinhold Company, 1981: 555.

[59] 中华人民共和国国家统计局. 中国统计年鉴[G]. 北京: 中国统计出版社, 2014.

[60] 徐勇峰, 陈子鹏, 吴翼, 等. 环洪泽湖区域农业面源污染特征及控制对策[J]. 南京林业大学学报(自然科学版),2016, 40(2): 1-8.

[61] 闫金龙, 郭小华, 李伟, 等. 化肥中重金属元素含量的测定[J]. 广东化工, 2014, 1(41): 163-164.

[62] 翟攀, 杨洁, 滕彦国, 等. 酸雨条件下化肥中重金属的生物可利用性研究[J]. 北京师范大学学报(自然科学版), 2016, 52(2): 597-602.

[63] 陈孝杨, 严家平, 况敬静, 等. 淮河流域安徽段水系沉积物中重金属的分布与赋存形态[J]. 合肥工业大学学报(自然科学版), 2009, 32(3): 299-304.

附　　图

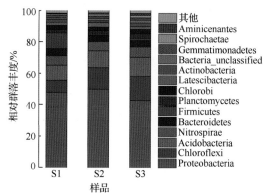

S1为莲区；S2为菰区；S3为芦苇区。

附图 1　洪泽湖湿地沉积物微生物群落结构组成分布（门水平）

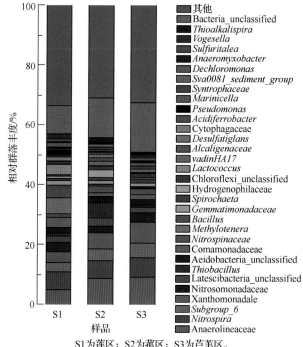

S1为莲区；S2为菰区；S3为芦苇区。

附图 2　洪泽湖湿地沉积物微生物群落结构组成分布（科、属水平）

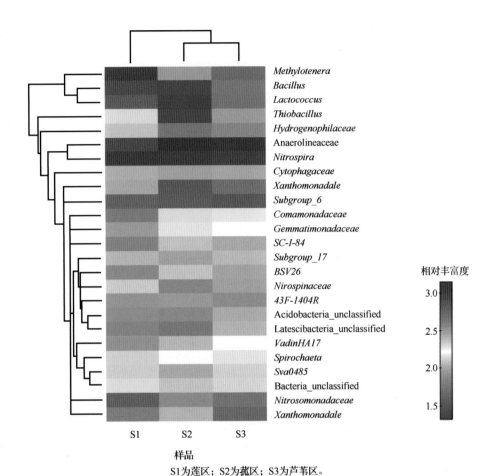

S1为莲区；S2为菰区；S3为芦苇区。

附图3   洪泽湖湿地沉积物微生物群落组成热图（属水平）

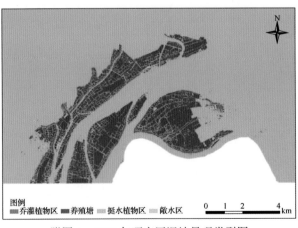

附图4   2003年研究区湿地景观类型图

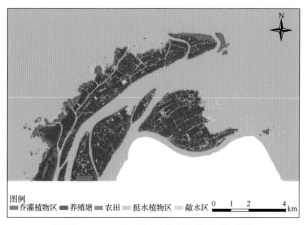

附图 5　2008 年研究区湿地景观类型图

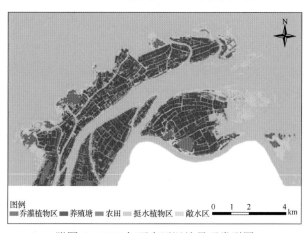

附图 6　2013 年研究区湿地景观类型图

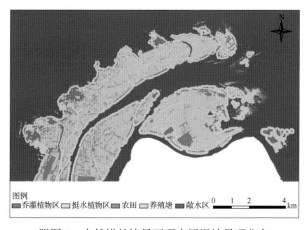

附图 7　自然增长情景下研究区湿地景观分布

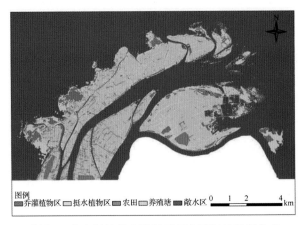

附图8 生态保护优先情景下研究区湿地景观分布

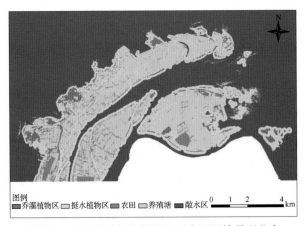

附图9 经济增长优先情景下研究区湿地景观分布

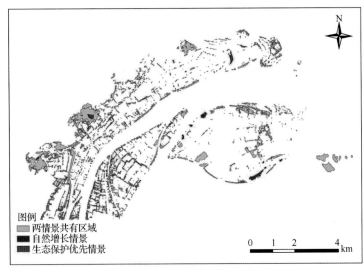

（a）自然增长情景和生态保护优先情景下乔灌植物区的分布

附图10 乔灌植物区3种情景下分布对比图

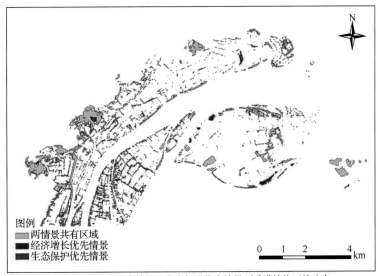

（b）经济增长优先情景和生态保护优先情景下乔灌植物区的分布

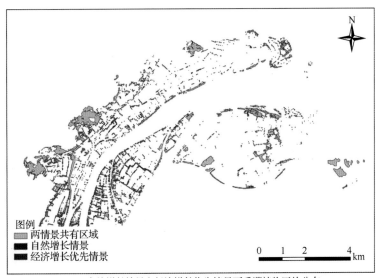

（c）自然增长情景和经济增长优先情景下乔灌植物区的分布

附图10（续）

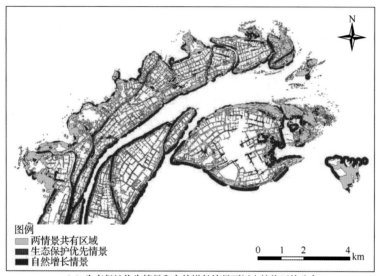

（a）生态保护优先情景和自然增长情景下挺水植物区的分布

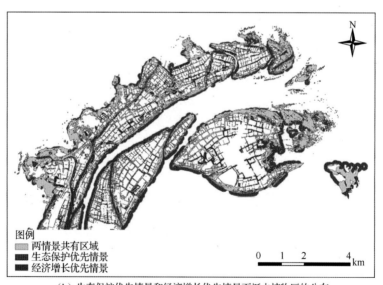

（b）生态保护优先情景和经济增长优先情景下挺水植物区的分布

附图11　挺水植物区3种情景下分布对比图

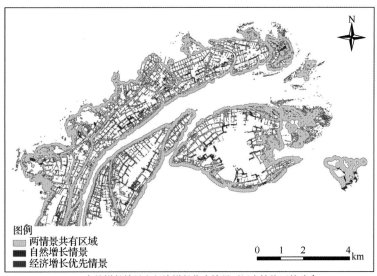

（c）自然增长情景和经济增长优先情景下挺水植物区的分布

附图11（续）

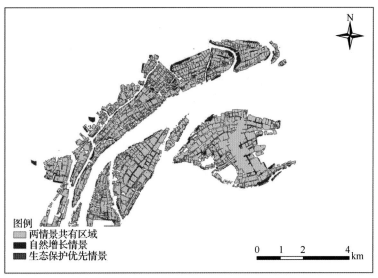

（a）自然增长情景和生态保护优先情景下养殖塘的分布

附图12　养殖塘3种情景下分布对比图

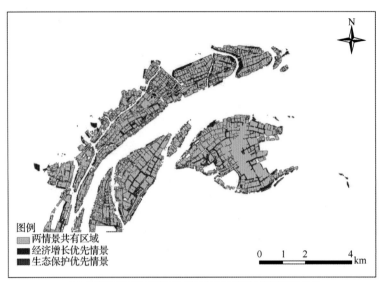

（b）经济增长优先情景和生态保护优先情景下养殖塘的分布

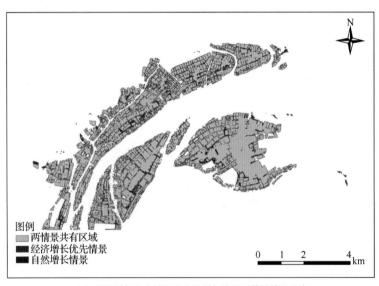

（c）经济增长优先情景和自然增长情景下养殖塘的分布

附图 12（续）